紫图图书 出品

SILENT SPRING

# 寂静的春天

[美] 蕾切尔 · 卡森 —— 著

王晋华 —— 译

SPM 南方传媒 | 广东人民出版社

·广州·

**图书在版编目（CIP）数据**

寂静的春天 /（美）蕾切尔·卡森著；王晋华译.
广州：广东人民出版社, 2025. 3. -- ISBN 978-7-218
-18432-6

Ⅰ. X-49

中国国家版本馆CIP数据核字第2025FM7824号

JIJING DE CHUNTIAN
寂静的春天
[美]蕾切尔·卡森 著　王晋华 译

**出 版 人：**肖风华

**责任编辑：**钱飞遥
**产品经理：**李　娜
**责任技编：**吴彦斌
**监　　制：**黄　利　万　夏
**营销支持：**曹莉丽
**特约编辑：**邓　华
**装帧设计：**紫图图书ZITO®

**出版发行：**广东人民出版社
**地　　址：**广东省广州市越秀区大沙头四马路10号（邮政编码：510199）
**电　　话：**（020）85716809（总编室）
**传　　真：**（020）83289585
**网　　址：**http: //www.gdpph.com
**印　　刷：**艺堂印刷（天津）有限公司
**开　　本：**880mm × 1230mm　1/32
**印　　张：**11.5　**字　　数：**267千
**版　　次：**2025年3月第1版
**印　　次：**2025年3月第1次印刷
**定　　价：**55.00元

**如发现印装质量问题，影响阅读，请与出版社（020-85716849）联系调换。**
**售书热线：**（020）87716172

1962 年　于缅因州布斯贝港的避暑别墅

*Rachel Carson*

**蕾切尔 · 卡森**

**献给阿尔贝特·施韦泽**

他说："人类失去了预见和预防的能力。

他们会因毁灭地球而灭亡。"

湖中的芦苇已经枯萎，

也没有了鸟儿的鸣啭！

——济慈

我为人类感到悲哀，因为我们人类太关注于为自身创造利益了。人定胜天，征服自然，是我们对待自然的态度和方式。如果我们友好地对待自然，不那么专横跋扈，学着去适应、珍爱地球，并对它心存感恩，我们人类将有机会过更美好的生活。

——E.B. 怀特

# 编者的话

一个春天，如果失去鸟儿的歌唱，将会多么令人不安！

美国著名科普作家蕾切尔·卡森，从鸟儿消失的现象着手，深入调研，揭示了农药特别是DDT（双对氯苯基三氯乙烷）的滥用，是破坏环境的罪魁祸首，该文通过实证举例阐释了大自然花费亿万年演化而出的生物链是多么珍贵而脆弱。而人类并非处于生物链之外，鸟儿所受的伤害，也必将危及人类生存。

卡森在1962年出版的《寂静的春天》，成为现代环保运动的里程碑。数十年来，人们尊称蕾切尔·卡森为“环保之母”。波澜壮阔的环保运动将对生态家园的保护提升为全人类共同价值，彻底改变了人们的观念。

这本书既是文学类图书也是科学类图书，既有生动的文笔，也有理性的知识。为了让读者更简易更充沛地吸收书中养分，我们以“通识图解”的方式对书中涉及的部分知识进行直观展示。

本书的“通识图解”包括：

1. 对书中所提及的重要人物、动物、植物，皆以图像和文字加以说明。书中重要的论点和思想精华，也用插图给予展示，以帮助读者理解。

2. 特别编译“《寂静的春天》传播简史”，将《寂静的春天》如何促成现代环保运动以详细的图文给予介绍。

# 致　谢

1958 年 1 月，奥尔加·哈金丝给我写了一封信，提到她身边的小世界里已经变得毫无生机，猛然就把我的思绪拽回到我曾一直关注的问题。当时，我就觉得必须写这样一本书。

此后，我得到了很多人的鼓励和帮助，限于篇幅，在这里不能一一列举。那些无私地与我分享他们多年经验和研究成果的人们，有的在美国和其他国家的政府部门工作，有的任职于大学和研究机构，还有其他领域的人士。对于他们慷慨付出的宝贵时间以及所提的真知灼见，我在此表示最诚挚的谢意。

另外，还要特别感谢那些拿出自己的时间阅读部分书稿并在专业领域提出建议和批评的人们。虽然我对本书的准确性和真实性承担最终责任，但是如果没有以下诸位专家的无私帮助，我不可能完成此书，他们分别是：梅奥医院的医学博士巴塞勒谬（L.G.Bartholomew），得克萨斯大学的约翰·比塞尔（John J.Biesele），韦仕敦大学的布朗（A.W.A.Brown），康涅狄格州韦斯特波特市的医学博士莫顿·比斯金德（Morton S.Biskind），荷兰植物保护局的布雷约（C.J.Briejer），罗伯与贝西·维尔德野生动物基金会的克来伦斯·克莱尔（Goerge Crile，Jr.），康涅狄格州诺福克市的弗兰克·艾格勒（Frank

蕾切尔·卡森在位于宾夕法尼亚州的鹰山观鸟。（照片拍摄于 1946 年）

Egler），梅奥医院的医学博士马尔科姆·哈格雷夫斯（Malcolm M. Hargraves），国家癌症研究所的医学博士休伯（W.C.Hueper），加拿大渔业研究委员会的克斯维尔（C.J.Kerswill），大自然保护协会的奥洛斯·穆里（Olaus Murie），加拿大农业部的皮科特（A.D.Pickett），塔夫托卫生工程中心的克莱伦斯·塔泽维尔（Clarence Tarzwell），密歇根州立大学的乔治·华莱士（George J.Wallace）。

任何一本包含大量事实的著作都离不开图书管理员的娴熟技巧和热情帮助。我衷心感谢帮助过我的所有管理员，尤其是美国内政部图书馆的艾达·约翰斯顿（Ida K. Johnston）和国家卫生研究所图书馆的希尔玛·罗宾逊（Thelma Robinson）。

本书的编辑保罗·布鲁克斯（Paul Brooks），多年来一直给予我鼓励和支持，并欣然同意一再推迟出版计划。对此，以及他高屋建瓴的编辑工作，我将永远心存感激。

在繁杂的资料收集过程中，桃乐茜·艾尔格（Dorothy Algire）、杰尼·戴维斯（Jeanne Davis）和贝蒂·达夫（Bette Duff）都竭尽所能地提供帮助，并做出了杰出的贡献。写作过程中困难重重，如果不是我的管家艾达·斯波（Ida Sprow）的悉心照料，我也不可能完成这项工作。

最后，我还必须感谢一些素不相识的人们，正是他们使本书体现出了价值。是他们率先站了出来，对那些不计后果、不负责任地毒害人类与其他生物共享的世界的行为说不。这些人现在仍在继续战斗着，他们的义举将获得胜利，并会给人类带来理智和常识，让人类学会与自然和谐共处。

Rachel Carson

**蕾切尔·卡森**

# 前　言

1958年，蕾切尔·卡森开始写这本书的时候，已经50岁了。作为一名海洋生物学家兼美国鱼类与野生动物管理局的撰稿人，她已经度过了大半生的时间。由于7年前出版的《我们周围的大海》一书取得了巨大的成功，她成了闻名世界的作家，后来又出版了《海洋的边缘》。这两本书的版税，使她能够全身心地投入新的写作之中。对于大多数作家来说，这种情形无疑是完美的：声名显赫、写作自由，且不管内容如何，出版商都争先恐后地想要签约。人们都认为她的下一部书将会延续之前的风格，探索的对象新奇好玩，研究中透出轻松快乐。实际上，她也是这么打算的。但是在政府部门工作期间，她与同事们都被所谓的农业防治计划中广泛使用DDT和其他长效农药所造成的环境污染给深深震撼了。

由于意识到了其中的危害性，她写了一篇关于农药污染的文章，但是新闻界对此不屑一顾。10年后，当杀虫剂和除草剂（有些比DDT的毒性强很多倍）导致野生动物家园的摧毁以及大规模死亡，甚至威胁到了人类生存的时候，她觉得必须站出来，把真相告诉大家。她又写了一篇文章试图引起各类媒体的注意。虽然她现在是一名知名作家，但是各报刊社害怕失去广告收益，因而拒绝刊登（唯一例外的是《纽约客》，他们在《寂静的春天》出版前连载了部分内容）。例如，一家儿童罐装食品公司就声称这篇文章会给使用该公司产品的妈妈们造成“无端的恐慌”。因此，唯一的办法就是写一本书——图书出版商没有广告的压力。最初，卡森想找别人来写这本书，但是最后决定由自己来完成。许多仰慕她的人都怀疑卡森是否能把这一沉闷的主题写成一部畅销书，她自己也举棋不定，但是使命要她必须走下去。“如果继续保持沉默，我心里将永远无法平静。”她在给朋友的一封信中写道。

《寂静的春天》花了4年时间才最终完成。这本书里的研究与她之前的截然不同。她不再有以前在实验室里搞出新发现时的那种兴奋和喜悦。现在的研究和叙述对象变得异常严肃。她还需要有非凡的勇气：在生命的最后几年里，用卡森自己的话来说，她“饱受一系列病痛的折磨”。

她很清楚，这本书将会受到整个化工界的猛烈攻击。因为她并不是简单地反对化学药剂的滥用——更根本的是，她明确指出了现代工业社会对大自然极不负责的态度。果然，这本书受到了冷酷无情、毫无底线的攻击，可以说自从一个世纪前达尔文《物种起源》出版以来，还没有哪本书受到过这样激烈的攻击。

化工界花费了数万美元来反驳这本书并诋毁作者——她被描绘成一个愚昧无知、歇斯底里的女人，试图把整个世界拱手让给昆虫。但是，事与愿违，那些攻击使得这本书更加出名了，恐怕就连出版商的宣传也望尘莫及。一家大型化工厂试图阻止这本书的出版，因为卡森使消费者对该工厂的一种产品产生了抵触情绪。卡森没有屈服，这本书如期出版了。

她岿然不动，勇敢地只身面对那些责难。与此同时，《寂静的春天》带来的直接结果就是，肯尼迪总统亲自组建了一个科学顾问委员会调查小组来研究杀虫剂问题。几个月之后，调查小组的报告出来了，证实了蕾切尔·卡森的观点完全正确。卡森对于自己的成就显得非常谦虚。当手稿接近完成的时候，她给自己的好友写了一封信，其中有这么一句："我想拯救的这个美丽世界在我心中是至高无上的——我对于那些愚蠢、野蛮的做法深恶痛绝……现在我认为起码自己能帮点小忙。"实际上，《寂静的春天》使"生态学"这几个当时看来还很陌生的字眼，成了那个年代人们追求的热门事业。它也促成了各级政府开展环境保护立法工作。

时至今日，《寂静的春天》的价值和影响已经远远地超出了那个时代，它架起了 C. P. 斯诺所说的"两种文化"（科学文化和人文文化）间的桥梁。蕾切尔·卡森不但是一位实事求是、训练有素的科学家，而且具备诗人的洞察力和敏感性。不可否认，她对自然抱有强烈的情感。用她自己的话来说，了解得越多，就会越感到"不可思议"。她把一本死亡之书变成了一首生命之歌。今天重温旧作，可以看出它的意义远比仅仅描述危机要广泛得多。它让我们意识到人类所面临的威胁——化学品对环境的危害；它让我们意识到（当时几乎无人知晓），人类的生产和生活行为正在降低着地球上的生命质量。

《寂静的春天》提醒人们在这个过度程序化、过度机械化的时代，个人的主动性和勇气依然重要：变化可以发生，但不是通过战争或暴力革命，而是通过改变我们自身对世界的看法。

# 目　　录

第一章

# 明日寓言

城镇周围有许多充满生机的农场，田野里长满庄稼，山坡上果树成林。春天，繁花像朵朵白云点缀在绿油油的大地上。秋天，透过松林的屏风，橡树、枫树和白桦摇曳闪烁，色彩斑斓。狐狸在山丘中叫着，鹿儿静静穿过原野，在秋晨的薄雾中若隐若现。

**月桂**

月桂是一种常绿灌木或小乔木。叶子呈椭圆形，光滑而有光泽，花朵则呈簇状，为黄色或淡黄色，香气浓郁。在西方文化中象征着浪漫、荣誉与胜利。“桂冠”一词的原意就是用月桂叶编制的花冠。

从前，在美国中部的一个城镇里，一切生物看起来与周边环境都很和谐。城镇周围有许多充满生机的农场，田野里长满庄稼，山坡上果树成林。春天，繁花像朵朵白云点缀在绿油油的大地上。秋天，透过松林的屏风，橡树、枫树和白桦摇曳闪烁，色彩斑斓。狐狸在山丘中叫着，鹿儿静静穿过原野，在秋晨的薄雾中若隐若现。

沿途的月桂、荚蒾、桤木以及巨大的蕨类植物和野花，在一年中的大部分时间里都让旅行者感到心悦神怡。即使在冬季，道路两旁也是美不胜收。数不清的鸟儿飞来飞去，啄食雪层上面的浆果和干草穗头。实际上，这里正是因为鸟类丰富多彩、种类繁多而远近驰名，每当迁徙的鸟儿蜂拥而至，人们便长途跋涉，前来观赏。清爽明净的小溪从山间流出，形成了有绿荫掩映、鳟鱼戏水的池塘，供人们垂钓捕鱼。直到很多年前的一天，第一批居民来到这里筑房打井、修建粮仓。

后来，整个地区出现了许多怪异的现象，一切都发生了变化。不祥的预兆降临这个城镇：怪异的疾病席卷了整个鸡群，牛羊成群病倒、死亡。死神的阴影无处不在。农民们诉说着家人的疾病，可

**松鸦**

松鸦是一种广泛分布于北半球欧亚大陆的鸦科动物。松鸦是一种鸣禽，鸣叫声多是粗糙刺耳的尖叫，主要是在发现捕猎者时用以警戒同伴。

城里的医生对患者新生的疾病感到困惑和无奈。人们会突然、莫名地死亡，不仅是成人，甚至小孩子也会在玩耍时突然倒下，在短短几个小时内死去。

一种奇怪的寂静弥漫在整个地区。鸟儿都到哪儿去了？很多人都感到迷惑和不安。常有鸟群飞来啄食的后院里已变得冷清。在一些地方，仅能见到的几只鸟儿也奄奄一息，它们索索地抖着，已经飞不起来。这是一个寂静的春天。这里的清晨曾经飘荡着知更鸟、园丁鸟、鸽子、松鸦、鹪鹩以及很多其他鸟儿的鸣啭，现在却一点声音都没有了。周围的田野、树林和沼泽都湮没在一片沉寂之中。

农场里的母鸡在孵蛋，却没有小鸡破壳而出。农夫们都在抱怨他们无法再养猪了——新生的猪仔太小，且小猪病后也只能活几天。苹果树开花了，但是花丛中却没有蜜蜂嗡嗡地飞来飞去。所以，苹果花无法授粉，也就不会有果实。小路两旁的景色曾经一度招人喜爱，如今却仿佛经历了一场火灾浩劫，立在那儿的只有焦黄、枯萎的植物了。这些地方都失去了生机，一片死寂。甚至连小溪也无法幸免。钓鱼的人再也不来了，因为所有的鱼都已经死了。

在屋檐下的雨水管中，在房顶的瓦片之间，还隐约地露出一层白色的斑痕。几个星期之前，这种白色粉粒像雪花一样落在房顶、草坪、田野和小溪里。不是魔法，也不是什么天敌，而是人类自己使这个世界变得伤痕累累。

上述的城镇是作者虚拟的，但是在美国和其他世界各地，可以轻易找到千百个这种城镇的翻版。我知道，并没有哪个城镇遭受过如我所描述的所有灾难。但在某些地方，上面列举的一些灾难实际上已经出现了。并且确实有很多地方已经遭受了大量的不幸。人们没有意识到，一个面目狰狞的幽灵已向我们袭来。人们应该知道，这一想象出的悲剧有可能变成活生生的现实。

那么，是什么东西让美国无数城镇的春天之音沉寂下来呢？本书将尝试予以解答。

## 第二章

# 忍耐的义务

化学药品威力巨大，昆虫无论“好坏”，没有选择性地格杀，甚至让鸟儿和鱼儿失去活力，给树叶蒙上一层致命的薄膜，并长期滞留在土壤中。它们不应该叫作“杀虫剂”，而应该被称为“杀生剂”。

在生命的进化过程中，地球上的生物和周围的环境相互作用。可以说在很大程度上，地球上动植物的自然形态和生活习性都是由环境塑造的。就地球存在的整个时间而言，生命改造自然的作用一直是相对微小的。直到出现了一个新物种——人类，尤其是到了20世纪，生命才获得了改造自然的异常能力。在过去四分之一的世纪里，这种能力不仅增长到令人不安的程度，而且发生了质的变化。相比起来，最令人担心的是人类对环境的侵袭——空气、土地、河流和海洋都受到了危险甚至致命的污染。这种污染造成的损害在很大程度上是难以恢复的。它所产生的一连串的负面效应在很大程度上是不可逆转的，它们不但出现在生命赖以生存的外部世界，而且进入生物的内部组织。在对环境的大范围的污染中，化学药品危害很大，甚至可以与辐射的危害相提并论，只是我们知之甚少。核爆炸所释放的锶-90，会随着雨水或飞尘降落到地面，进入土壤，然后被草和谷物吸收。最终，在人的骨骼中蓄积，直至人死亡。同样，喷洒在农田、森林和花园的农药会长期存在于土壤里，然后进入生物组织内，引起动植物中毒和死亡，并在食物链中不断传递迁移。有时它们在地下水中潜伏游荡，有时它们会再度出现，通过空气和阳光的作用，生成新的物质。这种新物质同样会毁坏植被，使动物患病，并且使那些长期饮用地下水的人们在不知不觉中受到伤害。正如阿尔贝特·施韦泽所说，“人们恰恰还很难辨认出自己创造的魔鬼”。

地球上物种的发展、进化和演变经历了千百万年，在这一过程中，它们逐步适应了周围的环境，并与之和谐相处。自然环境中包含着各种对生命有利和不利的元素，极大地影响着生物的形态，并

**阿尔贝特·施韦泽**

（Albert Schweitzer，1875—1965），法国阿尔萨斯人（阿尔萨斯位于德法边境，他出生时该地属于德国），在神学、音乐、哲学、医学4个不同领域都有才华，提出了“敬畏生命”的伦理学思想。因在非洲长期从事人道医疗工作而闻名。1952年诺贝尔和平奖得主。

指引着生物进化的方向。某些岩石会释放出有害的辐射；就连给予生命能量的阳光，也包含着伤害生命的短波辐射。生物的进化与自然的平衡，所需要的时间不是以年计而是以千年计。时间是最基本的要素，但在当今世界，变化之迅速使自然界的平衡来不及做出调整。各种变化和新情况，都紧随着人类激烈而轻率的步伐飞奔向前，而不是跟着大自然的脚步从容而行。

辐射远在地球上还没有任何生命之前就早已存在，它遍布于放射性岩石、宇宙射线和太阳紫外线之中。现在的辐射还产生于人工研究的原子试验。生命本身在适应环境的过程中所遇到的化学物质也不再仅是从岩石里冲刷出来并由江河带到大海里的钙、硅、铜以及其他无机物了。它们是头脑高度发达的人类在实验室里创造的人工合成品，这些物质在自然界中是无法产生的。

在自然历史的尺度里，生命适应这些化合物所需的时间是漫长的，它耗费的不是一代人的时间，而是几代人的时间。即使发生奇迹，使这种适应变得可能，结果也是无济于事的，因为新的化学物质就像涓涓溪流般源源不断地从我们的实验室里涌出。单是在美国，每年大约就有 500 种新的化学物质投入实际应用。这个数字令人震惊，但其危害却不是显而易见的——人和动物的身体每年都要去适应这些新的化学物质，而这远远超出了生命所能承受的极限。

这些化学物质大多用于人类对大自然的战争。从 19 世纪 40 年代中期以来，200 多种化学药品被创造出来，用于杀死昆虫、野草、啮齿动物和被认为“有害”的其他生物。这些化学药品的商标种类高达几千种。非选择性农药[①]的喷剂、药粉和气雾剂被各个农场、森林、果园和家庭广泛使用。这些化学药品威力巨大，昆虫无论“好坏”，没有选择性地格杀勿论。人们原本的目的仅仅是杀死几种杂草和害虫，可就是这些化学物质让鸟儿的歌声沉寂，让河里的鱼儿失去活力，给树叶蒙上一层致命的薄膜，并长期滞留在土壤中。又有谁能相信在地球上投下了毒气弹，却不给所有的生命带来危害呢？它们不应该叫作“杀虫剂”，而应该被称为“杀生剂”。化学药品的发展过程就像一个无穷尽的螺旋上升运动。自从 DDT 被批准使用以来，随着更多有毒物质不断出现，一个不断升级的过程开始了。根据达尔文适者生存的原理，昆虫可以向更高级进化，它们通过进化产生了对杀虫剂的抗药性。因此，人们会发明一种毒性更强的药品，昆虫再适应，然后人类再发明一种新的更毒的毒药。其原因后面会有所解释。在喷洒药物之后，害虫常常会卷土重来或者死而复生，

---

① “非选择性农药”与“选择性农药”相对，表示对一切病、虫、草害均具有杀伤力的广谱性农药。而“选择性农药”则只对一定种类的病、虫、草害起作用。

数目反而比以前更多。这样下去，化学药品之战不可能取胜，而所有的生命都在这场残酷而猛烈的战火下遭殃。

还有一个与“人类有可能被核战争所毁灭”同样重要的核心问题，那就是有害物质对整个环境的污染。有些有害物质的破坏作用是令人难以置信的——它们在动植物的组织里储存，甚至进入生殖细胞中，破坏或者改变决定未来形态的遗传物质。

一些自称人类未来设计师的人，兴奋地期望有一天可以改变甚至设计我们的遗传细胞。但是基于我们的疏忽大意，今天就可以轻易地做到这一点。因为很多化学药品跟辐射一样，能够轻易地导致基因突变。表面上看似微不足道的一件小事，比如选择一种杀虫剂，竟然能决定人类的未来，这样一想，不免觉得对人类真是极大的讽刺。

人类押上自己的一切，是为了什么呢？将来的史学家也许会为我们在权衡利弊时所表现出来的低下判断力感到惊奇。智力发达的人类怎么会为了控制几种不想要的生物，宁可污染整个环境，还给自身带来疾病和死亡的威胁呢？然而，这恰恰是我们做过的事！有时候我们还没有搞清楚问题所在就已经开始了行动。

我们听说广泛使用杀虫剂对维持农场产量是必需的，然而我们真正的问题不正是“生产过剩”吗？虽然采取了措施减少农作物的耕地面积，并且给农民补贴，不让他们生产，但我们粮食的过剩程度还是到了令人咋舌的地步，仅在 1962 年一年之内，美国的纳税人为存贮粮食而修建仓库所支出的费用就超过 10 亿美元！农业部的一个部门试图减少生产，另一个部门却如同它在 1958 年所做的那样唱起了反调，他们声称："通常，在土壤银行[①]的规定下，耕地面积的减少会使人们使用更多的化学农药，从而在现有的耕地面积上获得更大产量。"这样能解决什么问题呢？

也不是说害虫不是问题或者不需要进行控制。我的意思是，控制必须立足现实，不能基于毫无根据的臆想，更不要使用那些将我们跟害虫一起毁灭的方法。

在尝试解决问题时，又带来了一系列灾难，这也是我们文明生活方式的伴生物。在人类出现很久之前，昆虫就在地球上出现了。它们种类繁多、适应力极强。在人类出现以后的这段时间，50多万种昆虫中的一小部分，以两种主要的方式与人类的利益产生冲突：一是争夺食物；二是传播疾病。在人口居住拥挤的地方，传播疾病的昆虫就会大发其威。在卫生状况极差，例如在暴发自然灾害、发生战争或是极端贫困的情况下，对这些昆虫进行控制就非常必要。我们应该清醒地认识到，化学药品的大量使用仅取得了很有限的胜利，我们企图用这种方法改善状况，却很可能会带来更大的威胁。

在原始社会农业条件下，人们很少遇到昆虫问题。这个问题是随着农业的规模化生产而出现的——在大面积的土地上仅种植一种农作物。这样的种植方式为某些昆虫数量的激增提供了便利条件。单一的耕种方式只是工程师想象中的农业，并不符合自然发展规律。大自然赋予大地多样性，但人们却热衷于将其简化。这样，人类亲

---

① 土壤银行（Soil Bank），指美国于20世纪50年代末期到60年代初期推行的一项计划。具体是向农民支付费用来让他们停耕部分土地以保护水土。

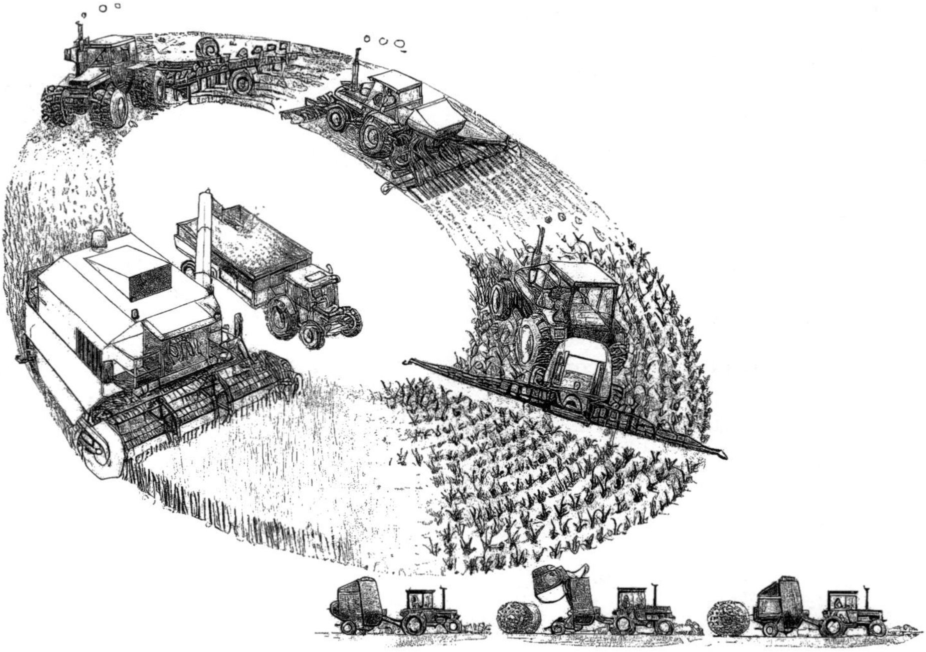

农业的规模化提升了作物生产力，但也催生出了虫害的问题——为使用大型农用机械而在大面积的土地上仅种植一种农作物，为某些仅以这种作物为食的昆虫提供了绝佳的生存环境，从而成为其数量激增的便利条件。

**榆树**

榆树是美国的主要行道树，在美国城镇中大规模种植。它拥有顽强的生命力和强大的适应能力，在大部分气候条件下，都能生长得非常茂盛，为人们提供宽敞的树荫。

手毁掉了自然界中早已存在的制约和平衡，这种制约之一就是大自然对每种生物适宜的栖息地都做了一定的限制。很明显，以小麦为食的昆虫在麦田的繁殖速度要比在混种小麦与此类昆虫不适应的其他作物的农田快得多。

类似的事情也发生在其他情况下。在上一代或更久以前，美国大城镇的街道两旁都种上了高大宏伟的榆树。而现在，他们满怀希望创造的美丽风景面临被完全毁灭的威胁，因为某种由甲虫传播的疾病席卷了所有的榆树。如果栽上多种植物，使榆树和其他树种共存的话，甲虫就不可能泛滥成灾了。

现代昆虫的另一个问题必须放在地理变迁和人类历史的背景中思考：成千上万不同种类的生物从自己的领地向新的区域不断蔓延入侵。英国生态学家查尔斯·埃尔顿在其最新著作《入侵生态学》中对世界性的大迁徙进行了研究和生动的描述。在上亿年前的白垩纪时代，泛滥的海水切断了很多大陆之间的连接，各种生物被困在埃尔顿所称的“巨大的隔离自然保护区”内。在那里，它们与同类的伙伴隔绝，慢慢衍生出了许多新的物种。大约在 1500 万年以前，当一些大陆板块被重新连通后，这些物种开始迁移到新的地区。这一运动现在仍在进行，而且得到了人类的大力协助。

植物的进口是当今物种迁移的主要原因，因为动物总是难免随植物一起迁移。检疫手段虽然是个新办法，但并不是完全有效。仅美国植物引进署就从世界各地引进了大约20万种植物。目前美国植物大约180种主要害虫中，近90种是意外地从国外带进来的，其中大多数是搭植物的便车过来的。

在新的领地，由于逃离了天敌对它们的控制，入侵的动植物可能会蓬勃生长，泛滥成灾。因此，最麻烦的昆虫是从外界传入的，这并不是偶然现象。这些入侵活动，不管是自然发生的，还是我们人类造成的，可能会无休止地进行下去。检疫和化学药品之战是仅仅能换取时间的昂贵方法。我们所面临的情况正如埃尔顿博士所说，“我们不仅仅是需要抑制某种动植物的新技术”，重要的是，我们需要掌握动物种群与环境的关系来“促进生态平衡，抑制昆虫的暴发，并且防止新的入侵”。

很多必备知识唾手可得，但我们并未关注。我们在大学里培养生态学家，甚至雇他们来政府部门工作，却把他们的建议当作耳旁风。我们任凭致死的化学药剂像下雨似的任意喷洒，仿佛别无他法。事实上，倒是有很多办法可行，而且只要提供机会，凭我们的聪明才智可以很快发现更多的办法。

我们是否陷入迷惘之中，失去了意志和判断好坏的能力，进而不得不接受低劣有害的东西呢？如生态学家保罗·谢泼德所说，“用生活的冰山一角将生活理想化，对自身的环境恶化的容忍却超出极限……我们为什么要容忍带着慢性毒药、平淡乏味的居住环境、并不全是敌人的熟人圈子、机械马达的噪音，和勉强够用让人不至于发疯的休息？谁会愿意生活在一个仅仅是不致死的世界里？”

**保罗·谢泼德**

(Paul Howe Shepard，Jr.1925—1996)，美国著名生态学家。他认为，人类在狩猎和采集环境中度过了99%的社会历史，因此形成了依赖自然获得情感和心理成长的模式。谢泼德的著作已成为生态学的里程碑式著作，为现代原始主义的思想铺平了道路，著作的基本要素是"文明"本身与人性背道而驰——人性是一种由我们的进化和环境塑造的意识。

然而，这就是我们所面对的世界。创造一个化学消毒、无虫害的世界激起了一部分专家和大多数所谓虫害管理机构的巨大热情。无论从哪方面看，那些忙着推广农药的人都在滥用职权。康涅狄格州的昆虫学家尼勒·特默说道："负责监管的昆虫学家扮演着起诉人、法官、陪审员、估税员、税务员和司法官员等多种角色，来发号施令。"最明目张胆的滥用职权就发生在各州和联邦机构中，却不受制约。

我的意见并不是完全不能使用化学杀虫剂。我要指出的是，我们正随意地把毒性很强和对生物影响巨大的化学药物交到那些对此知之甚少或者一无所知的人们手中。我们没有经过他们的同意，也没有让他们知晓其中的危害，就让这么多人接触到这些有毒的药物。如果说美国《权利法案》中没有规定"公民有权免受由私人或公共机关散播致命毒药的威胁"，那确实是因为，纵使我们的先辈智慧过人、具有远见卓识，也无法预料会出现这样的问题。

此外，我还要进一步指出，在我们很少或从未调查化学药品对土壤、水、野生动物以及人类自身的影响时，就允许它们投入使用了。由于我们不够谨慎，对滋养万物的整个自然世界未能给予足够关注。将来，子孙可能不会原谅我们的所作所为。人们对自然界所受威胁的了解、认识依然有限。现在是所谓的专家时代，这些专家们每个人只盯着自己的问题，而意识不到或者不愿意把它放在更加宏观的层面。这也是一个工业统治的时代，盛行着为了赚钱不计任何代价的做法。

当人们抓住一些杀虫剂造成有害后果的确凿证据并进行抗议时，政府就会给他们喂下半真半假的安慰剂。我们迫切需要尽快结束这份虚假的保证，不要再为令人厌恶的事实包裹糖衣。灭虫人员所造成的危害正由公众承担。只有在了解到事实的真相之后，人们才能做出决定、并且必须做出决定是否沿着这条路走下去。正如金·罗斯坦德所言，“忍耐的义务给予我们了解真相的权利”。

## 第三章

# 死神的特效药

人类源源不断地生产合成杀虫剂。在实验室里，科学家巧妙地操控分子、代替原子，改变它们的排列，这些是战前简单的杀虫剂所无法比拟的。新型合成杀虫剂的威力不仅在于毒性大，更在于它们可以破坏人体最关键的生理过程，引起病变并容易导致死亡。它们摧毁了保护人类免受伤害的酶，妨碍人类获取能量的氧化过程，导致各器官的功能障碍，还可能引起细胞发生慢性的不可逆的变化，导致恶性肿瘤的出现。

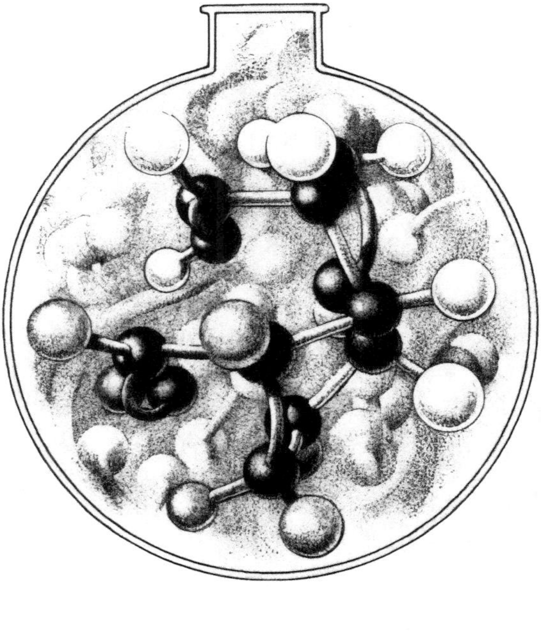

现在每个人从出生到死亡，都不得不和危险的化学药品接触，这一现象在世界历史上还是头一回出现。自投入使用以来不到20年的时间里，杀虫剂传遍了世界各个角落。大部分主要水系，甚至连平时看不见的地下水中都已经检测到了这些药物残留。十几年前使用过的化学药物仍然会残留在土壤中。它们已经侵入鱼类、鸟类、爬行动物、家畜和野生动物的体内并蓄积。在科学家进行动物实验时，要找到未受污染的实验动物是不大可能的。在荒僻山涧湖泊里的鱼类体内，在土壤中蠕动的蚯蚓体内，在鸟蛋里，甚至在人的身体里都发现了化学药物残留。如今，无论男女老少，大部分人体内都有化学药物残留。它们会出现在母亲的奶水中，而且有可能入侵胎儿的细胞组织。

所有这一切，都是因为生产杀虫剂的化工产业突然崛起和迅猛发展。这种工业是第二次世界大战的产物。在研制化学武器的过程中，人们发现实验室里的一些化学药品对消灭昆虫有效。这一发现绝非偶然，因为昆虫曾被普遍用来试验药物对人的威力。结果，人类源源不断地生产合成杀虫剂。在实验室里，科学家巧妙地操控分子、代替原子，改变它们的排列，这些是战前简单的杀虫剂所无法比拟的。从前这些杀虫剂的成分——砷、铜、铝、锰、锌以及其他的化合物，都取自天然的矿物和植物，如干菊花做的驱虫粉，烟草中的硫酸烟碱，东印度地区豆科植物中的鱼藤酮等等。

新型合成杀虫剂之所以与众不同，是因为它们对生物影响巨大。它们的威力不仅在于毒性大，更在于它们可以破坏人体最关键的生理过程，引起病变并容易导致死亡。如我们所知，它们摧毁了保护人类免受伤害的酶，妨碍人类获取能量的氧化过程，导致各器官的功能障碍，还可能引起细胞发生慢性的不可逆的变化，导致恶性肿瘤的出现。然而，每年还会有新的、更多的致命化学药物问世，也出现了新的用途，所以全世界都在与这些药物亲密接触。1947 年，美国合成杀虫剂的产量为 124,259,000 磅，到了 1960 年，这一数字飙升到 637,666,000 磅，增长了 4 倍多。这些产品批发总价超过 2.5 亿美元。而且，从化学工业的计划和愿景看来，这仅仅是开始。

因此，杀虫剂应该引起我们每个人的重视。如果我们与它们经常接触，它们潜藏在我们的饮用水以及食物，甚至骨髓里，那么我们最好了解一下它们的特性和药力。尽管第二次世界大战标志着杀虫剂从无机化合物迈入了奇妙的碳分子世界，仍然有少数旧杀虫剂在继续使用。其中之一就是砷，它仍是除草剂和杀虫剂的主要成分。砷是一种高毒性无机物质，广泛分布于各种金属矿中，少量存在于火山、海洋和温泉中。砷的毒性很强，它与人类的关系复杂、渊源颇深。因为很多砷化物是无味的，所以从波吉亚家族[①]起，人类就选择用它来杀人。大约在两个世纪之前，一名英国医师就已经发现，烟囱灰中含有的砷与一些芳香烃一样可以致癌。长期以来，砷引起的人类慢性中毒是有案可查的。日常环境中的砷污染也会导致马、牛、羊、猪、鹿、鱼、蜜蜂等动物患病或死亡。即便如此，含砷的喷雾剂、粉剂还是广泛地使用着。长期使用含砷粉剂的农民一直遭

---

① 波吉亚家族（House of Borgia），是欧洲显赫的贵族世家，发迹于西班牙的巴伦西亚，在意大利文艺复兴时期开始壮大。先后有两位家族成员登上教宗宝座，即教皇加里斯都三世（1455 年至 1458 年在位）和亚历山大六世（1492 年至 1503 年在位），另有一位家族成员成为天主教圣人，数位家族成员成为枢机。尤其在亚历山大六世在位期间，民间传出了许多波吉亚家族的谣言，包括谋杀、毒杀、绯闻、谋取圣座控制权、偷窃、贿赂、乱伦等。

受着慢性砷中毒的折磨，牲畜也因含砷的喷雾剂和除草剂而中毒。喷洒在蓝莓地里的含砷药粉飘落在附近的农田里，污染了溪流，最终使蜜蜂和奶牛中毒，并使人类染上疾病。“我们国家对砷污染不管不顾的做法，简直到了极端的地步……”环境致癌权威机构——国家防癌协会的W.C.休伯说，“任何人只要见过工人使用喷粉机和喷雾器的工作状态，就一定会被他们处理这些有毒物质的随意态度所震惊，久久难忘。”

现代杀虫剂致命性更强，其中大多数属于两大类化学药物：一类是以DDT为代表的“氯化烃”①；另一类是含有各种有机磷②的杀虫剂，以较为常见的马拉硫磷和对硫磷为代表。如上所述，它们有一个共同点，都是以碳原子为基础的，这是生物不可或缺的基本成分，它们因而被称为“有机物”。要了解它们，我们必须明白它们是什么，以及如何制成的。尽管与构成生物的化学物质相似，但是它们被改造为致死剂的变体。

碳原子几乎可以说具有无限的潜能，能彼此组合成链状、环状及各种别的构形，也可以与其他物质的原子相结合。的确如此，各类生物——从细菌到巨大的蓝鲸，自然界中令人叹为观止的生物多样性正是源于碳的这种特性。复杂的蛋白质分子就是以碳原子为基本元素，脂肪、碳水化合物、酶、维生素等与之一样。很多非生物也是如此，

---

① 氯化烃是一类有机化合物，由氯原子代替烃基上的氢原子形成。氯化烃具有较高的化学活性，常用作反应试剂和有机合成中间体，同时也是具有致癌、致畸、致突变性的物质。

② 有机磷指含有碳–磷键的有机化合物。它们主要用于虫害控制。

因为碳并不只是生命的象征，一些化合物就是碳氢的简单组合。其中最简单的是甲烷，它是沼气的主要成分，由自然界中水下有机物经细菌分解产生。甲烷与一定比例的空气混合，就会变成煤矿中可怕的“瓦斯”。它的结构极其简单，由一个碳原子和四个氢原子组成。

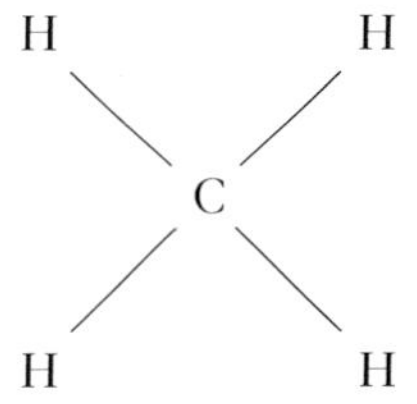


化学家们发现，可以去掉一个或者全部的氢原子，用其他原子替换。例如，用一个氯原子替换一个氢原子，可以制成氯甲烷；

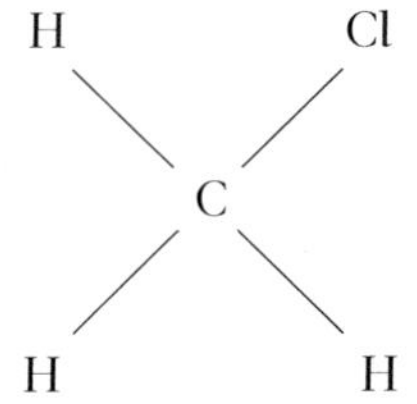


用三个氯原子替换三个氢原子，可以制成麻醉剂氯仿；

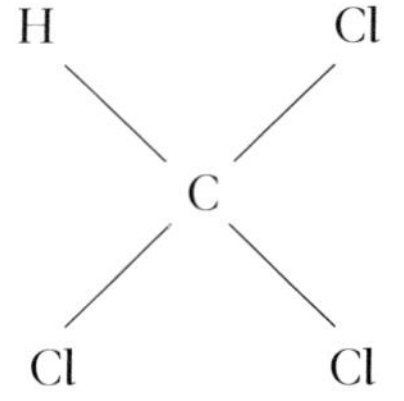

把所有的氢原子都替换成氯原子，就会生成最常见的清洁剂——四氯化碳。

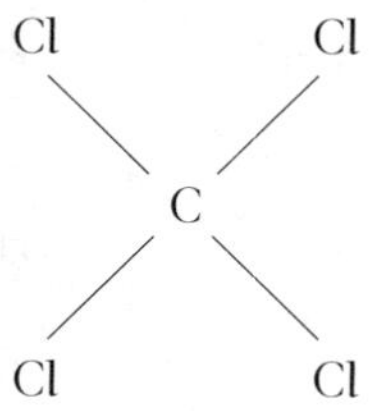

简单说来，这些围绕甲烷分子的基本变化说明了氯化烃的构成。但是，这种简单的说明远不足体现烃的真正复杂性，或者有机化学家创造各种材料的丰富手段。除了单一碳原子的甲烷外，化学家还能改变许多碳原子组成的化合物分子。这些碳原子呈环状或链状，还有侧链和分支。连接它们的化学键连接的不仅仅是氢原子和氯原子，还有各种化学基团[①]。看似微不足道的变化，却足以改变物质的特性。不但附着的元素很关键，就连附着的位置都至关重要。如此精细的操控催生了一系列杀伤力巨大的毒药。

一位德国化学家在 1874 年首次合成了 DDT。但是直到 1939 年，人们才发现它具有杀虫的特性。随即，DDT 被誉为害虫的终结者，可以一夜之间铲除害虫，帮农民打赢战争。瑞士人保罗·穆勒因为发现了 DDT 的杀虫功效而获得了诺贝尔生理学或医学奖。现在，

① 基团（group）是化合物分子中的某些原子所组成的原子集团，以共价键与其他组分相结合。一般是指化合物中具有特殊性质、带电中性的原子团。作复合词时，常简称“基”，例如苯基、羟基、烃基等。

**保罗·赫尔曼·穆勒**

(Paul Hermann Müller, 1899—1965),瑞士化学家。1939 年他发现了 DDT 的杀虫功效,因此在 1948 年得到诺贝尔生理学或医学奖。这是首次由非生理学家夺此殊荣。由于 DDT 效果良好,后来人们把它和青霉素、原子弹并称为第二次世界大战时期的三大发明。但随着科学发展,人们逐渐意识到了 DDT 的毒性,许多国家都在 20 世纪 70 年代开始禁用 DDT,DDT 的兴盛前后不过 20 余年。

DDT 被广泛使用。大部分人认为这是一种常见的无害产品。这一印象可能源于战争时期,成千上万的士兵、难民和囚犯在身上涂洒 DDT 来对付虱子。这么多人都在亲密接触 DDT,而没有产生直接的危害,所以,人们普遍相信这种化学品肯定是安全的。这样的误解倒也可以理解,与其他氯化物不同,干粉 DDT 不容易透过皮肤吸收。按人们通常做法溶于油的话,DDT 一定有毒。如果吞食了 DDT,它会通过食道被人体慢慢吸收,还可能通过肺吸收。它一旦进入人体,就会存留在富含脂肪的器官(因为 DDT 本身溶于油脂),例如肾上腺、睾丸、甲状腺。相当大一部分 DDT 会滞留在肝、肾以及包裹着肠膜的脂肪里。

可以想象,DDT 在体内的存量从最小的摄入量(残留于大多数食物中),直至达到很高水平。脂肪就像仓库一样,起着生物放大器的作用。因此食物中千万分之一的微小 DDT 含量,会在体内积累到百万分之十至百万分之十五,增加 100 多倍。这些数字在化学家或药物学家的眼里稀松平常,但我们大部分人却对此知之不多。百万分之一,听起来很小,也确实很小。但是,这些化学药物药效惊人,极小的量足可以引起巨大变化。动物实验发现，生物体中含百万分之三的 DDT 就可以抑制心肌中一种重要酶的作用，生物体中含百万分之五的 DDT 就会引起肝细胞的坏死或衰变。而生物体中含百万分之二点五的狄氏剂或氯丹与其效果是一样的。这并不令人诧异，在正常人体中化学物质的细微差别就能导致结果的巨大差异。例如，万分之二克的碘就足以决定人的健康。由于摄入的少量杀虫剂是逐渐积累的，而且排泄过程十分缓慢，所以肝脏以及其他器官的慢性中毒和退化病变是真实存在的。

关于人体内会存留多少 DDT，科学界还没有统一认识。美国食品药品监督管理局主任药物学家阿诺德·莱曼博士说，因为 DDT 的吸收不存在下限，也没有上限，所以不管多少都会吸收。另外，美国公共卫生署的维兰德·海耶斯却认为，每个人的体内都会有一个平衡点，超过这个限度，DDT 就会排泄出来。实际上，谁的观点正确并不重要。我们已经对 DDT 在人体内的残留进行了充分的调查，并且了解到普通人体内的残留具有潜在危害。各项研究表明，没有直接接触 DDT 的人（不可避免的饮食除外）体内平均残留量为百万分之五点三到百万分之七点四；从事农业劳动的人为百万分之十七点一；杀虫剂工厂里工人体内的平均残留量数值居然高达百万分之六百四十八！可见残留药物的变化幅度很大。更重要的是，即使最小的体内残留量数值也已经超过了肝脏、其他器官和组织的承受能力。

DDT 以及同类化学药品的最危险的一个特征是，它们可以通过食物链从一个有机体内转移到另一个有机体内。例如，在苜蓿地喷洒了 DDT，然后把苜蓿喂给母鸡，母鸡下的蛋中也会含有 DDT。或者，用含有百万分之七至百万分之八 DDT 的干草喂养奶牛，牛奶中

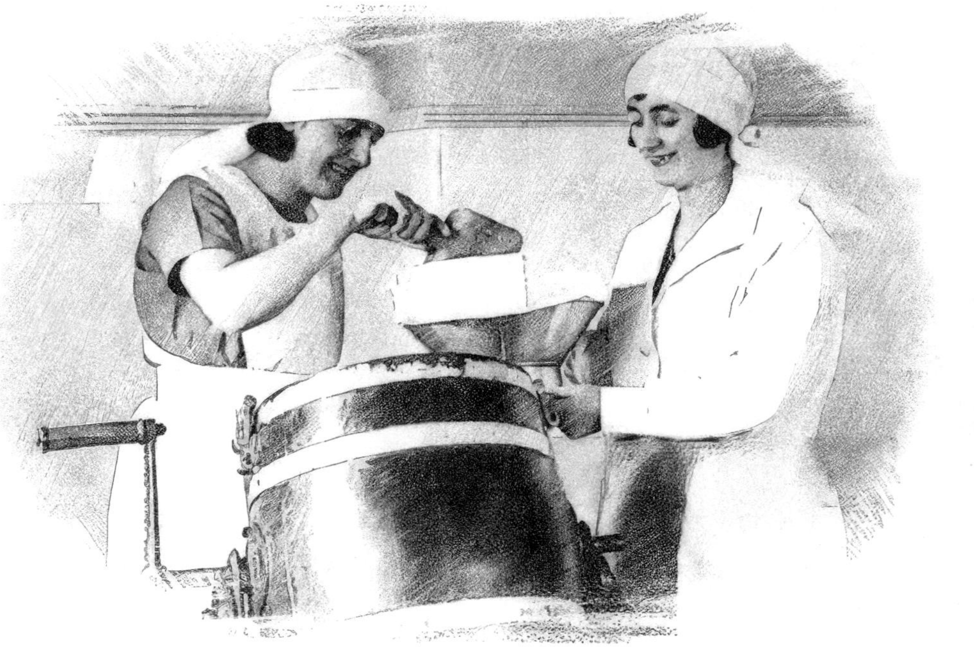

制作黄油时会先将牛奶置于密闭容器中剧烈摇动或搅拌，使其水油分离形成凝固状，丢弃多余的水分只取固体。由于需要大量牛奶才能制成少量黄油，所以通过草料进入牛奶中的有毒物质会浓缩、积累在黄油当中，并具有更高的浓度。

就会含有大约百万分之三的DDT，但是在牛奶制成的黄油中，其浓度会骤升至百万分之六十五。通过这样的传导过程，本来很小量的DDT，最后会达到很高的浓度。虽然美国食品药品监督管理局禁止州际贸易中的牛奶有农药残留，但是如今，农民们很难找到未受污染的饲料来喂养奶牛了。

毒素还可以从母亲身上传给子女。美国食品药品监督管理局的科学家们已经从人奶取样中检测出了农药成分。这意味着婴儿在接受母乳喂养的时候，也在不断地吸收、积蓄化学毒素。然而，这绝不是婴儿第一次接触有毒化学品，有充分的理由相信，他在胚胎时期就已经开始接触毒素了。动物实验表明，氯化烃农药可以毫不费力地穿过胎盘的壁垒，而胎盘正是胚胎与母体之间阻挡有害物质的保护层。虽然，婴儿通过这种方式吸收的有毒物质比较少，却不容忽视，因为孩子比大人更容易中毒。这就意味着，现代人一出生就吸收有毒物质，并在以后的生命里不断累积。

所有的事实——人体内微量的毒素留存，之后的蓄积，对肝脏造成各种损伤，促使美国食品药品监督管理局早在1950年就宣布，“DDT潜在的危害极有可能被低估了”。医学史上类似的情况绝无仅有，没人知道最终的结果会怎样……

另一种氯化烃——氯丹，不仅具有DDT所有令人讨厌的性质，还拥有一些“特别”之处，其残留物会在土壤、食物或施用过氯丹的物体表面长期滞留。它无孔不入，可以通过皮肤渗入，以喷雾或粉末的形式被生物体吸入。如果吞食了氯丹残留物，氯丹理所当然地会被消化道吸收。与其他氯化烃一样，氯丹也会在体内慢慢累积。动物实验表明，一次进食包含百万分之二点五氯丹的食物，最终在动物脂肪中会增加到百万分之七十五。像莱曼博士这样经验丰富的药物学家曾在1950年称:“氯丹是毒性最强的杀虫剂之一，任何接触的人都可能中毒。”对于这个警告，谁也不当回事，郊区的居民依然我行我素，随意使用氯丹配制杀虫剂，并慷慨地喷洒在自家的草坪上。他们没有立即患病并没有任何说服力，因为毒素可以在他们体内潜伏很久，直到几个月或几年后才突然发病，但那个时候病因已经不可能查清了。另一方面，死神也可能突然降临。一名受害者不小心把一种氯丹浓度为25%的工业溶液洒到皮肤上，40分钟内就出现了中毒迹象，还没来得及抢救就死了。即使提前警告能够使中毒事件得到及时处理，但指望这个来解决问题一点也不可靠。

氯丹的成分之一——七氯，在市场上作为一种单独的制剂出售。它极易被脂肪吸收贮存。如果饮食中包含百万分之一的七氯，进入体内就会积聚起大量毒素。此外，它还可以神奇地变换成另一种不同性质的物质——环氧七氯。这样的变化在土壤中以及动植物组织中都会发生。鸟类药物实验表明，这种转变产生的环氧化物比原来的七氯毒性更强，而七氯的毒性已经是氯丹的4倍了。

早在20世纪30年代中期，人们便发现了一类特殊的烃类——氯化萘。在工作中直接接触氯化萘的人会得肝炎，这也是一种罕见的、难以治愈的致命疾病。氯化萘能导致从事电气工业的工人患病，甚至死亡。最近，人们认为它导致了农户的牛群得上了奇怪的致命疾病。鉴于这些先例，不难理解，毒性最强的三种杀虫剂是与这类烃类物质相关的狄氏剂、艾氏剂和异狄氏剂。

狄氏剂是以一位德国化学家狄尔斯的名字命名的。吞食狄氏剂后，它的毒性是DDT的5倍，但是狄氏剂溶液通过皮肤吸收后，其毒性相当于 DDT 的 40 倍。狄氏剂臭名昭著，因为它能使人快速发病，并攻击受害者的神经系统，使患者出现抽搐等症状。中毒的人恢复过程十分缓慢，足以证明其危害的持续时间很长。像其他氯化烃一样，这些危害也包括对肝脏的严重损伤。尽管它的使用会大规模地毁灭野生动物，但是因其药效持久、杀虫功效显著，狄氏剂仍成为应用最广的杀虫剂之一。针对鹌鹑和野鸡的实验证明，狄氏剂的毒性是 DDT 的 40 到 50 倍。

狄氏剂是如何在体内贮存、分布和排泄的，我们不甚了解。因为化学家们创造杀虫剂的才能远在我们的认识之上，这些化学药品对生物体的影响，我们还没怎么搞清楚。然而，种种迹象表明，药物会长期残留于人体，像休眠的火山一样，当人产生生理压力消耗大量脂肪时，它们就会突然爆发。我们所知道的信息，大都来自世界卫生组织进行的艰苦的抗疟运动。在疟疾防治中，自从狄氏剂取代 DDT 后（因为蚊子已经对 DDT 产生了抗药性），喷药人员开始出现中毒现象。病症发作非常剧烈，一半甚至全部的中毒者（因工作情况，病症各异）发生了痉挛，一些人会死去。还有一些人在接触药物 4 个月之后才出现抽搐现象。

艾氏剂是蒙着一层面纱的物质，略显神秘。它虽然作为独立的个体存在，但又因其会发生变化而与狄氏剂紧密相关。如果一片萝卜地使用了艾氏剂，这里的萝卜会有狄氏剂残留。这种变化能在生物体组织里发生，也能在土壤里发生。这种神奇的变化已经导致了许多错误的报告。因为化学家要检测的目标是艾氏剂，所以他认为残留已经消失了。实际上，残留物已经变成了狄氏剂，因而需要其他的检测方法。

跟狄氏剂一样，艾氏剂也有剧毒，会引起肾脏和肝脏的退化病变。一片阿司匹林大小的剂量就足以杀死400多只鹌鹑。很多人类中毒的案例已经出现，其中大多数与工业接触有关。

与很多同类杀虫剂一样，艾氏剂给未来投下了一层可怕的阴影——不孕症。野鸡吃下很小的剂量不会死去，但下蛋的数量却大大减少，而且孵出的小鸡不久便会死去。这种影响不局限于禽类。接触艾氏剂的母鼠，怀孕次数也会减少，而且幼鼠多病短命。经过艾氏剂治疗的母狗，产下的小狗三天就死了。这些动物的后代都因为这样或那样的原因而受难，但主要原因就是父母体内的毒素。没人知道，同样的悲剧是否会发生在人类身上。但是，这种化学药物已经通过飞机洒向了郊区和农田。

异狄氏剂是所有氯化烃中毒性最强的。虽然化学性质与狄氏剂关系紧密，分子结构的细微变化却使它的毒性是狄氏剂的5倍。此类杀虫剂的始祖——DDT，其毒性与异狄氏剂相比可以算得上是无毒无害了。异狄氏剂对哺乳动物的毒性是DDT的15倍，对鱼类是30倍，对于一些鸟类则高达300倍。在投入使用的10年中，异狄氏剂毒死了不计其数的鱼类。漫步在果园的牛也会身中剧毒。井水也被污染。至少有一个州的卫生部门发出警告：盲目使用异狄氏剂已经威胁到了人类的健康。

在一起最悲惨的中毒事件中，并没有出现明显的疏忽，因为已经采取了足够的预防措施。一个一岁的美国小男孩跟着父母搬到了委内瑞拉。他们在新家里发现有蟑螂，所以，几天后他们使用了含有异狄氏剂的喷剂。大约在早上9点，在开始喷药之前，孩子和小狗都被带到了屋外。喷药过后，父母又清洗了一遍地板。下午的时

虽然似乎已经进行了足够的预防与清理，但脆弱的小狗与幼儿还是成了致命毒素的牺牲品。

候，孩子和小狗才被带回到屋里。大约一小时后，小狗开始呕吐、抽搐，最后死去。当天晚上 10 点左右，孩子也开始呕吐、抽搐，失去知觉。与异狄氏剂致命的接触，使这个本来健康的正常孩子变成了植物人——看不见、听不到、肌肉频繁痉挛，完全与世界隔绝开来。孩子在纽约一家医院里经过几个月的治疗，也没能改善状况，或带来一丝改善的希望，主治医师说："出现有效恢复的机会非常渺茫……"

第二大类杀虫剂——烷基或有机磷酸酯，可跻身于毒性最强的化学品之列。它的应用伴随的危害是急性中毒。喷药作业或者碰巧接触到飘浮的飞沫，以及喷洒过药剂的蔬菜和丢弃的药剂容器都有危险。在佛罗里达州，两个小孩找到一只空袋子，用它来修补秋千。不久，他们便死去了，另外三个小玩伴也病倒了。原来，这只袋子曾用来装一种叫作对硫磷的杀虫剂，这是一种有机磷酸酯。经检验证实，两个孩子死于对硫磷中毒。另外，威斯康星州的一对小表兄弟在同一晚上死去。其中一个孩子在自己家的院子里玩耍时，因为当时他的父亲在附近的田地里给土豆喷洒对硫磷，所以农药飘进了院子。另一个小孩跟着自己的父亲跑进谷仓玩耍，并用手抓了一下喷雾器的喷嘴。

这些杀虫剂的出现多少都具有讽刺意味。虽然一些化学品——有机磷酸酯，人类早已熟知，但是直到 20 世纪 30 年代末，才由德国化学家格哈德·施拉德发现其杀虫功效。德国政府立刻意识到，这些化学品可以作为新的强大武器在战争中对付敌人，于是，宣布相关研究工作为重要机密。一些化学物质被制成了神经毒气，另一些结构相似的则被制成了杀虫剂。

有机磷杀虫剂以一种独特的方式作用于生物体。它们可以破坏在人体中起重要作用的酶。不论受害者是昆虫还是温血动物，它们

**格哈德·施拉德**

（Gerhard Schrader，1903—1990），德国化学家，本来的工作是研究新型杀虫剂来解决世界饥饿问题，开发了对硫磷等杀虫剂，却意外发明了神经毒剂沙林和塔崩，被称为“神经毒剂之父”。

攻击的目标是神经系统。正常情况下，神经脉冲借助一种叫作乙酰胆碱的“化学传导器”在神经间传递。这种物质完成必要的任务后就会消失。实际上，它的存在非常短暂，以至于医学研究人员需要经过特殊处理才可能在其遭受破坏之前完成取样。这种短暂的化学传导正是身体所必需的。一次神经脉冲通过后，如果不及时消除乙酰胆碱，脉冲就会继续在神经间飞速穿梭。因为这种物质的作用会变得越来越强，所以整个身体会变得不协调——颤抖、抽搐，甚至死亡。

我们的身体已经为此做好了准备。有一种叫胆碱酯酶的保护性酶，在不需要传导物质的时候就能把它消除。我们的身体通过这种方式实现了一种精确的平衡，不会因积累很多乙酰胆碱而产生危险。但是一接触到有机磷杀虫剂，保护性酶就会被破坏。酶的减少导致乙酰胆碱逐渐积蓄。从作用上看，有机磷化合物与一种毒蘑菇里发现的生物碱——毒蝇碱很相似。重复接触会降低胆碱酯酶的含量，直至急性中毒的边缘，再增加一点的话就可能中毒。所以，对喷药人员和经常与之接触的人定期进行血液检查是必要的。对硫磷是一种使用最为广泛的有机磷酸酯之一，也是其中毒性最强、最危险的。蜜蜂在接触它之后，会变得“焦躁而好斗”，并做出近似疯狂的骚动，半个小时内就会死亡。一位化学家想用最直接的方式搞清楚人类急性中毒的剂量，他吞下了很少的对硫磷，大约 0.004,24 盎司，结果马上就瘫痪了，甚至来不及够到早已备好、放在手边的解毒剂，就这样死去了。

据说在芬兰，对硫磷是最受欢迎的自杀工具。近年来，加利福尼亚每年大约有 200 例意外中毒事件。在世界各地，对硫磷引起的中毒死亡率也令人震惊。1958 年，印度发生 100 起对硫磷中毒事件，叙利亚出现 67 例对硫磷中毒病例。在日本，平均每年有 336 人因对硫磷中毒而死。如今，美国的农田和果园每年要消耗约 700 万磅对硫磷。有的使用手动喷雾器，有的使用电动鼓风机和喷粉器，还有的使用飞机作业喷洒对硫磷。一位医学界的权威说，加利福尼亚农场的喷洒量，“就可以毁灭全球人类 5 到 10 次”。

在一种情况下，我们也许会幸免于难，因为对硫磷及其同类化学物质分解速度较快，与氯化烃相比，它在庄稼上的残留时间比较短。然而，即使较短的时间也足以造成伤害，引发严重后果，甚至死亡。在加利福尼亚里弗赛德市，30 个采橘人中，有 11 人严重中毒，除一人外，其他人全部被送往医院救治。他们的症状就是典型的对硫磷中毒。大约两个半星期之前，这片果园喷洒过农药。在 16 至 19 天之后，药物残留仍然能给他们带来干呕、视力下降、半昏迷等痛苦。这并不是残留时间最长的纪录。一个月前喷过农药的果园里也发生过同样的悲剧。还有，使用标准剂量 6 个月后，橘子皮中仍然会发现农药残留。

田地、果园里喷洒的有机磷农药对工人的健康造成了极大威胁，所以一些州设立了实验室，帮助医生们进行诊断和治疗中毒者。如果医生们在救助中毒者的时候不戴橡胶手套，也会面临一定风险。

给患者洗衣服的女工也可能因吸收足量的对硫磷而中毒。

马拉硫磷是另一种有机磷酸酯，差不多与 DDT 一样广为人知。该药剂被广泛应用于园林防治、家庭灭害和消灭蚊虫，以及对昆虫铺天盖地地全方位攻击等用途。例如，佛罗里达州的居民在将近 100 万英亩的土地上喷洒马拉硫磷，以消灭一种地中海果蝇。人们认为它是同类化学品中毒性最小的，而且很多人觉得没有什么危害，可以放心地使用。广告也鼓励这种随意的态度。马拉硫磷的“安全”依据根本不靠谱，不过这一点是在其投入使用几年后才发现的，很多其他化学杀虫剂的情况也是如此。马拉硫磷之所以“安全”，是因为哺乳动物肝脏强大的保护功能，能够消除其危害。解毒是由肝脏中一种酶完成的。但是，如果这种酶遭到破坏，或作用过程受到干扰，接触马拉硫磷的人就不得不承受全部的毒素了。

不幸的是，经常发生类似的事情。几年前，美国食品药品监督管理局的一个科学小组发现，马拉硫磷和其他有机磷酸酯同时使用会产生巨大的毒性，是两种物质毒性相加的 50 倍。换言之，两种物质各取致死量的 1%，结合后可以产生致命的毒性。

这一发现促使人们研究其他杀虫剂组合。现在人们知道，很多有机磷酸酯组合是非常危险的，因为混合以后毒性会发生“增强作用”①。一种化合物破坏了另一种化合物的解毒酶之后，混合物的毒性大增。这两种化合物不一定要同时出现。如果一个人这一周喷洒了这

---

① 增强作用又称增毒作用。一种外来化合物对某器官并无毒性，但与另一种化合物共同作用时，使后者对该器官的毒性增强。如异丙醇对肝脏无毒性，但与四氯化碳混合后，会使四氯化碳对肝脏的毒性增强。

种杀虫剂，下周再使用另一种的话，便会有中毒的危险。施用过农药的农产品被人们食用后，也会有危险。普通的一碗沙拉里很可能含有不同的有机磷酸酯药剂，法定允许的农药残留也可能会发生反应。

虽然我们对各种化学品相互作用的危险不甚了解，但科学实验室令人担忧的发现却屡见不鲜。其中一项发现认为，使一种有机磷酸酯毒性增强的不一定是杀虫剂。例如，一种增塑剂在增强马拉硫磷毒性方面，可能要优于杀虫剂。这是因为它能够抑制肝脏中可以“拔掉杀虫剂毒牙”的酶。

那么，人类生产的其他化学品又是怎样的呢？尤其是药物，是什么情况呢？关于这方面的研究才刚刚起步，但是我们已经知道，一些有机磷酸酯（如对硫磷和马拉硫磷）会使一些肌肉松弛药剂的毒性更强，其他几种有机磷酸酯（包括马拉硫磷）会明显延长巴比妥酸的休眠时间。

在古希腊神话中，女巫美狄亚因自己的丈夫伊阿宋移情别恋而勃然大怒，于是，她送给了伊阿宋的新欢一条施了魔法的长袍，新娘穿上长袍后随即暴毙。如今，这种间接死亡找到了它的对应物——“内吸杀虫剂”。这些化学药物具有特殊性质，它们可以把植物或动物变成有毒的美狄亚长袍。使用它们的目的是杀死前来侵犯的昆虫，尤其是吸食植物汁液和动物血液的昆虫。

内吸杀虫剂的奇异世界不可思议，超出了格林兄弟的想象，可能接近于查尔斯·亚当斯[①]的漫画世界。在这个世界里，魔幻的森林

① 查尔斯·亚当斯（Charles Addams，1912—1988），美国漫画大师。代表作《亚当斯一家》，采用了哥特式的视觉风格，形式上阴郁怪异，内容充满了黑色幽默。

变成了有毒的树木，昆虫咀嚼树叶或吸食植物汁液后必死无疑。跳蚤吸食狗的血液后死亡，因为狗的血液里有毒；昆虫因为接触植物散发的蒸气而死亡；蜜蜂会带着有毒的花蜜回巢，因而酿出的蜂蜜含有剧毒。

应用昆虫学领域的研究人员在自然界获得启示：他们发现在含有硒酸钠的麦田里，小麦对于蚜虫和红蜘蛛的攻击免疫。由此，激发了昆虫学家研发内吸杀虫剂的想法。硒是一种自然生成的元素，只有少量存在于世界各地的岩石和土壤里，是第一种内吸杀虫剂。所谓内吸杀虫剂就是渗透进植物或动物体内各个组织并使之毒化的农药。一些氯化烃类化学药剂以及有机磷类化学品具备这种属性，它们都是人工合成的。一些自然生成的物质也具备这种属性。然而，在实际应用中，大部分内吸杀虫剂使用的是有机磷类，因为药物残留相对较少。

内吸杀虫剂还会以迂回的方式发生作用。通过将种子浸泡在种衣剂[①]中或与碳混合形成包衣，它们的药力会延伸到下一代植物体内，长出的幼苗会毒死蚜虫和其他吮吸类昆虫。人们就是这样对类似豌豆、蚕豆、甜菜等的蔬菜进行保护。带有内吸式包衣剂的棉花籽在加利福尼亚已经种植了一段时间。1959 年，因为触摸过装有被包衣剂浸泡过的种子的袋子，加州圣华金河谷的 25 个农场工人在种

① 种衣剂又称种子包衣剂。包衣剂是含有不同功效成分，通过在种子外面形成一层“外衣”来发挥作用的农药。这层“外衣”可以帮助种子预防土壤中的病虫害侵袭，随着种子发芽，“外衣”中的药剂也会逐渐释放被植物吸收。

内吸杀虫剂对植物的影响十分长久，即使是在开花前喷洒，花蜜中仍会含有毒素，进而影响到采蜜的蜜蜂和蜜蜂酿造的蜂蜜。

植棉花时，突然发病。

在英格兰，有人想知道蜜蜂在经内吸杀虫剂处理过的植物上采蜜会发生什么情况。于是人们对喷洒过八甲磷药物的地区进行了调查。虽然农药是在开花之前喷洒的，但是生产的花蜜仍然有毒。果然，不出所料，蜜蜂酿造的蜂蜜也被八甲磷污染了。

动物内吸杀虫剂主要用来控制牛皮蝇蛆——牲畜身上的一种有害的寄生虫。为了在动物血液和组织中发挥作用而不产生致命的毒性，必须加倍小心使用这些农药。这种平衡极其微妙，且政府机构的兽医们也已经发现，反复的小剂量用药会逐渐耗尽动物体内的保护性胆碱酯酶。因此，如果不进行事前警告，极小的超过使用剂量也可能导致中毒。

很多有力的证据表明，动物内吸杀虫剂正在走进与我们生活更密切的领域。如今，你可以给你的狗喂一片药，据说这种药可以使狗的血液有毒，进而消除虱子的困扰。发生在牛群中的危害可能会发生在狗身上。就目前看来，还没有人建议研制人类内吸药物来对付蚊子。但也许，这就是下一步将要发生的……

到目前为止，本章一直在讨论人类跟昆虫做斗争中使用的致命化学物质。那么，我们与野草的战争又是怎样的呢？人们想快速而简便地除掉不需要的植物，催生了一批叫作除草剂或者称作除莠剂的化学品。关于这些药剂是如何使用以及如何误用的，将在第六章进行讲述。现在我们关心的是，除草剂是否有毒，它的兴起是否加剧了环境污染。

除草剂只对植物有毒，对动物没有危害的传说广为流传，但不幸的是，这种观点是错误的。除草剂中的化学成分，对动植物都会

**硫酸与马铃薯**

因为可以被土壤稀释和中和，所以硫酸的作用时间很短。但它对藤蔓的杀伤力非常强，曾作为触杀型、有一定选择性的除草剂使用。硫酸还可用于清除马铃薯的地上部分。

产生影响。它们对生物体的作用大小不一。有的是一般毒药；有的是新陈代谢的强力刺激物，会使动物因体温升高而死亡。有的可以单独起作用，也可以跟其他化学品共同作用，引发恶性肿瘤。有的会导致基因变异，进而破坏遗传物质。所以，除草剂和杀虫剂一样，包含一些非常危险的物质。如果错误地认为它们是“安全的”而滥用，会带来灾难性的后果。

尽管新的化学药物一个劲儿地从实验室里冒出来，砷化合物（如上文所提）还是在杀虫剂和除草剂中广泛使用。它们通常以亚砷酸钠的形式出现。历史上砷化物的使用也不让人放心。用作路旁除草剂时，它们毒死了很多奶牛，还杀死了难以计数的野生动物。

因为先前用于清除马铃薯茎叶的硫酸出现了短缺，英国大约在1951年开始在马铃薯地里使用含砷农药。农业部认为，有必要对喷过含砷农药的田地加以警示，但是牲畜看不懂这样的警示（我们必须知道，野生动物和鸟类也看不懂）。关于牲畜因含砷农药中毒的报道不绝于耳。直到一个农夫的妻子因喝了砷污染的水中毒死亡后，英国一些大型化学公司于1959年停止生产含砷农药，并召回了经销商手中的存货。不久后，英国的农业部宣布，由于对人类和牲畜构成严重威胁，因此决定限制亚砷酸盐的使用。1961 年，澳大利亚政府也出台了类似的禁令。然而，美国却没有相同规定来限制这些毒药的使用。

有的“二硝基”化合物也被用作除草剂。在美国它们被列入了同类药物中最危险的名单。二硝基苯酚是一种强力新陈代谢刺激物。因此，人们曾经把它当作减肥药来使用，但是瘦身剂量与中毒或致死剂量差别太小。所以，在停药之前，一些病人死去了，还有很多人遭受了永久性伤害。一种相关的化学物质——五氯苯酚，有时称作“五氯酚”，既用作除草剂，又用作杀虫剂，常喷洒于铁路沿线和荒地里。五氯酚对很多生物毒性都很强，从细菌到人类都在它的影响范围之内。跟二硝基一样，它会干扰人体的能量来源，这通常是致命的，受到影响的生物几乎是耗尽了自己的生命。

最近，加利福尼亚卫生署报告的一起死亡案例证明了它的可怕毒性。一名油罐车司机正在用柴油和五氯苯酚配制棉花脱叶剂。当他从大桶里抽出这种浓缩化学品时，塞子意外地掉进了桶里，他赤手把塞子捞出来。虽然他立即洗了手，但还是急性中毒，第二天就死了。

一些除草剂诸如亚砷酸钠或苯酚类除草剂造成的后果大都显而易见，而另外一些除草剂的影响却隐伏难觅。例如，现在很出名的红莓除草剂——氨基三唑（俗称杀草强），被认为毒性相对较轻。但是，长远看来，它有引发甲状腺恶性肿瘤的可能，对野生动物和人类的影响极其深远。在各种除草剂中，有一些属于“突变剂”，也就是说能够改变遗传物质——基因。我们会因辐射导致基因变化而深感震惊。那么，对于在我们周围环境中可造成同样后果的广为散播的化学药物，我们又怎能掉以轻心呢？

第四章

# 地表水和地下水

现在这个时代，人类已经忘记了自己的先祖，看不到生存的基本需要，水资源以及其他资源已经变成人类冷漠态度的牺牲品。

在所有的自然资源中，水已经变成最宝贵的资源。地球表面的大部分被海水覆盖着，然而被海洋包围的我们仍然觉得缺水。这种奇怪的悖论源于海水中含有大量的海盐，也就是说地球上的大部分水源不适合农业、工业或人类使用。因此，地球上大部分人口不是正在面临着，就是将要面对严重的水资源短缺。现在这个时代，人类已经忘记了自己的先祖，看不到生存的基本需要，水资源以及其他资源已经变成人类冷漠态度的牺牲品。

我们只能把杀虫剂对水资源的污染看作人类对环境污染的一部分来理解。进入我们水系的污染源有很多种：核反应堆、实验室以及医院排放的放射性废弃物；核爆炸的放射性尘埃；城镇家庭排出的生活垃圾；工厂排出的化学废料等等。现在，又增添了一种新的污染物——施用在农田、花园、森林以及原野的化学喷洒物。许多化学药物有着与辐射相同的危害，它们甚至还能加重辐射的危害。而且，这些化学药物本身就存在危险、不为人知的内部互相作用以及毒效的转换和叠加。

自从化学家开始研制自然界中从未出现的物质以来，水质净化的问题就逐渐变得复杂起来，对水的使用者来说，他们面临的危险也逐渐增加。如我们所知，化学合成药物的大量生产始于20世纪40年代。如今生产规模声势浩大，大量的化学污染物每天都会排入美国的河流。这些化学物与生活垃圾以及其他废弃物混合，进入同一水体后，净化厂平时用的普通方法已经无法检测出它们的踪迹。许多化学物非常稳定，普通的处理方法无法使其分解，甚至常常无法识别它们。大量污染物在河流中结合、淤积，以致于卫生工程师也只能绝望地称之为“黏性物质”。麻省理工学院的罗尔夫·伊莱亚森教授在一次国会委员会上表示，预测这些化学物质合成后发生的反应或识别混合物中的有机成分是不可能的。伊莱亚森教授说：“我们根本不知道它们是什么，对人类有什么影响。我们什么都不知道。”

用于控制昆虫、啮齿动物或者杂草的各种化学品正不断地加剧有机污染物的生成。其中有一些特意用于水体，以消除植物、昆虫幼虫或不想要的鱼类。有的污染是源于森林中喷洒过的农药。为了对付一种害虫，他们会在一个州两三百万英亩的森林上方喷洒农药，这样的农药会直接进入溪流，或穿过树冠落在林中的土地上。紧接着，农药会随着渗入地下的水分一起，开始了汇入大海的漫漫旅程。这些污染物的主要成分可能是数百万磅农用化学品的水溶性残留物，这些化学品被用于农田杀虫或灭鼠，它们的残留物被雨水从土地里带出，成为流向海洋的广大水系的一部分。

有确凿的证据表明，在河流甚至自来水中，这些化学物质随处可见。例如，从宾夕法尼亚州的一片果园中取得的饮用水样在鱼身上做实验后发现，水中所含的杀虫剂足以在4个小时内将用于实验的鱼全部杀死。从一片喷洒过农药的棉田间流过的河水，经过净化厂处理后，仍可以杀死鱼类。使用过毒杀芬（一种氯化烃）的径流河水，杀死了亚拉巴马州田纳西河15条支流中所有的鱼。其中，有两条支流是当地城市的饮用水源。使用杀虫剂一周后，水仍然有毒，因为放置在河流下游水箱里的金鱼每天都会死亡。

这种污染踪影难觅，不易发现。只有鱼群成百上千地死去的时候，人们才会觉察；但多数情况下却根本检测不出来。检查水质的化学家还没开始对这些有机污染物进行定期检查，也不可能清除它们。但是，无论检测结果怎样，杀虫剂依然存在。而且，跟大规模施用于地表的其他物质一样，它们已经进入美国的一些主要河流，甚至全部河流。

我们的水域几乎全被杀虫剂污染了，持怀疑态度的人应该研究一下美国鱼类与野生动物管理局在1960年发表的一份报告。这个部门进行了一项研究，旨在调查鱼类是否像哺乳动物一样会在体内贮存杀虫剂。第一批样品取自西部森林地区。为了控制云杉卷叶蛾，那里喷洒了大面积的DDT。实验结果显示，全部鱼类体内均含有DDT。当调查人员与喷洒农药地区30英里之外的一条小溪作对比时，才有了真正的重大发现。这条小溪处在取样地区的上游，中间隔着一条很高的瀑布。这里并没有喷洒过农药。然而，这里的鱼体内还是检测出DDT。化学物质是通过隐匿的地下河流到达这条小溪的吗？还是通过空气传播，降落在溪水表面？另一项对比调查中，在一个鱼类产卵区，鱼的体内组织中也发现了DDT。这里的水来自一口深井。这个地方同样没有使用过农药。看来，污染的唯一途径与地下水有关。

在全部水污染问题中，没有什么能比大面积的地下水污染的威胁更令人担忧的了。无论任何地方，进入水中的杀虫剂必定会污染水质。大自然不会在封闭和相互分离的区间运行，水的循环过程也是如此。雨水落在地面，通过土壤的细孔和岩石的缝隙渗入地下，并不断深入，直至一个所有缝隙都充满水的地方。那里是一个黑暗的“地下海洋”，起于山下，没于谷底。这种地下水总是在不停运动着。有时候很慢，一年只移动不到50英尺；有时候很快，一天之内移动0.1英里。它在看不见的水系里流动，直到在某地以泉水的形式冒出地面，或者被引进一口井里，但大部分会流入溪流与河水。除直接进入河流的雨水和地表径流外，所有在地表流动的水都曾是地下水。因此，可以毫不夸张地说，地下水污染就等于全部水污染，这是极其可怕的。

科罗拉多一家工厂排出的有毒化学物质，一定是通过这样黑暗的“地下海洋”，到达了几英里以外的一片农田，污染了那里的井水，使人类和牲畜得病，并破坏了庄稼。这样离奇的事情有了第一次，相似的事件就会接连发生。简言之，水污染的历史就是这样的。1943 年，位于丹佛附近的军用化工集团落基山兵工厂开始生产军需物资。8 年后，兵工厂的设备租给了一家私人石油公司生产杀虫剂。然而，在开始生产农药之前，怪事接二连三，几英里之外的农民不断报告牲畜患上了奇怪的疾病，并抱怨大片庄稼遭到严重毁坏，树叶变黄，植物不再生长，很多作物都死了。人类患病的消息也传出，有人认为这些事与兵工厂有关。

这些农场的灌溉用水取自很浅的井水，经过检验（1959 年，几个州与联邦的机构参与这项调查），发现井水中含有多种化学物残留。落基山兵工厂在生产期间，往水池中排放了多种化学物质，包括氯化物、氯酸盐、磷酸酯、氟化物和砷。很明显，兵工厂与农场之间的水被污染了，从兵工厂的水池到最近的农场大约有 3 英里，这些废弃物经过了 7 到 8 年的时间到达那里。这种渗透将会继续，污染的面积不得而知。调查人员没有任何办法来控制污染或阻止它前进。

一切已经够糟的了，但是最离奇、影响最深远的是，一些井水中和兵工厂的蓄水池中出现了除草剂 2,4–D（2,4– 二氯苯氧乙酸）。当然，它的发现足以解释灌溉用水对庄稼造成的破坏。但奇怪的是，兵工厂从未生产过除草剂 2,4–D。经过长期细致的研究，兵工厂的化学家认

工厂排出的有害物质会随着水、废气等物质扩散并影响到周围大面积的区域。

为，2,4–D 是在露天蓄水池中自发形成的。它是由化工厂排出的其他物质合成的，并没有化学家的参与。蓄水池在空气、水、阳光的作用下，变成了一个化学实验室，生成了一种新的化学物质。它可以杀死接触到的任何植物。

因此，科罗拉多农场以及被毁庄稼的故事超出了地区的界限，具有更广泛的意义。其他地方又会怎样呢？不只是科罗拉多，任何被化学物质污染的公共水域会是怎样的状况呢？在空气和阳光的催化下，湖泊和溪流中那些贴着“无害”标签的化学物会生成怎样的危险物质呢？

的确，水资源化学污染最令人担忧的一面在于，不论在河流、湖泊、水库，还是你餐桌上的一杯水中，都会有合成化学物质。负责任的化学家不会在自己的实验室里合成这样的物质。这些自由混合的化学物质之间可能产生的反应，让美国公共卫生署的官员恐慌不已。他们担心毒性相对较小的物质会大规模地转化为有害物质。化学反应也许会在两种或多种化学物质之间发生，也许会在化学物质与放射性废弃物之间发生，且放射性物质正源源不断地排入河流之中。在电离辐射的作用下，原子很容易重新排列，进而改变其化学性质，引发不可预计、无法控制的后果。

当然，不只是地下水受到污染，地表水（溪水、河流、灌溉用水）同样未能幸免。同在加利福尼亚州的图勒湖与南克拉玛斯湖国家野生动物保护区，地表水的污染就在逐渐加重，形势令人担忧。包括俄勒冈州边上的北克拉玛斯湖在内，这些保护区是整个保护体系的一部分。也许是上天的安排，它们相互连接，共享同一个水源。广袤的农田就像海洋一样，而这些保护区则是点缀在海洋上的小岛。

图勒湖盆地占地约 61 平方英里，它是美国克拉玛斯盆地国家野生动物保护区的一部分，也是太平洋候鸟走廊的重要组成部分。

这是一片已经开拓出来的土地，也有水鸟的天堂——沼泽地及其开阔水域形成的排水系统和河流。

保护区周围的农田灌溉依靠北克拉玛斯湖的湖水。湖水滋润了农田，然后汇合流入图勒湖，再从这里流入南克拉玛斯湖。建立在两大水体基础上的整个保护区的水域，就充当了农业用地的排水系统。将这种地理情况与最近的发现放在一起研究是至关重要的。

1960 年夏天，保护区的工作人员在图勒湖和南克拉玛斯湖，发现了已死亡或者将要死亡的鸟儿。大部分是食鱼鸟类——苍鹭、鹈鹕、鸊鷉、鸥类。鸟儿体内发现有农药残留，经检测为毒杀芬、DDD 以及 DDE（DDD 和 DDE 是 DDT 的分解物）。湖中鱼儿和浮游生物体内也发现了杀虫剂。保护区管理员认为，农田使用的大量农药，经灌溉用水回流，致使药物残留在保护区水域并不断蓄积。

水域污染使得保护区的保护效果大打折扣，西部猎鸭人和风景爱好者都看到了后果：“飞鸿带彩映晚霞，婉鸣绕耳满天涯”的天籁美景已经难以寻觅。这些保护区对于西部水鸟至关重要，因为它们位于太平洋候鸟路径的汇集处，就像漏斗的细颈一样。每到秋天迁徙的季节，从白令海峡到哈德逊湾的鸟巢中飞来野鸭和野鹅，大约占飞往太平洋沿岸水鸟的四分之三。夏天的时候，保护区为水鸟，特别是两种濒危物种——红头潜鸭和棕硬尾鸭提供了栖息地。如果保护区的湖泊和池塘受到了严重污染，西部地区的水鸟将遭受无法挽回的伤害。

水滋养着一整条生物链（从微如尘埃的浮游生物的绿色细胞，到很小的水虱，再到以浮游生物为食的鱼儿，小鱼又会被其他鱼类或鸟类、水貂、浣熊吃掉），生命间的转化无穷无尽，所以必须从这一方面考虑水的污染问题。我们知道，有用的矿物质也是通过食物链传递的。我们是否可以假定我们排入水中的毒素不会进入大自然的循环链条中呢?

答案会在加利福尼亚州清水湖的惊人历史中揭晓。清水湖位于旧金山市以北约 90 英里的山区，一直是垂钓捕鱼爱好者的必选之地。这里有点名不副实，因为黑色的淤泥覆盖了湖底，实际上湖水极其浑浊。这对渔民和旅游者而言不是什么好事，但是它为小小的蚋提供了理想的栖息地。虽然它与蚊子关系很近，但蚋不吸血，可能从小到大都不吃任何东西。然而，作为共享此地的邻居——人类，却不胜其扰，因为它们数量实在过于庞大。为此，人们采取了各种措施，但效果都不甚理想。直到 20 世纪 40 年代，新式武器——氯化烃出现了。DDD 是新一轮攻击的首选，这是一种与 DDT 关系很近的药物，但较为明显的是，它对鱼类的威胁相对较小。

在 1949 年采取的措施经过了周密的计划，没有人认为会有什么危害。人们勘测了湖水，并确定了湖水的体积，计算出杀虫剂的施用剂量是湖水的七千万分之一。刚开始效果不错，但是到了 1954 年，人们不得不再来一遍，这次杀虫剂与湖水的比例是五千万分之一。人们认为消灭蚋的运动彻底结束了。

随后，冬天的几个月内其他生物受到影响的迹象出现了：在清水湖栖息的北美䴙䴘开始死亡，很快死亡数量上升到 100 多只。清水湖鱼类众多，因此北美䴙䴘在此繁殖、过冬。这种鸟儿外形美丽，习性优雅，在美国西部与加拿大的浅湖上搭建浮巢。当在湖面划过时，它们会压低身体，洁白的脖颈和黑亮的头部高高昂起，几乎不带一丝涟漪，因而被誉为“天鹅䴙䴘”。刚出壳的幼鸟身上是灰色的软毛，几个小

**北美鸊鷉**

北美鸊鷉属于潜鸟目，鸊鷉科，是一种游禽。它们有着红色的眼睛，脚趾上的瓣蹼非常特别。这种鸟几乎终生在水中生活，极少行走在地上。在雏鸟孵出后2~3周的时间里，亲鸟常把雏鸟放置背上。

时后，它们就进入水中，骑在父母背上，在父母的廓羽庇护下前行。

对卷土重来的蚋进行第三次打击后，1957年，更多的北美鸊鷉死去了。与1954年的情况一样，死鸟身上没有检测出传染病。但是，经提议对北美鸊鷉尸体的脂肪组织进行分析检测后，在其中发现了大量的DDD，浓度约为百万分之一千六。

DDD投放的最大浓度为百万分之零点零二。它怎么会在北美鸊鷉体内蓄积到如此惊人的浓度呢？这些鸟儿是以鱼类为食的。检测了清水湖的鱼儿后，整个画面开始清晰——最小的生物吞食毒素，不断在体内积累，继而被更大的动物吞食吸收。浮游生物体内检测出百万分之五的杀虫剂（大约是水中药物最大浓度的25倍）；食藻性鱼类体内的浓度大约是百万分之四十到百万分之三百；食肉鱼类体内贮存了大部分毒素，一种褐色鲇鱼体内毒素浓度竟然高达百万分之两千五。像童谣《杰克造的房子》[①]那样的事情出现了，在这个链条中，大型食肉动物吃掉小型食肉动物，小型食肉动物吞食食草

① 《杰克造的房子》是英国的著名童谣。它以连锁和嵌套方式讲述了一个老鼠吃麦子、猫吃老鼠、狗吓走猫等环环相扣的乡间日常故事。

动物，食草动物以浮游生物为食，浮游生物又从水中吸取毒素。

之后，更加离奇的事情又出现了。刚刚使用过杀虫剂的水中没有发现DDD。但是毒素并没有消失，它只是进入了湖中生物的体内。在停用化学药剂23个月后，浮游生物体内仍含有百万分之五点三的毒素。在近两年的时间里，潮水般的浮游生物出现又退去，虽然毒素在水中不见踪影，但是不知怎地一代代传了下去。而且毒素会在湖中动物的体内存留下去。停药一年后，鱼类、鸟类以及青蛙体内仍然检测出了毒素残留，而且检测出的DDD总含量超过了水中初始浓度的很多倍。这些中毒的生命包括：上一次DDD使用9个月后孵化的鱼苗、北美䴙䴘以及体内毒素浓度超过百万分之两千的加利福尼亚鸥。同时，北美䴙䴘的数量也已经大大减缩——从第一次使用杀虫剂之前的1000对降到1960年的30对。虽然仅剩的30对也会筑巢繁育，但是都在白费力气，因为自从上一次使用DDD后，湖上再也没有出现过北美䴙䴘幼鸟。

可见，整个中毒链始于小小的植物，最初的毒素积累一定是始于这些植物。那么，食物链的另一端——人类，又将面临怎样的状况呢？他们可能不了解事件的经过，并且已经备好渔具，从清水湖中钓了几条鱼，最后带着收获回家享受美味了。一次摄入大剂量的DDD或者小剂量的重复摄入会对人类造成什么影响呢？

尽管加利福尼亚公共卫生署宣称没有危害，但是1959年该署还是禁止了DDD在湖水中使用。考虑到已经有科学证据证明这种药物具有巨大生物效应，这一行动只能算是最低限度的安全措施了。DDD的生理影响在杀虫剂中可能是独一无二的，因为它可以破坏肾上腺的一部分——分泌激素的肾上腺皮质外层细胞。早在1948年，人们就发现了这种破坏作用，起初人们认为这种危害只限于狗，因为在猴子、老鼠或者兔子身上没有发现问题。然而，DDD 在狗身上引起的症状与人类阿狄森病[①]患者的病症极为相似。目前，DDD 对细胞的破坏力被用于治疗肾上腺部位的一种罕见癌症。

清水湖的案例揭示了一个公众需要面对的现实问题：使用对生理影响巨大的化学物质来防治昆虫，特别是将化学物质直接投入水体的防治措施，这种做法是否有效而可取呢？杀虫剂浓度在湖泊自然生物链中爆发性递增已足以说明，使用小剂量化学药剂也无异于饮鸩止渴。为了解决一个明显的小问题，却引发了不易察觉的大问题，这种情况大量存在，而且在不断增加，清水湖只是其中一个典型例子。受蚋困扰的人们解决了问题，却给所有从湖里获取食物或饮用水的人们带来了更加严重，甚至难以查明缘由的危险。

在水库中故意投放毒物已经司空见惯，而且这的确是一个惊人的事实。其目的通常是将水库作休闲之用，尽管之后需要花费一笔资金使之恢复其基本用途——饮用。一个地方的渔猎爱好者希望在水库“改善”钓鱼休闲的体验，他们会说服政府在水里施用药物，以杀死他们不中意的鱼，为他们喜欢的鱼铺设温床。整个过程非常怪异，像爱丽丝梦游仙境一样荒诞。水库的本来功能是供给公众用水，然而居民们可能在对渔猎爱好者的计划并不了解的情况下，不

---

① 阿狄森病一般指原发性慢性肾上腺皮质功能减退症，是一种罕见的内分泌障碍，约每十万人口中有一个病例，30~50 岁为高发病期，患病女性多于男性。患者有体重减轻、肌肉无力、虚弱、血压降低及皮肤变黑等症状。

得不饮用有药物残留的水，或支付费用以消除毒素，且这件事情处理起来绝非易事。

由于地下水和地表水都已经被杀虫剂和其他化学药物污染，致癌的有毒物质正进入公共水源成为我们当前面临的威胁。国家癌症研究所的休伯博士已经提出警告："在不久的将来，饮用水污染引发癌症的风险将大大增加。"的确，早在 20 世纪 50 年代荷兰进行的一项研究也显示，已经被污染的水将会引起癌症。以河流为饮用水的城市，癌症死亡率要高于水源（例如井水）污染较少的城市。自然界中存在的砷，被确认为是最可能致癌的物质，砷曾经两次被卷入由水污染引发大量癌症的历史性事件中。其中一次，砷来源于矿场的矿渣堆；另一次事件中，砷来自含砷量很高的天然岩石。大量使用含砷杀虫剂，会使上述事件轻易再现。土壤受到了污染，接着雨水会把部分砷冲进河流、水库，同样也进入了无边无际的"地下海洋"。

此时，我们又一次被警告：在自然界中没有任何孤立存在的东西。为了更加清楚地了解世界所遭受的污染，我们必须转向地球上的另一种基本资源——土壤。

### 第五章

# 土壤的王国

如果说我们这些以农业为基础的生命全依赖于土壤而活的话，那么同样，土壤也依赖于生物。因为土壤在某种程度上是由生命创造的，它产生于很久以前生物与非生物的相互作用。生物施展自己的魔法，一点一点地，将无生命的材料变成了土壤。

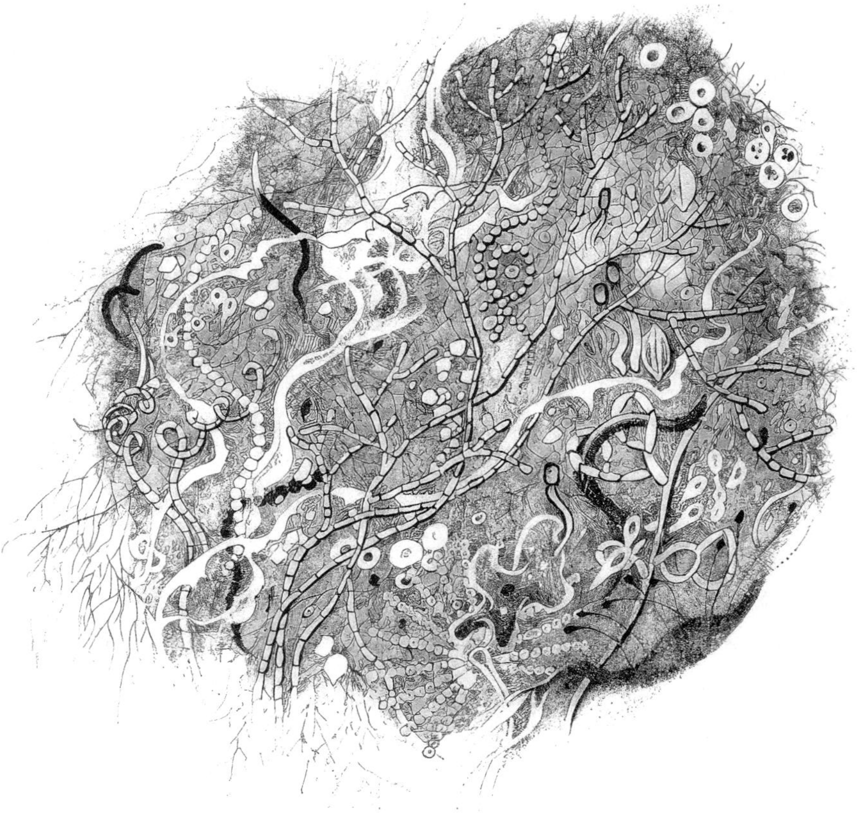

如同斑驳的补丁一样覆盖大地的这层薄薄的土壤，它的分布决定着我们人类和陆地上其他各种生物的生存。若没有土壤，陆地植物就不能生长；没有了植物，动物就无法生存。

如果说我们这些以农业为基础的生命全依赖于土壤而活的话，那么同样，土壤也依赖于生物。土壤的起源与其所保持的天然特性都与动植物密切相关。因为土壤在某种程度上是由生命创造的，它产生于很久以前生物与非生物的相互作用。当火山喷出炽热的岩浆时，当河水流过光秃秃的岩石并冲刷了最坚硬的花岗岩时，当冰霜严寒凿碎了岩石时，土壤的母质层开始聚集。接着，生物开始施展自己的魔法，一点一点地，将无生命的材料变成了土壤。岩石的第一层覆盖物——地衣，利用它分泌的酸性物质促进了岩石的分解，也为其他生命造就了栖息之地。地衣的碎屑、微小昆虫的外壳、海洋动物的残骸形成了原始的土壤。在土壤的缝隙，苔藓植物开始驻扎其中。

原始生命不仅创造了土壤，还孕育了土壤中丰富多样的生命物质。如果不是这样，土壤将变得贫瘠而毫无生机。正是土壤中无数有机体的存在和活动，才能为地球编织一件绿色的外衣。

土壤处于无始无终的无限循环之中，总是处于不断变化的状态。岩石的分解、有机物质的腐烂、氮和其他气体随雨水落下，新的物质会不断添加到土壤中来。与此同时，有的生物暂时性地借走了一些物质。在这一过程中，微妙而又重要的化学变化时时刻刻都在进行，把来自空气和水的元素转化成有用的物质。在这些变化中，生物体起着活化剂的作用。

研究黑暗的土壤王国中生存的众多生物是件趣事，但这些生物也最容易被人忽视。对于土壤中有机物之间的关系，以及它们同土壤与地上世界的联系，我们都了解得太少了。可能土壤中最基本的生物是一些最小的生物——看不见的细菌和丝状的真菌。关于它们的数据都是些天文数字。一小勺表层土可能含有数以亿计的细菌。尽管体积微小，但在一英尺厚的一英亩肥沃的表层土中，细菌的总重量可达 1000 磅。长长的、丝状的放线菌在数量上虽然不及细菌，但是由于体积更大，等量土壤中所含放线菌的总重量与细菌相差无几。这些菌类，与被称为藻类的绿色细胞一起，组成了土壤中的微观植物世界。

细菌、真菌以及藻类是腐烂与分解的主要原因，它们把动植物的残骸还原成矿物成分。如果没有这些微小的植物，各种元素参与的庞大循环系统（例如碳、氮在土壤、空气和生物中的运动）就无法进行。譬如，如果没有固氮菌，即使处在氮含量丰富的空气中，植物也会因缺氮而死亡。其他生物可以释放二氧化碳，二氧化碳像碳酸一样起到分解岩石的作用。土壤中的其他微生物也起到氧化和还原的作用，使一些矿物质如铁、锰和硫等变得易于被植物吸收。

土壤中还存在着数量巨大的微小螨类，以及叫作弹尾虫的原始无翅昆虫。尽管体形微小，但它们在分解植物残枝，把森林的地面杂物转化为土壤方面发挥着重要作用。这些微小生物的特性让人难以置信。例如，一些螨类只有在云杉掉落的针叶里才能生存。它们隐藏在树叶里，消化掉树叶的内部组织。它们的任务完成后，树叶只剩下一具空壳。在处理大量落叶方面最令人惊奇的要数土壤和林地中的一些小昆虫了。它们会把叶子浸软，然后再消化，从而加快了分解物与地表土的混合。

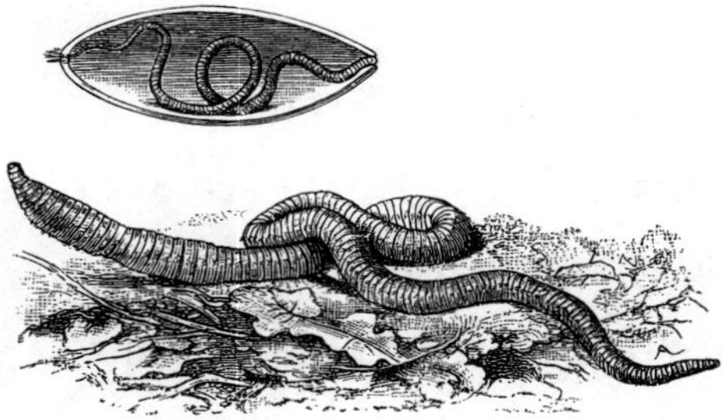

**蚯蚓**

蚯蚓是寡毛纲正蚓科正蚓属的无脊椎动物。达尔文曾在《腐殖土的产生与蚯蚓的作用》中写道："我们很难找到其他的生灵像它们一样，虽看似卑微，却在世界历史的进程中起到了如此重要的作用"。

当然，除这些身体微小、一刻不停的生命外，土壤中还有许多大型生物存在，因为土壤孕育着包括细菌到哺乳动物在内的全部生命。有的永久生活在地下世界；有的冬眠，或者在生命的某一阶段藏于地下；有的则在洞穴与地上世界之间任意穿梭。总之，这些动物的居住能使土壤透气，并促进水在植物生长层的排出与渗透。

在所有较大的土壤生物中，蚯蚓可能是最重要的一种。大约在75年前，查尔斯·达尔文出版了一部著作，《腐殖土的产生与蚯蚓的作用》。在这本书中，他让世人了解到蚯蚓在运输土壤中扮演的角色。地表的岩石逐渐被蚯蚓从下面搬上来的细土所覆盖，在环境最适宜的地方，蚯蚓每年都能搬运数吨土壤。同时，树叶和杂草中含有的大量有机物（6个月的时间内每平方码[①]树叶和杂草可产生约20磅有机物）被拖入洞穴，混入土中。达尔文的计算表明，蚯蚓辛勤劳作，10年后，土壤的厚度会增加1英寸到1.5英寸。而且，这绝不是它们的唯一贡献。它们的洞穴使土壤保持空气流通和良好的排水性能，并促进植物根系的生长。蚯蚓的存在还可以增强细菌的固氮能力，减少土地退化的可能。有机物经过蚯蚓的消化道时，将被

① 平方码是英制面积单位，1平方码约等于9平方英尺。

分解。这样，蚯蚓的排泄物会使土壤变得更加肥沃。土壤王国是由互相交织的多种生物构成的，每种生物都以某种方式与其他生物产生联系——生物依赖土壤，也正因为土壤中生物的丰富多样，才使得地球上的土壤变得不可或缺。

可是，这个与我们息息相关的问题一直未受关注：不论是以土壤“杀菌剂”的形式直接灌入，还是雨水穿过树冠、果园以及农田时恰好混入了致命的污染并最终流入土壤，化学毒药进入土壤后，这些数量庞大而且非常重要的生物会受到什么影响呢？使用广谱杀虫剂对付一种破坏庄稼的昆虫幼虫，而不会杀死对于分解有机物十分必要的“益虫”，这样的假设合理吗？或者，使用一种普通杀虫剂不会杀死促进植物根部吸收养分的真菌吗？

事实很明显，这一至关重要的生态学课题在很大程度上被科学家忽视了，防治人员更是对此不屑一顾。对昆虫的化学防治建立在这样的一种假设之上，即土壤可以承受任何毒素的攻击，不会做出反击。土壤王国的本质被完全忽略了。

根据已有的少量研究，关于杀虫剂对土壤影响的画面正徐徐展开。研究结果并不一致，这也不奇怪，因为土壤类型多样，给一种土壤造成破坏，也许对另一种土壤没有任何影响。轻质沙土遭受的破坏比腐殖土更大。化学药物的混合使用要比单独使用危害更明显。尽管结果有所不同，已经有确凿的证据证明危害的存在，足以引起科学家们的忧惧。

在这一条件下，居于生物世界核心的化学转化已经受到影响。将大气中的氮转化成植物需要的形态就是一个例子。除草剂 2,4–D 会使硝化作用暂时中断。最近佛罗里达州的几次实验表明：林丹、

## 氮循环

氮在自然界中的循环转化过程，是生物圈内基本的物质循环之一，如大气中的氮经微生物等作用进入土壤，为动植物所利用，最终又在微生物的作用下返回大气中，如此反复无限循环。构成陆地生态系统氮循环的主要作用是：生物体内有机氮的合成、氨化作用、硝化作用、反硝化作用和固氮作用。

七氯以及六六六（六氯环己烷）会在使用两周后减弱土壤中的硝化作用；农药使用一年后，六六六和 DDT 的危害仍然存在。在其他实验中，六六六、艾氏剂、林丹、七氯以及 DDD 都会阻碍固氮菌在豆科植物上形成必要的根瘤[①]。真菌与高等植物之间奇妙而有益的关系遭到了严重破坏。

大自然通过精妙的生态平衡形成了长久的运行机制，令人担忧的是，有时这种平衡机制会受到干扰。杀虫剂的使用让一些土壤生物数量减少，而另一些生物的数量会激增，从而破坏捕食关系。这样的变化容易改变土壤的新陈代谢活动，并影响其生产力。这些变化还意味着，之前受到制约的有害生物，会逃脱自然的控制，呈爆发生长之势。

值得注意的一点是，土壤中的杀虫剂可以在土壤中存贮很长时间，不是几个月，而是好几年。艾氏剂使用 4 年后依然在土壤中存在，一部分为少量残留，更多的已经转化为狄氏剂。使用毒杀芬消除白蚁，10 年后在沙质土壤中仍有该药剂残留。六氯化合物可以在土壤中至少存留 11 年，七氯或一种由它生成的毒性更强的化学物至少可以驻留 9 年。氯丹使用 12 年后，对土壤的影响依然存在，其残留量是施用量的 15%。

当初看似适量的杀虫剂，在经过几年的时间后，会在土壤中累积到惊人的浓度。由于氯化烃在土壤中存留有持久性，每施用一次，

---

① 根瘤是在植物根系上生长的特殊的瘤，因寄生组织中建成共生的固氮细菌而形成，用来合成植物自身生长所需的含氮化合物（如蛋白质等）。长有根瘤的根系时常受到文玩界的欢迎。

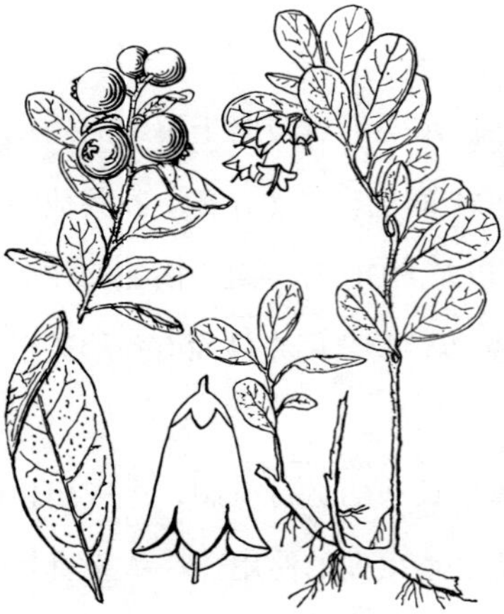

**蔓越莓**

蔓越莓生长在寒冷的北美湿地，在我国常见于大兴安岭地区。蔓越莓果内含有较多空气，使其可以浮在水面上。等到果实成熟后，果农就会将蔓越莓田注满水，然后开着水车巡回打水，等脱落的果实浮出水面，再用栏木圈收集筛选。这就是蔓越莓独特的“水收”法。

药物都会在前一次基础上继续累积。如果反复喷洒，“一英亩地使用一磅 DDT 无害”的古老传说就变得毫无意义了。科学家在种植土豆的农田中发现每英亩土地的 DDT 含量高达 15 磅，玉米地更是高达 19 磅。还有研究发现，一片蔓越莓沼泽地中每英亩含 34.5 磅的 DDT。苹果园中土壤的 DDT 含量则达到了峰值，DDT 累积速度的数值几乎与每年使用量的数值持平。在一个季节里喷洒 4 次及以上 DDT 的果园中，DDT 的残留会增加至 30 磅到 50 磅。经过多年反复喷洒后，果树间土壤中 DDT 的含量每英亩在 26 磅到 60 磅，树下土壤里的含量则高达 113 磅。

土壤永久性污染的另一个典型案例就是砷污染。尽管自 20 世纪 40 年代中期以来，施用于烟草植物的有机合成杀虫剂取代了含砷喷剂，但是从 1932 年到 1952 年，美国香烟中的砷含量已经增加了 300% 以上。之后的调查发现，香烟中的砷含量居然增加了 600%。砷剂毒理学权威专家亨利·萨特利博士说，虽然有机杀虫剂基本上取代了含砷喷剂，但是烟草植物仍然会吸收毒素，因为种植园的土壤里残留着高含量、不易溶解的毒素——砷酸铅。这种物质会持续

砷是有毒物质，人体接触到低浓度的砷可能导致恶心呕吐、白细胞和红细胞的计数降低、心律异常、血管受损，以及手脚末端有“针刺”感觉；摄入高浓度的砷则可致人死亡。19 世纪 60 年代砷曾经作为绿色染料的主要原料广泛应用于服装及日常生活领域。精美的华服、壁纸反而成了夺人性命的元凶。中国古代女子也有为了美白而涂抹甚至服用砷的例子。

**花生**

花生是如今生活中常见的食品，但花生在中国的种植历史很可能比人们想象的要短很多。历史研究认为，中国引种花生可能是在明崇祯年间。18世纪前，花生在北美被当作牲畜饲料或黑奴食物，直到南北战争爆发，粮食短缺，北美白人才开始食用花生。

释放可溶性砷。萨特利博士说，烟草种植园的土壤正遭受着“几乎永久性的污染”。地中海东部的国家没有使用含砷杀虫剂，所以那里的烟草中没有发现砷含量的增加。

这样，我们就面临着第二个问题。我们不仅要关心土壤的情况，还要了解植物从受污染的土壤中到底吸收了多少杀虫剂。这很大程度上取决于土壤和作物的类型，以及杀虫剂的特性和杀虫剂。有机物含量高的土壤比其他类型的土壤含有的杀虫剂要少。与其他作物相比，萝卜会吸收更多的杀虫剂。如果使用的农药是林丹的话，萝卜内部的杀虫剂含量会比土壤中的浓度还要高。将来，在种植某种作物之前，我们有必要先分析一下土壤中杀虫剂的含量；否则的话，即使没有喷洒过农药的农作物，也会因为从土壤中吸收了很多杀虫剂而变得不宜出售。

这种污染引发的问题不计其数。至少有一家婴儿食品生产厂家一直不愿使用喷过杀虫剂的水果和蔬菜。制造麻烦的化学品就是六六六，它被植物的根系和块茎吸收，并使植物产生霉味。两年前使用过六六六的农田里生产的甘薯因杀虫剂残留而变得不宜食用。

有一年，这家公司在南加州签署了一份甘薯供应合同，却发现大面积的土地都被污染了，公司被迫在市场上直接购买原料，蒙受了巨大的损失。在过去的几年里，很多州种植的各种水果和蔬菜都遭到了丢弃。其中，最令人头疼的是花生。在南部的几个州，花生通常与棉花轮种，种植棉花时会喷洒大量的六六六。因此，此后种植的花生会吸收大量的杀虫剂。实际上，只需很少的六六六就会催生霉臭和怪味。六六六会渗透到花生内部，而且无法消除。若进行处理，不仅无法除掉霉味，有时候还会加重这种味道。生产厂家只有一种方法可以解决这一问题——不使用喷过农药的或在受污染土地里生长的农产品。

有时候，危害只针对农作物本身，只要土壤中含有杀虫剂，这种危害就始终存在。一些杀虫剂会影响比较敏感的植物，妨碍其根系生长或抑制幼苗的发育，这些敏感的植物有大豆、小麦、大麦或者黑麦等。华盛顿州和爱达荷州的啤酒花种植户们的经历就是其中一例难以让人释怀的事件。1955 年春天，大面积的啤酒花根部长满了象鼻虫幼虫，于是这里的人们开展了声势浩大的治理工作。人们在农业专家和杀虫剂厂家的建议下，选择了七氯作为控制害虫的药剂。使用七氯不到一年的时间内，喷过药的土地里的藤蔓便枯萎、死掉了，而没有喷过农药的地方却没有发生任何问题，用过农药和未喷洒农药的地方泾渭分明。因此，人们不得不花费巨资使秃山再次披上绿装。但是到了第二年，新长出的幼芽又死掉了。4 年后，这片土地上仍有七氯残留，科学家无法预测土壤里的七氯到底将继续驻留多长时间，也提不出任何方法去改善这种状况。直到 1959 年 3 月，联邦农业部门才发现七氯并不适合用于为啤酒花去除虫害，并姗姗来迟地撤销了这份决议，但为时已晚，啤酒花的种植者只能通过法庭获得一些赔偿。

杀虫剂仍在使用，农药残留非常顽固，会继续在土壤中积累起来。毫无疑问，我们正在自寻烦恼。这是1960年在雪城大学开会讨论土壤生态学时一群专家达成的共识。他们总结了使用化学品和辐射这两种“威力强大却又为人了解甚少的工具”所带来的危害：人类所采取的一些不当处置可能导致土地生产力的毁灭，最终昆虫会接管整个地球。

第六章

# 地球的绿色斗篷

如果不是植物利用阳光制造了人类赖以生存的基本食物，人类将无法生存。

水、土壤和植物构成了大地的绿色斗篷，它们共同组成的世界滋养着地球上的生物。现代人很少能够记得，如果不是植物利用阳光制造了人类赖以生存的基本食物，人类将无法生存。实际上，我们对植物的态度是异常狭隘的。一旦看到某种植物具有某种直接用途，我们马上就会去种植它。如果我们觉得某种植物的存在没有必要或者不合心意，它可能马上会面临灭顶之灾。除了对人或者牲畜有害的植物和排挤农作物生长的植物，还有很多其他植物也会遭殃，这仅仅是因为我们狭隘地认为，它们在错误的时间长在了错误的地方。还有许多植物正好与一些要除掉的植物生长在一起，因此也就受到牵连并随之被毁掉了。

地球上的植物是生命之网中重要的组成部分，在这个网络中，植物与地球、植物与植物以及植物与动物之间都存在着密切而又重要的联系。有时候，我们别无选择，只得破坏这些关系，但是我们必须谨慎一些，要充分考虑到这一做法在时间和空间上所产生的远期不良后果。然而，今天繁荣的除草剂行业却丝毫没有谨慎的态度，人们能见到的只有除草农药飙升的销量和日益广泛的用途。

我们的盲目破坏已经对环境造成了很大影响，西部地区的山艾就是其中的一个例子。那里的人们正在举行一场声势浩大的工程来消灭山艾改建牧场。如果从历史观点和环境意义来理解这件事，那就是一场悲剧了。原本这片自然的景象是各种力量相互作用的动人画面。就像在我们面前打开了一本书，告诉我们为什么大地是现在这个样子，以及为什么要保持它的完整性。但是很可惜，书本在那儿打开着，却没有人去读。

山艾地带包括了西部高原和山脉的低矮斜坡，几百万年前落基

### 艾草松鸡

艾草松鸡是北美洲最大的松鸡。雄性成鸟颈上有两个黄色的囊，可以在求偶时充气以吸引异性。每年春天，雄鸟聚集在求偶场向雌鸟炫耀。雌鸟在场外观察，然后选择最具吸引力的雄鸟。求偶场通常是附近有浓密的三齿蒿丛的空地，同一处地点有时候可以用上数十年之久。

山隆起的山脉形成了这片土地。这里气候极端异常：冬季漫长，暴风雪倾泻如柱，地上积雪深厚；夏天雨量稀少、赫赫炎炎，土地皲裂，干燥的风吹干了树叶，高温蒸瘪了树干。在自然演化的过程中，植物一定是经历了长期的反复试验，才最终占据了这片疾风劲吹的高原地带。经过一次又一次的失败，终于有一种植物进化出了生存所需要的全部特性。低矮的灌木山艾能在这个山坡和高原上站稳脚跟，它灰色的小叶子能够锁住水分，防止被干燥的烈风偷走。这绝不是偶然，而是大自然的长期试验，才使得辽阔的西部平原成了山艾的天下。

与植物一样，动物们也按照这片土地苛刻的要求进化着。有两种动物像山艾一样完美、及时地适应了这片栖息之地。其中一种是哺乳动物——敏捷优雅的叉角羚，另一种是鸟类——艾草松鸡，就是刘易斯和克拉克发现的“平原公鸡”。

山艾与艾草松鸡好像是天作之合。艾草松鸡的活动范围与山艾的生长空间正好重合，随着山艾生长面积的缩小，艾草松鸡的数量也在减少。对于这片平原上的艾草松鸡来说，山艾就意味着一切。

在1804年至1806年间，美国陆军的梅里韦瑟·刘易斯上尉（Meriwether Lewis）和威廉·克拉克少尉（William Clark）作为领队，领导了由杰斐逊总统所发起的美国国内首次横越大陆西抵太平洋沿岸的往返考察活动。这次活动被称为刘易斯与克拉克远征（Lewis and Clark expedition）。这次远征意义重大，获取了美国西部地理的广泛知识以及主要河流和山脉的形式地图，观察、描述了178种植物和122种动物和亚种，促进了西部的欧美毛皮贸易，建立了欧美与印第安人的外交关系。现有二人合著的《刘易斯与克拉克探险日记》流传于世。

### 山艾

山艾是菊科蒿属亚灌木状草本植物。它们不仅是灌丛田鼠、侏兔、艾松鸡和叉角羚的食物，还是哀鸽、夜鹰、伯劳鸟和艾草漠鹀的家园。山艾的细条纤维亦可用来做袋子、网、披巾和凉鞋。另外，牧场工与印第安人也用它作柴火。

山麓地带的低矮山艾为艾草松鸡的幼鸟提供了庇荫，山艾更茂密的地方是它们嬉戏和栖息的场所。山艾也是艾草松鸡的主食。同时这也是一种双向的关系。松鸡特别的求偶方式松动了艾草下面和周围的土壤，这样就促进了艾草庇荫下其他野草的生长。

同样，叉角羚也适应了山艾地带的生活。它们是山上的主要居民，冬天初雪降临的时候，之前在山上度夏的叉角羚向低处迁徙，那里的山艾是它们过冬的食物。当其他植物的叶子都已经凋零的时候，山艾依然常青，灰绿色的叶子有点苦，又有淡淡的草香，富含蛋白质、脂肪以及其他必需矿物质，它们生长在茂密的枝头上，紧紧地团簇在一起。尽管积雪已经很厚，山艾的顶部仍然露在外面，或者叉角羚用它们锋利的蹄子刨两下就能找到。艾草松鸡同样也靠山艾过冬，它们会在裸露的、风扫过的岩架上寻找山艾，或者跟在叉角羚后面，在叉角羚刨开积雪的地方觅食。

其他动物也指望着山艾。长耳鹿就经常以山艾为食。可以说山艾在冬季对食草动物而言意味着生存。山艾是这里牧场羊群几乎唯一的食物来源。在整整半年的时间里，山艾就是它们的主要草料，

**叉角羚**

叉角羚的起源介于牛科和鹿科之间，角的特征也介于二者之间。它们是天生好奇心强的动物，喜欢靠近一些没有明显威胁的新东西。猎人常利用这一点，静坐在某处挥动手帕，引诱隐藏的叉角羚现身。

它们含有的能量甚至比干苜蓿都要高。

就这样，在高寒地区，山艾的紫色枝条、矫健的叉角羚以及艾草松鸡构成了一个完美的自然平衡。是这样吗？但实际情况好像并非如此，至少在人类试图改进自然规律的广阔山区并非如此。土地管理者打着进步的旗号，要满足牧场主们贪得无厌的诉求，开拓更大的草场。这里的草场是指没有山艾的草场。小草与山艾混合生长或者在山艾的荫蔽之下生长，是自然选择的结果，如今人们却要清除山艾，以创造一望无际的纯草牧场。没人问过，在这里开拓草场是否适宜、符合环境。很明显，大自然的回答是否定的。在这片雨水稀少的地方，每年的降水量不足以供养优质草皮，而更适合生长山艾荫蔽之下常年丛生的禾草。

但是，清除山艾的计划已经执行了很多年。一些政府机构表现得非常积极；工业部门也满怀热情地加入进来以增加草种销量，扩大各种耕种和收割机械的市场。最近人们又增添了一件新的武器——化学喷剂。如今，每年有数百万英亩的山艾被喷上了药剂。结果如何呢？清除山艾、种植牧草的结果基本上是靠推测得出的。

对于深知这片土地习性的人们来说，单独种植牧草的话，其生长情况不如与艾草混生的好，因为艾草能够保持水分。

很明显，即便这项计划取得了暂时的成功，紧密交织在一起的生命之网也已经被撕裂开了。叉角羚和艾草松鸡会随着山艾一起消失。鹿群也会一起遭罪，野生动植物的毁灭会使这片土地变得更加贫瘠。即使计划中受益的动物也会受难，因为没有了山艾、灌木以及高原上的其他植物，夏季茂密的绿草很难支撑羊群度过冬天的风暴。

这些只是最先发生的、明显的效应。接着就是与之相关的其他结果：像霰弹枪一样喷洒农药也会毁灭很多非预定目标范围内的植物。法官威廉·O. 道格拉斯在他的最新著作《我的荒野：从东部至卡塔丁山》，描述了美国林业局在怀俄明州布里杰国家森林中造成的惊人生态破坏的案例。由于牧民们要求开拓更多的牧场用地，林业局在大约 10,000 英亩的山艾地带上喷洒了药物。果然不出所料，山艾被消灭了。但是，沿着曲折小溪生长的柳树——这条绿色的生命之带也遭到了灭顶之灾。麋鹿生活在柳树林中，柳树对于麋鹿就像艾草对于叉角羚一样重要。河狸以前也生活在这里，它们以柳树为食，并折断树枝在小溪上筑建牢固的堤坝。经过河狸的一番努力，一个湖泊形成了。生长在山涧里的鳟鱼很少能够长到 6 英寸长，而在这片湖水中，它们竟然能长到 5 磅重。水鸟也被吸引到湖边。仅仅是因为柳树和依靠它们生存的河狸，这里变成了一个捕鱼打猎的休闲胜地。

然而，拜林业局的“改进”所赐，柳树步了山艾的后尘——被正义的喷剂杀死了。1959 年，也就是喷洒农药的那一年，道格拉斯

**河狸**

河狸有“自然界水坝工程师”之称。它们能够使用树枝、灌木、石头、泥土等材料建造水坝和用于居住的小木屋。

法官被眼前枯萎的、垂死的柳树震惊了，这简直是“巨大的、难以置信的破坏”。麋鹿身上会发生什么？河狸和它们创造的小小世界又会怎样？一年之后，他又来到这里，在破败的景象中寻求答案。麋鹿消失了，河狸也不见了踪影。大部分堤坝因失去了高超建筑师的打理而消失了，湖泊的水也流走了。大个的鳟鱼一条也不剩，因为贫瘠燥热的土地上没有一丝阴凉，像细线一样的溪流不适合大鳟鱼存活。那个生机勃勃的世界已经遭到了破坏。

除了每年有超过400万英亩的牧场被喷洒农药外，为了控制杂草，其他类型的土地可能也已经遭受了化学药剂的处理。例如，有一片比新英格兰地区还要大的土地（约5000万英亩）正处在公共事业公司的管理之下，这里每年都会进行“灌丛防治”。在西南地区，大约有7500万英亩的牧豆树需要治理，化学喷剂通常是最受推崇的方法。为了给抗药性更强的松柏腾出空间，人们在一片很大的木材产区喷洒了药剂，目的是清除阔叶硬木。自1949年以来的10年间，施用除草剂的农田面积增加了一倍，到了1959年已经达到了5300万英亩。个人草坪、公园和高尔夫球场加起来的数目肯定是天文数字。

化学除草剂是一种新型工具。它们效用惊人、令人目眩，赋予了人类一种超越自然的力量，至于那些长期但不明显的影响，很容易被当成悲观主义者的臆想而遭到忽视。“农业工程师们”热情洋溢地鼓吹“化学耕种”，称喷雾枪将取代犁头。成百上千个社区的市政领导对化学农药的销售人员和热情的承包商洗耳恭听，承包商则宣称可以收取一定的费用铲除路边的灌木。他们声称这种方法比割草更便宜。也许在官方账本里整洁漂亮的数据会是这样的。然而，真正的成本不仅仅是以美元计算的，还包括其他种种弊端。例如，大量的化学品广告会产生更多的巨额费用，还有对环境以及各种生物造成的长期而深远的破坏。

我们拿受到商家重视的游客评价来打个比方。如今，曾经美丽的路边风景受到了严重的损毁，蕨类植物、野花和浆果点缀的灌木丛不见了，取而代之的是一片枯萎、焦黄的植被，所以越来越多的人齐声反对化学除草剂的使用。新英格兰地区的一个妇女气愤地向报纸投稿说：“我们正在把路边风景糟蹋成一个肮脏的、焦黄的、死气沉沉的地方，我们花费了那么多钱宣传这里的美景，这可不是游客想要看到的。”

1960 年夏天，来自各州的环保人士齐聚在缅因州一个静谧的岛屿，共同倾听全美奥杜邦协会主席米莉森特·托德·宾汉姆的演讲。其主题是保护自然景观以及由各种生物包括从细菌到人类交织而成的生命之网。但是，所有来到岛上的人们谈论的话题都是对路边风景遭到破坏感到愤怒。从前，穿过常青树林散步是一种心情愉悦的享受，两旁都是杨梅、香蕨木、赤杨和越橘；如今，这一带全都变成了一片灰色，成为不毛之地。一位环保人士写下了 8 月份游览缅

**康涅狄格州绍斯伯里市河湾区的奥杜邦中心**

全美奥杜邦协会是以鸟类学家奥杜邦的名字命名的全美鸟类保护的民间组织，于1905年成立，是世界上同类组织中历史最悠久的。协会主要从事鸟类保护及爱鸟教育等活动，并出版双月刊协会杂志《奥杜邦》，还会以幻灯片、胶片照片等形式提供丰富的鸟类保护资料；并设有帮助人建立与自然之间的终身联系，为年轻和多元化社区保护培养管家的奥杜邦中心。

因州的情景:“回来后，我为缅因州道路两旁的破败景象感到愤怒。前些年，高速公路两边布满了野花和漂亮的灌木，现在只剩下一片又一片的残枝败叶。……从经济角度看，缅因州能够承受失去游客的损失吗？”在全国范围内，以路旁灌丛防治为名义的无意识破坏活动正如火如荼地进行。缅因州仅仅是其中一个例子而已，不过对于我们这些喜爱缅因州风景的人们而言，这是一个尤为痛苦的事情。

康涅狄格州植物园的植物学家宣布，美丽的灌丛和野花的毁灭已经达到了“危机边缘”。杜鹃、月桂、蓝莓、蔓越莓、荚蒾、山茱萸、杨梅、香蕨木、棠棣、冬青、野樱、野李子都在化学攻击之下快要死去了。雏菊、百合、黑心金光菊、野胡萝卜花、秋麒麟草和秋紫菀也已经枯萎了，这些植物曾经给这儿的风景增添了优雅的气质和迷人的魅力。

喷洒农药的计划不仅不周全，而且存在滥用的情况。在新英格兰南部的一个小镇上，一个承包商完成了工作后，把桶里剩下的农药一股脑儿地洒在道路两旁，但是这里并没有授权可以使用农药。路旁原来生长着美丽的紫菀和秋麒麟草，吸引人们不惜长途跋涉前来观赏，然而洒药之后，这个社区再也见不到花草相映、蓝金交织的美丽景色了。在新英格兰的另一个社区，另外一个承包商在公路局毫不知情的情况下，私自改变了喷洒标准，把规定的最高 4 英尺的农药喷洒高度提高到 8 英尺，结果留下了一大片灰白的痕迹。在马萨诸塞州的一个社区，城镇官员从一个热情的化学品销售人员手中买了一种除草剂，却不知道这是一种含砷药剂。在道路两旁喷洒这种农药的结果之一就是十几头奶牛中毒而死。

1957 年，沃特福德镇在道路两旁施用了除草剂后，康涅狄格州植物园中的树木遭到了严重的毁坏。即使没有被直接喷洒，大树也受到了影响。虽然正值春天生长的季节，橡树的叶子却开始卷曲并枯萎了。紧接着新枝开始疯长，由于速度过快，树枝全都垂了下来，树林呈现出一种凄凉的景象。两个季节之后，大的树枝已经死去，其他树枝的叶子早已掉光，整片树林延续着扭曲、衰败的景象。

我知道有一段路，在那里，大自然孕育了更多的赤杨、荚蒾、香蕨木和刺柏，还有鲜艳的花朵随着季节的变化散发出不同的香气，秋天一到，成串的果实如宝石般挂在树上。这条路没有多大的交通压力，急转弯和交叉口很少有阻碍司机视线的灌木丛。然而，喷药人员接管这条路后，人们再也不留恋这几英里的风景了，他们匆匆而过，一边忍受着这样的景象，一边懊恼地想：怎么能让技术人员创造出这样一个贫瘠丑陋的世界呢？但在一些地方，政府不知何故对农药喷洒有所动摇，这种莫名其妙的“疏忽”，让规范、严酷的控制中出现了一些美丽的绿洲——这些绿洲使大部分道路所遭受的迫害更加让人难以忍受。在这样的地方，一看到随风摇摆的白三叶草或云朵般的紫豌豆花，还有火焰似的百合，我的精神便为之一振。

但对于销售和施用化学除草剂的人们而言，这些植物都是“杂草”。在杂草防治会议（如今已成为常规机制）的某一期记录里，我看到了一篇关于除草哲学的奇谈怪论。文章的作者说杀死有益的植物是正确的，并为此辩护，称只要这些植物长在一起就有危害。他说，那些反对消灭路边野花的人们让他想起了反对活体解剖的人，“按照他们的做法来看，一只流浪狗比孩子们的生命更神圣”。

毫无疑问，这篇文章的作者一定觉得我们的性格是扭曲的。因为我们更偏爱野豌豆、三叶草和百合花的那种转瞬即逝的美丽，却不喜欢那些路边的灌丛和蕨类。那些灌丛就像被大火烧过一样，焦黄而又极其脆弱；曾经的蕨类气宇轩昂、生机盎然，如今却变得垂头丧气、毫无生机。面对这些“杂草”，我们一再忍让，丝毫不为清除它们而感到高兴，也没有因为人类再一次战胜了邪恶的自然而狂喜，真是不可思议。

法官道格拉斯提到他曾参加过一个联邦专家会议，他们在会上讨论了本章提到的居民对山艾喷洒农药的抗议。这些专家认为，一个老太太反对消灭野花的行为是极其可笑的。“她寻找一株条纹百合或者虎皮百合不正像牧场工人寻找牧草、伐木工寻找树木一样，是一种不可剥夺的权利吗？原野给予我们的美学价值与山脉中的铜矿、金矿以及山上的林木一样珍贵。”这位仁慈而有洞察力的法官说道。

当然，除了审美方面的原因，保护路边植被还有更多的意义。因为在自然界中，自然植被居于十分重要的地位。乡村公路和绿化带旁的树篱为众多的鸟类提供了食物、荫蔽和筑巢的地方，它们还是很多小动物的家园。单就美国东部地区约 70 种典型的路边灌木和藤蔓植物而言，其中就有 65 种是野生动物的主要食源。

这些植被还是很多野蜂和其他传粉昆虫的栖息地。但是，人类却往往意识不到这些野生传粉动物的重要性。甚至很多农夫都不了解野蜂的价值，因而常常加入消灭它们的队伍中去。一些农作物和许多野生植物或部分或完全地依赖当地昆虫来传播花粉。为农作物传粉的野蜂多达几百种，单就苜蓿而言，就有 100 多种野蜂为它们传粉。如果没有这些昆虫，在旷野里生长的植物就会死掉，土壤就无法保持“健康”，因而变得贫瘠，进而对整个地区的生态产生深远影响。森林和牧场中的许多野草、灌丛和树木都要依靠当地的昆虫传粉才能繁殖。如果没有了这些植物，许多野生动物和牧场牲畜将没有食物可吃。如今，精耕法和化学品正在毁灭树篱和野草，使得传粉昆虫没有了避难之所，进而割断了生命的链条。

如人们所知，这些昆虫对我们维持良好的农业和风景非常必要，需要我们加以保护，而不是毫无顾忌地捣毁它们的栖息地。蜜蜂和野蜂对一些“野草”有很强的依赖性，因为“野草”的花粉可以为它们的幼虫提供食物，例如秋麒麟草、芥菜和蒲公英等。在苜蓿开花之前，野豌豆花成为蜜蜂必要的食物来源，帮助它们度过春荒季节。到了秋天，百花凋零，没有了其他食物来源，它们就会依靠秋麒麟草为冬天积蓄能量。在大自然的精心安排下，柳树开花的时候，每一天都会有野蜂出现。明白这些道理的人并不少，可惜的是这些人中并不包括那些对整个地区铺天盖地喷洒除草剂的人员。

那么，那些本应该懂得保护野生动物栖息地价值的人们又去哪里了呢？他们中间很多人在替除草剂作“无害”辩护，因为他们认为除草剂对野生动物的毒性要比杀虫剂小得多，所以才得出了除草剂无害的结论。但是，除草剂随着雨水进入森林、田地、沼泽和牧场后，会产生巨大的影响，甚至对野生动物的栖息地造成永久性破坏。从长远角度看，毁灭野生动物的家园和食物带来的后果恐怕比直接杀死它们更为糟糕。

对路旁和公用地进行全面的化学攻击给我们带来了双重讽刺。这种措施会适得其反。已有经验表明，地毯式地使用除草剂并没有永久控制路边的灌丛，因为需要年复一年地喷洒除草剂。更为讽刺的是，尽管我们知道有更加妥善的方法，那就是采用选择性喷药的方法就完全可以实现植被的长期控制，而不需要对大部分植物反复喷洒，但是我们执迷不悟。

在路边进行灌丛防治的目的不是清理除草之外的所有植物，而是清除那些阻碍驾驶员视线或妨碍了公路线缆的高大植物。通常情况下，高大的植物就是树。大部分低矮的灌木植物构不成威胁，蕨类植物和野花更是如此。

选择性喷药是弗兰克·艾戈勒任职于美国自然历史博物馆期间，并兼任公路灌丛防治建议委员会主任时提出的。这种方法利用了自然界的内在稳定性，因为大部分灌木植物可以抵抗树木的入侵。相比之下，草地更容易受到树木幼苗的侵袭。选择性喷药不是在路边培植草地，而是直接处理高大植物，进而保护其他植物。一次处理基本上足够了，如果遇到比较顽固的植物，再追加处理。这样的话，既实现了灌丛的防治，高大植物也不会卷土重来。所以，最高效、最低廉的植被防治不是通过化学药品，而是通过其他植物来实现的。

这种方法已经在美国东部很多地区进行过试验了。结果显示，只要处理得当，一个地区的植被情况就能保持稳定，之后的 20 年内都无须再次喷药。通常，喷药人员背着喷雾器步行完成喷洒作业，这样就可以完全控制喷洒装置。有时候，也会在卡车的底盘上放置压缩泵和喷嘴，但是绝不会进行地毯式喷洒。而且处理的目标仅仅是树木和那些过高的、必须清除的灌木。这样就保护了整个环境的完整性，野生动物的栖息地也不会受到破坏，灌丛、蕨类和野花构成的美景也得以保存。

选择性喷药的方法已经在很多地方得到推广。一般说来，根深蒂固的习惯仍然难以消除，地毯式喷洒仍在持续，每年都会浪费纳税人的大量金钱，并对生态系统造成了破坏。陈旧的方法得以继续是因为真相没有大白于天下。如果纳税人知道在道路旁边喷洒药剂只需一代人一次，而不是一年一次的话，他们肯定会起来抗议，要求改变这种频繁喷洒的方法。

选择性喷药的众多优点之一就是，它可以将某一地区的用药量降到最低，无须遮天蔽日地喷洒，而是在需要清除树木的地方进行有针对性的处理。这样对野生动物的潜在危害也降到了最低。

使用最为广泛的除草剂是2,4–D、2,4,5–T以及相关的化合物。这些化学品是否有毒还存在争议。在自己草坪上使用2,4–D的人们，在接触到药剂后，有时会患上急性神经炎，甚至是麻痹。尽管这种案例并不常见，但医学权威还是建议谨慎使用这类化学药剂。2,4–D还可能引发其他一些潜藏的危害。实验显示，它会扰乱细胞呼吸的基本生理过程，并会像X射线一样破坏染色体。近来一些研究显示，即使远低于致死的剂量，2,4–D以及另外一些除草剂也会对鸟类的繁殖产生不利影响。

除了直接的毒副作用，一些除草剂还会产生奇怪的间接影响。人们发现一些动物，既包括野生食草动物，又包括牲畜，有时候会被喷洒过药剂的植物吸引，尽管这种植物不是它们天然的食物。如果使用了像含砷除草剂这样毒性较强的药剂，动物对枯萎植物的强烈食欲会导致灾难性的后果。如果碰巧植物本身有毒，或者长有荆棘和芒刺的话，向它们喷洒一些毒性较轻的除草剂也可能因吸引动物食用导致动物死亡。比如，牧场上的毒草在喷洒过药剂之后突然变得对牲畜充满了强大的吸引力，牲畜就会因沉溺于这种异常的口味而死亡。兽医药物文献中有很多类似的例子：猪吃了喷洒过药剂的苍耳后会患上严重的疾病；羔羊会吃喷过药的蓟草；荠菜开花后

喷洒除草剂之后，野草正在消失。一只乌鸦迷茫地徘徊其中，已经没有草籽和昆虫可供果腹，它必须迁移。

喷药会使蜜蜂中毒。野生樱桃的叶子本身就有很强的毒性，一旦喷洒过 2,4–D 之后，会对牛产生致命的诱惑。很明显，喷药后（或割下来后）的枯萎植物对动物更具吸引力。狗舌草就是个例子。除非在深冬和早春没有其他食料迫不得已的时候，不然的话，牲畜是不会吃这种草的。然而，在喷洒过 2,4–D 之后，牲畜就很难抵抗这种草的诱惑了。这种奇怪行为的诱因可能是化学品改变了植物体内的新陈代谢。喷过农药之后，植物体内的糖分会显著增加，使得这种植物对动物更具吸引力。

2,4–D 另一个奇怪的作用就是对牲畜、野生动物和人类都有巨大的影响。10 年前的实验证明，经过这种化学品处理之后，玉米和甜菜的硝酸盐成分会急剧增加。而且高粱、向日葵、紫露草、藜、苋、荨麻都有类似的反应。牲畜毫不在意植物上的 2,4–D，会吃得津津有味。据一些农业专家讲，很多家畜的死亡都可以归因于喷过药的野草。对于反刍动物奇特的生理机能而言，硝酸盐成分的增加是一个很大的威胁。这种动物具有极其复杂的消化系统，它们的胃分为四个腔室。纤维素的消化是通过其中一个腔室的微生物（瘤胃细菌）的活动完成的。如果动物吃了硝酸盐含量异常高的植物，瘤胃内的微生物会把硝酸盐转化为毒性很强的亚硝酸盐，就会发生一连串的死亡事件：亚硝酸盐作用于血液色素，产生一种巧克力色的物质，氧气被这种物质禁锢而无法参与呼吸过程，因此氧气无法通过肺部传送到各个组织。因为缺氧，几个小时内动物就会死亡。这样，牲畜因吃了经 2,4–D 处理的野草而死亡的报告就有了合乎逻辑的解释。鹿、羚羊、绵羊和山羊等反刍类野生动物也面临同样的危险。

尽管有多种原因能够造成硝酸盐的增加，例如干燥的气候等，但是2,4–D的广泛应用不容忽视。这种状况已经引起了威斯康星大学农业实验室的重视，实验室工作人员在1957年曾发布警告："被2,4–D杀死的植物可能含有大量的硝酸盐。"人类和动物面临同样的危险，这有助于解释近来不断发生的神秘"粮仓死亡"事件。含有大量硝酸盐的玉米、燕麦或高粱在储藏期间会释放出有毒的气体一氧化氮，任何人进入粮仓都会受到致命的威胁。吸入几次一氧化氮就会引发化学性肺炎。在明尼苏达大学医学院研究的一系列类似案例中，除一人幸存外，其余人全部死亡。

"我们在大自然中行走的样子就像一头大象在摆满瓷器的房间乱闯一样。"对于杀虫剂的使用，荷兰一位科学家高瞻远瞩地说，"我认为有很多事，我们都是抱着想当然的态度。我们并不知道田地里所有的野草是否都有害，甚至不知道其中还有一些是有益的植物。"很少人会注意到这个问题，那就是野草和土壤的关系。即使从人类自身的直接利益来考虑，它们的关系也是一种有益的关系。正如我们所知，土壤与地下、地上的生物之间存在一种彼此依赖、互惠互利的关系。野草会从土壤中汲取一些东西，它们也会给予土壤一些东西。最近，荷兰的一座城市花园就很好地证明了这种关系。那里的玫瑰生长状况不是很好，土壤取样检测表明玫瑰有严重的线虫感染。荷兰植物保护局的科学家们并没有建议使用化学喷剂或进行任何土壤处理，而是建议间种一些金盏花。毫无疑问，纯化论者一定会把这种植物当作玫瑰花坛中的杂草。实际上，金盏花的根部会分泌一种可以杀死线虫的物质。于是，人们在一些花坛中栽种了一些金盏花，而另外一些花坛则没有种植。结果令人称奇，在金盏花的帮助下，玫瑰生长得十分旺盛；而没有栽种金盏花的花坛中玫瑰都

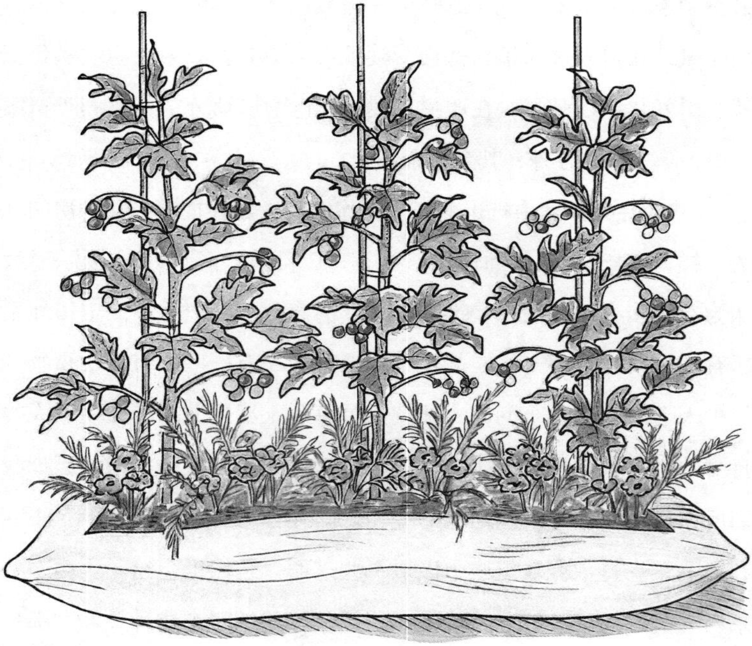

除了玫瑰与金盏花混种，园艺爱好者也会将西红柿和金盏花混种，利用金盏花来避免西红柿的生长被虫害和真菌影响。

病恹恹，无精打采、垂头丧气。如今，很多地方都开始使用金盏花来对付线虫。被我们无情铲除的其他植物，可能会以一种不为人知的类似方式发挥必要的作用来维持土壤的健康。被污蔑为“杂草”的自然植物群落有一个重要作用，就是指示土壤状况。在使用化学除草剂的地方，它们肯定已经丧失了这种功能。

那些用药物解决一切问题的人们忽略了一件具有科学意义的事情——保护自然植物群落。我们需要这些植物作为人类活动所引起变化的参照物。它们还能为各种昆虫和其他生物的原生群体提供栖息地，因为抗药性的不断发展正在改变昆虫和其他生物的遗传物质（我将在第十六章对此进行详细解释）。一位科学家甚至建议，在昆虫的基因进一步改变之前，我们应该建立一个保护昆虫、螨类以及类似种群的“动物园”。

针对因除草剂日益广泛的使用而产生的细微却影响深远的植被变化，一些专家发出了警告。化学药剂 2,4–D 可以杀死阔叶植物，使草类失去竞争而疯长。如今，一些草类本身变成了“杂草”，成了新的防治目标，整个循环又重新开始。这个奇怪的问题已经在最近一期的农业杂志上得到了证实，“2,4–D 的广泛使用限制了阔叶植物，使得草类迅猛生长，进而成为玉米和大豆新的威胁”。

花粉病患者的过敏原——豚草，就是一个人类企图控制自然却作茧自缚的例子。多达几千甚至几万加仑的化学除草剂以防治豚草的名义喷洒到了路边。然而不幸的是，豚草不但没有减少反而更多了。豚草是一年生植物，幼苗在开阔的土地上才能生长。所以，治理这种植物的最佳办法就是保持茂密的灌丛、蕨类植物以及其他多年生植物。喷洒的药剂通常会破坏这些保护性植被，变相地开辟了广阔的空间，于是豚草就会见缝插针地疯狂占领这些地方。另外，空气中的花粉含量可能与路边的豚草并无关系，但与城市地块上和休耕地上的豚草密切相关。

舍本逐末的做法曾盛极一时，马唐草专用除草剂的销量猛增就是其中另一个例子。与年复一年地使用化学品相比，还有一种更廉价、更有效的方法清除这种草，那就是让它与其他草类竞争，因为它在竞争中不占任何优势。马唐草只能在长势不好的草坪上生长，这是一种症状，而不是疾病的根源。提供肥沃的土壤，使我们需要的草类健康成长，就可能创造一个不适合马唐草生长的环境，因为只有在开阔的空间它才能年复一年地生长。

化学品生产商把信息传递给花场工人，郊区的农民又从花场工人那里得到建议，所以他们不会去改善土壤状况，而是继续在自家的草坪上喷洒大量除草剂。从各种商品名上根本看不出它们的特性，很多化学药剂中却含有多种毒素，例如汞、砷、氯丹等。即使根据建议的剂量施用，大量毒素也将残留在草坪里。例如，一种除草剂产品的用户如果按照产品指南，就会在一英亩的土地上使用 60 磅工业级氯丹；如果使用的是另一种产品，他就会在一英亩土地上喷洒 175 磅砷。我们在第八章会看到，鸟类的大量死亡令人心痛。但是，这些有毒的草坪对人类的危害尚不得而知。

通过实验我们发现，在路边选择性喷药的成功为健康的生态防治提供了希望，因为它可以应用于其他防治计划，如农场、森林和牧场等。这种方法不是以毁灭某一种植物为目的，而是将整个植被当作一个有机体来管理。其他一些实实在在的成就也说明了这是我们可以做到的事情。在防控多余植物方面，生物控制已经取得了显著的成绩。困扰我们的问题，大自然也曾遇到过，通常她都用自己的方式成功解决了。如果聪明的人类懂得观察和模仿自然的话，一般也会取得成功。

对加利福尼亚州克拉马斯草的处理就是一个控制多余植物的出色案例。克拉马斯草，或称山羊草，它的故乡在欧洲（在那里被称作圣约翰沃特草），随着移民一路向西，并于1793年首先出现在美国宾夕法尼亚州兰开斯特市附近。到了1900年，这种草蔓延至加州克拉马斯河附近，并因此得名克拉马斯草。到了1929年，这种草已经占据了10万英亩的牧场。到了1952年，已经有250万英亩土地遭到侵袭。

不同于山艾这样的本土植物，克拉马斯草在当地生态系统中没有自己的位置，其他生物也不需要它。相反，牲畜如果吃了它就会“满身疥疮、口腔溃疡，变得毫无生气”，在它出现的地方，土地的价值也会随之降低，因此克拉马斯草被认为是罪魁祸首。

在欧洲，克拉马斯草或者圣约翰沃特草，从来都不是问题，因为有很多昆虫不断进化与之相适应，它们以克拉马斯草为食，从而很好地控制了克拉马斯草的规模。尤其是法国南部两种豌豆大小的有着金属般颜色外壳的甲壳虫，完全适应了克拉马斯草，而且只以此为食来繁衍生息。1944年加利福尼亚州首批引进这两种甲壳虫可以算得上一次具有历史意义的事件，因为这是北美地区首次使用食草昆虫来控制某种植物。到了1948年，两种甲壳虫繁殖良好，无须进一步引进了。甲壳虫的扩散是这样完成的：首先从原有地区收集甲壳虫，然后以每年数百万的数量投放出去。在一些较小的区域，甲壳虫会自行扩散，一旦克拉马斯草消失，它们就开始转移，然后在另一个地方精准地安营扎寨。随着克拉马斯草的消退，人们需要的牧草又渐渐茂盛起来。

1959 年完成的一项 10 年调查显示，克拉马斯草的防治取得了“比那些乐观预期更好的效果”，这种草的数量已经减少到了原来的 1%。剩余的草已经构不成危害了，而且实际上这些剩余的草是必需的，因为要保持一定数量的甲壳虫，以防止克拉马斯草东山再起。

另一个经济高效的杂草防治例子发生在澳大利亚。当年，殖民者经常会带一些植物或动物来到新的国家。大约在 1787 年，一个名叫亚瑟・飞利浦的船长带了各种仙人掌来到澳大利亚，用来培育制作染料的胭脂虫。其中一些仙人掌“逃出”了他的花园，到了 1925 年，大约出现了 20 种野生仙人掌。在新的地方，失去了天然的控制，仙人掌得以迅速扩张，最终占据了约 6000 万英亩的土地。在这些土地中，至少有一半因为完全被仙人掌占据而变得无法利用。

1920 年，一批澳大利亚昆虫学家被派往南北美洲，研究当地仙人掌有何昆虫天敌。经过对几种昆虫进行反复试验，他们在 1930 年把 30 亿颗阿根廷飞蛾卵带回了澳大利亚。

7 年后，最后一批长得十分茂盛的仙人掌也死掉了，原先不宜居住的地区又可以居住和放牧了。整个过程的费用不到每英亩一便士。相比之下，最初的化学控制成本是每英亩 10 英镑，结果却不能令人满意。

这些例子都表明，要对各种多余的植物进行有效的控制，我们可以关注食草昆虫的作用。对所有牧畜业主来说，选用这些昆虫可能是较为容易的，因为它们高度专一的摄食习性很容易为人类做出贡献，然而牧场管理部门却根本从未考虑过此种可能性。

## 第七章

# 无妄之灾

主人心爱的小猫、农民饲养的牛、田野里的兔子以及空中飞翔的云雀，这些生物对人类没有任何危害。相反，它们的存在才使得人类的生活更为丰富多彩。然而，人类酬谢它们的只是突然的、惊惧的死亡。

当人类朝征服自然的目标前进时，他们已经创下了令人痛心的破坏大自然的纪录，不仅地球遭到了破坏，而且与人类共享地球的其他生物也无法幸免。过去几个世纪的历史有其黑暗的一面：在西部平原人类对水牛的屠杀，枪手对海鸟的残害，为了得到白鹭的羽毛人类对其赶尽杀绝。如今，我们正为这部黑暗的历史书写新的内容，一场浩劫正在徐徐拉开帷幕：人们在土地上肆意地使用杀虫剂，直接导致了鸟类、哺乳动物、鱼类以及几乎所有的野生动物的死亡。在我们生存哲学的指引下，没有什么可以阻挡人们对喷雾器的使用。在喷药“圣战”中附带的受害者根本不值一提，如果知更鸟、野鸡、浣熊、猫或者牲畜碰巧与要被消灭的昆虫生活在同一区域，那么它们就会被雨水般的化学毒药所害，任何人也不得提出抗议。

当今，希望对伤害野生动物做出公正裁决的人们面临进退两难、不知所措的境地。外界有两种意见：一方面，环保人士和很多野生动物专家断言破坏是极其严重的，甚至会带来重重灾难；而另一方面，控制部门却斩钉截铁地否认喷洒杀虫剂会造成损失，或者认为即使有也无关紧要。我们应该相信谁呢？

证人的可信度是第一位的。在一线的专业野生动物学家当然最有资格发现和解释野生动物的减少。昆虫学家则不具备这样的专业资格，从心理上他们也不愿意去寻找自己负责的防治计划的不良副作用。正是州政府和联邦政府的防治人员——当然还有化学品制造商——坚决否认生物学家报告的事实，并宣称他们几乎没见到对野生动物造成危害的证据。就像《圣经》中的祭司和利未人[①]一样，他们

① 《圣经》故事中，有个人从耶路撒冷前往耶利哥，在路上被强盗抢劫毒打，一些侍奉神的祭司和利未人路过却并未施以援手。

选择视而不见。即使我们善意地将他们的否认解释为专家和利益相关者的短视，也并不意味着我们必须将他们视为合格的证人。

做出判断的最佳方法就是观察主要的防治计划，向熟悉野生动物习性，并对化学品持公正态度的观察者请教，当如雨般的毒药从空中洒向野生动物世界后，发生了什么变化。对于鸟类观察者、以赏鸟为乐的郊区居民、猎人、渔民或荒野探险者来说，如果什么东西破坏了一个地区的野生动物种群，即使仅在一年的时间内，也等于剥夺了他们享受快乐的合法权利。这是一个令人信服的论点。即使有的时候，一些鸟类、哺乳动物、鱼类在一次喷药后会恢复过来，也已经受到严重的伤害。但是，实际上它们并不会恢复过来，因为喷药通常是重复进行的。哪怕野生动物只接触一次，恢复的机会也会很渺茫。喷药的结果往往是，造就一个有毒的环境、一个致命的陷阱，不仅原来的动物深受其害，而且新迁来的也不能置身其外。喷药的面积越大，造成的伤害也就越大，因为安全绿洲已经不复存在。

如今，在以昆虫防治计划（几万甚至几百万英亩的土地被喷洒药剂）为标志的10年里，在私人和公共用地的用药量激增的这10年中，美国野生动物的伤害和死亡纪录也在不断刷新。让我们来了解一下这些计划，看看随之发生了些什么。

1959年秋天，密歇根南部约2.7万英亩的区域里，包括底特律市的很多郊区，都被来自空中的艾氏剂颗粒覆盖着。艾氏剂是所有氯化烃中最危险的。这项计划由密歇根州和美国农业部联合进行，目的是控制日本金龟子。

实际上没有必要进行如此猛烈而危险的行动。与上述做法的目的相反的是，美国著名的博物学家——学识渊博的沃特·尼克尔表达了不同意见。他大部分时间都在田野里度过，而且每年夏天都会在密歇根南部待很长时间。他说："30 多年来，以我的直接经验看，日本金龟子在底特律的数量很少。在过去几年中，并没有见到甲虫数量明显增加。1959 年，除了政府在底特律设置的粘虫卡逮住了几只，我没见过一只日本金龟子。……所有的事情都在秘密进行，我们并没有日本金龟子数量增加的实际证据。"州政府的官方消息宣称，甲虫已经在被指定进行空中打击的区域"大量出现"。尽管该消息并不令人信服，但这项计划还是如火如荼地开展起来了。密歇根州提供人力，并监管计划的执行，联邦政府提供设备和补充人员，杀虫剂的费用则由各个社区均摊。

日本金龟子是意外引进美国的。1916 年，日本金龟子首次出现在新泽西州，当时利佛顿市附近的一个苗圃里发现了浑身绿莹莹的甲虫。起初，人们并不认识这些虫子，后来才确认它们是日本群岛的普通居民。很明显，它们是在 1912 年实行限制之前，随着苗木进口一起来到美国的。

从进入美国起，日本金龟子就开始在密西西比河以东的各个州扩散开来，因为那里的温度和降雨很适合甲虫的生存。甲虫每年都会向新的领地扩张。在甲虫长期生存的东部地区，人们尝试了自然控制的方法。诸多记录表明，在采取了措施的地区，甲虫的数量被控制在比较低的水平。

尽管东部地区有合理的控制经验，但是面对近在咫尺的甲虫，中西部各州还是发动了潮水般的攻势，这种攻击足以打击任何顽固的敌人，而不是区区一些虫子。他们使用了最危险的化学品，使无

**日本金龟子**

日本金龟子属丽金龟科。由于它在日本本土存在天敌，所以在日本并不被视为害虫，但在北美和欧洲以及我国的某些地区，它是大约 300 种植物的著名害虫。1916 年由日本随同栽培材料传入美国，大量侵害果树，造成巨大损害，美国每年耗费巨额经费进行防治，无甚效果。

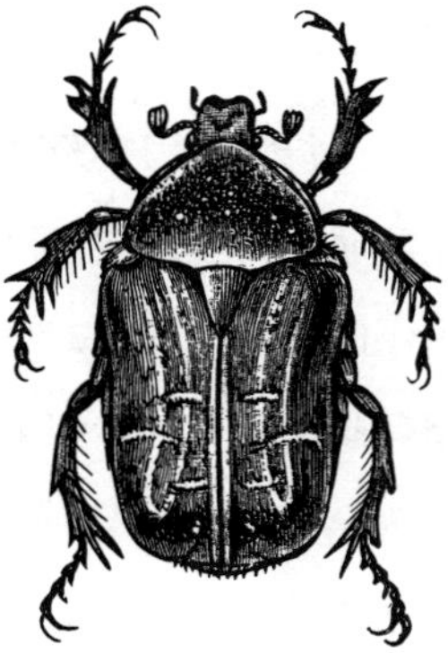

数的人、家畜以及所有的野生动物都暴露在针对甲虫的毒药之下。结果，这些控制甲虫的计划导致了大量动物死亡，并使人类面临真正的危险。在控制甲虫的名义下，密歇根、肯塔基、艾奥瓦、印第安纳、伊利诺伊以及密苏里的诸多地区都遭到了化学药剂雨水般的袭扰。

其中，密歇根州的喷雾行动是第一次针对日本金龟子开展的大规模空中打击。艾氏剂是当时最便宜的化学药剂，选择这种最致命的化学药剂，不是因为它的杀伤力大、效果好，而是出于省钱的考虑。虽然州政府透露给媒体的官方消息中承认艾氏剂是一种“毒药”，但是他们宣称这种药剂不会对人口稠密的地区造成危害（对于“我们应该采取哪些预防措施？”这种疑问，官方的答复是“对人类而言，无须采取任何措施。”）。联邦航空局的一名官员在当地媒体上称：“这是一次安全的行动。”底特律公园和娱乐部的一名代表也附和道：“喷雾对人类无害，也不会伤害植物或者你的宠物。”所有的人都会怀疑这些官员根本没有查阅过美国公共卫生局、鱼类与野生动物管理局早已出版、唾手可得的报告和其他关于艾氏剂剧毒的报道。

密歇根害虫防治法允许该州无须通知个人或者得到个人允许，

便可以进行喷药，于是飞机开始在低空飞行作业。紧接着，市政府和联邦航空局立即被市民担忧的电话轰炸。据底特律新闻报道，在一个小时内，这些地方接到近 800 个电话，警方随即向电台、电视和新闻报纸求助，告知市民“他们所见到的事情的真相，而且这是一次安全的行动。”联邦航空局的安全官员向公众保证：“飞机是受到严密监控的，也是得到低空授权的。”他还做了一些错误的尝试来安抚公众的恐慌，补充说飞机上有安全阀门，可以瞬间丢弃所有的药物。所幸的是，这样的事情并没有发生。在飞机作业的时候，弹药似的杀虫剂落在甲虫身上，也落在人们身上。“无害”的毒粉砸在购物和上班的人们身上，也扫射在午餐时间走出校门的孩子们身上。家庭主妇们忙着把门廊和人行道上的颗粒扫出去，据她们说，这些地方就像刚刚下了一场雪。之后，密歇根奥杜邦协会指出：“在屋顶木瓦的缝隙里，在檐沟里，在树皮和树枝的裂缝里，落满了针头大小的细小白色艾氏剂黏土混合颗粒。……一旦遇到下雨或者下雪，每个水坑都会变成致命的毒剂。”

喷雾行动仅仅几天之后，底特律奥杜邦协会便开始接到关于鸟类的求助电话。据协会秘书长安妮·博伊斯夫人讲：“在星期天的早上，我接到了第一个有关鸟类的求助电话，一名妇女说她在从教堂回家的路上看到许多已经死亡和濒临死亡的小鸟，数量触目惊心，这说明人们开始担心喷雾行动的后果了。喷雾行动是在星期四完成的。她说之后所有的地方都不见鸟儿飞翔了，她还在自家的后院里发现了至少 12 只小鸟的尸体，她的邻居还发现了死去的松鼠。”那天博伊斯夫人接到的所有电话都在报告：“大量死亡的小鸟，没有一只还活着。……家里有喂鸟器的人说一只鸟儿也没来。”被发现的垂

树上的小鸟和来到户外玩耍的宠物都会因接触了杀虫剂（为了消灭日本金龟子这一种昆虫而被广泛喷洒）而生病甚至死去。

死的鸟儿表现出典型的杀虫剂中毒症状：颤抖、麻痹、抽搐，失去飞行能力。

受到直接影响的动物不只是鸟类。一名当地的兽医说，他的诊室里全是给小狗、小猫看病的人。小猫会非常细致地舔自己的爪子，梳理头部的毛，所以病情也最严重。它们的症状是严重腹泻、呕吐和抽搐。兽医能给的建议无非是尽量让小猫待在屋里，如果出去的话，回来要立即清洗它们的爪子。但是，就连蔬菜和水果上的氯化烃都洗不掉，可见，这种措施起不到任何保护作用。

尽管城镇的卫生专员极力否认，称鸟儿是被“其他喷剂”杀害的，接触艾氏剂后引起的喉咙和胸腔过敏一定是“别的物质”造成的，但是当地卫生部门遭到了潮水般的投诉。底特律一位著名的内科医生在一小时内被请去治疗四名病人，他们都是在观看飞机喷药时接触了药剂。所有的人都表现出相同的症状：恶心、呕吐、发烧且感觉寒冷、极度疲乏、咳嗽。

使用化学药剂对付日本金龟子的呼声不断升高，使底特律的悲剧在其他地方反复上演。在伊利诺伊州的蓝岛市，人们发现了几百只已经死亡和奄奄一息的鸟儿。1959 年，伊利诺伊州朱丽叶市大约有 3000 英亩土地经七氯处理。据当地一家猎人俱乐部的报告，经过处理的区域，鸟类“几乎死光了”。兔子、麝鼠、负鼠和鱼类也大量死亡。当地的一所学校将收集中毒而死的鸟类作为一个科研项目……

可能不会有别的地方比伊利诺伊东部的谢尔顿市和相邻的易洛魁县的遭遇更加悲惨了，因为这些地方根本没有甲虫。1954 年，联邦农业部联合伊利诺伊农业局开始沿入侵路线根除日本金龟子，希望借高密度的喷洒消灭所有入侵的昆虫。第一次铲除行动就在当年发生了，1400 英亩的土地被喷洒上了狄氏剂。1955 年，另外 2600 英亩的土地受到了同样的处理。原以为任务已经完成，然而，越来越多地区要求进行化学防治，结果到 1961 年末，大约有 131,000 英亩土地进行了化学杀虫。

在喷药进行的第一年，就有很多野生动物和家畜死亡了。尽管如此，在没有与美国鱼类与野生动物管理局或伊利诺伊狩猎管理部门协商的情况下，化学治理还在进行。（而且，1960 年春天，联邦农业部的官员出席了国会的一次会议，反对一项要求事先进行这种协商的法案。他们轻描淡写地宣称，该法案没有必要，因为合作与协商“司空见惯”。这些官员完全想不起来在“联邦层面”没有进行合作的情况。在同一次听证会上，他们明确表示不愿意与各州的渔猎部门进行协商。）

化学防治的资金总是源源不断，但是伊利诺伊自然历史调查所的生物学家在研究野生动物所受伤害时资金却捉襟见肘。在 1954 年，他们只有 1100 美元用于雇佣一名现场助手，在 1955 年则没有任何专门资金。尽管困难重重，但是生物学家们还是掌握了很多事实，进而描绘出了野生动物遭受毁灭的悲惨画面——这种毁灭往往在计划刚开始执行就已经很明显了。

食虫鸟类的中毒程度不仅仅取决于所用的药剂，还与它们所引发的反应有关。在谢尔顿市早期计划中，每英亩土地施用了 3 磅狄氏剂。但是，用鹌鹑做的实验已经证明狄氏剂的毒性大约是 DDT 的 50 倍。因此，谢尔顿市每英亩土地相当于承受了大约 150 磅 DDT！而且这还是估算值，因为在农田的边沿和角落里人们会重复喷洒。

化学药剂渗入土壤后，中毒的甲虫幼虫会因为身体不适爬出地面，它们会继续存活一段时间，这样就引来了鸟儿啄食。药剂处理结束的两周后，还会有各种死亡和垂死的昆虫出现在地面上。由此可见，化学药剂对于鸟类的影响是显而易见的。褐弯嘴嘲鸫、椋鸟、草地鹨、拟八哥和野鸡几乎被一扫而光。据生物学家的报告，知更鸟几乎“全军覆没”。一场细雨过后，死掉的蚯蚓随处可见，故而可以推断知更鸟可能是吃了有毒的蚯蚓而死的。其他鸟儿的命运也是一样，曾经有益的雨水变成了一种致命的毒药，其原因就是化学药剂的邪恶力量。在喷药几天之后，喝过雨坑里的水或者洗过澡的鸟儿都死去了，无一幸免。

幸存的鸟儿也失去了繁育能力。尽管在喷药地区仍发现有鸟巢，少数几个鸟巢中也有鸟蛋，但是蛋里不会孵出小鸟。哺乳动物中的地松鼠已经灭绝。它们的尸体呈现中毒暴毙的状态。喷药地区也发现了麝鼠的尸体，田野里出现了死去的兔子。黑松鼠曾经是这个地区常见的动物，喷药之后，再也难觅它们的身影了。

在对甲虫发动战争后，能在谢尔顿地区的田野里发现一只猫就算是上帝的恩赐了。在实施喷洒计划的第一个季节，90% 的猫成了狄氏剂的受害者。由于这些毒药在别处留下了黑色记录，因此这样的悲剧其实是可以预知的。猫对所有的杀虫剂都极为敏感，尤其是对狄氏剂。在爪哇西部，由世界卫生组织开展的抗疟计划中，很多猫都死掉了。在爪哇中部猫死得非常多，以致于猫的价格翻了一倍还多。同样，世界卫生组织在委内瑞拉展开的喷药活动导致那里的猫成了珍稀动物。

在谢尔顿地区，杀虫运动的受害者不仅仅是野生动物和宠物。

通过观察发现，一些羊群和牛群都有中毒和死亡的现象。自然历史调查所对其中一起事件进行了如下报告：

> 穿过一条砾石路，羊群被赶到了一块很小的、未经喷药的优质牧场，因为原来的农田在5月6日喷了狄氏剂。很明显，一些农药已经随风穿过砾石路侵袭了这片牧场，因为羊群立刻出现了中毒的症状，……它们不想吃草，显得烦躁不安，沿着牧场栅栏转来转去，想要找到出口；……它们不愿意受到驱赶，不停地咩咩叫着，头也耷拉着。最后，它们被带离了牧场……羊群表现出很想喝水的症状。在穿过小溪旁时，有2只羊已经死了，剩下的羊被反复赶离溪水边，还有一些羊是被硬生生拽走的。最终有3只羊死亡，其余的慢慢恢复过来了。

这就是1955年底的情况。尽管化学战在接下来的几年里仍在继续，但野生动物研究资金的涓涓细流已完全枯竭。自然历史调查所向伊利诺伊州立法机构提交的年度预算中包含了对野生动物及杀虫剂研究的资金申请，但这些申请总是最先被驳回。直到1960年，一位野外助手的工资才发到手，而他付出的劳动相当于4个人的工作量。

此项研究在1955年已经完全中断了，当生物学家们重新开始的时候，野生动物的灾难仍在继续。与此同时，化学药剂已经换成了毒性更强的艾氏剂了，鹌鹑的实验证明它的毒性是DDT的100倍到300倍。到了1960年，在这一地区生活的哺乳类动物均受到不同程度的损害。鸟类的情况更加糟糕。在唐纳文镇，与拟八哥、椋鸟和褐弯嘴嘲鸫的情况一样，知更鸟也灭绝了。在其他地方，所有鸟类的数量都在急剧减少。打野鸡的猎手最能强烈地感受到这场屠虫大战的影响。在药剂处理过的地方，鸟窝的数量减少了大约一半，而且孵出的小鸟数量也急剧减少。在过去的几年中，这个地方是打野鸡不可多得的好去处，如今由于没有野鸡出没，已经变得无人问津了。

打着消灭日本金龟子的旗号，人类发起了这场浩劫，在 8 年的时间里易洛魁县超过 10 万英亩的土地都经过了药物处理，结果发现药物对于这种昆虫的遏制只是暂时的，它们仍在向西扩张。这个低效计划造成的损失恐怕永远无法计算出来，因为伊利诺伊生物学家给出的结果仅是一个最小值。如果有充足的经费来开展全面调查的话，结果可能会令人震惊。但是，在计划实施的 8 年里，总共只有 6000 美元供生物学家进行实地研究。与此同时，联邦政府在防治计划中投入了约 37.5 万美元，州政府也提供了几千美元。生物学家们的研究经费还不到化学防治计划的 2%。

中西部地区的这些计划都是在一种恐慌的情绪下开展的，好像甲虫的扩张造成了极端的威胁，为了对付它们可以不择手段。这显然是对事实的曲解，如果承受了化学药剂侵害的人们了解日本金龟子在美国的早期历史的话，他们就不会对漫天飞舞的毒药保持缄默了。

东部各州的运气很好，甲虫入侵是在合成杀虫剂发明之前，他们不仅避免了虫灾，成功地控制了甲虫的数量，并且采用的方法对其他生物不会构成威胁。与底特律和谢尔顿的喷药相比，东部可以说是风平浪静。这些方法充分发挥了自然的力量，效果显著而持久，而且不会对环境造成破坏。

甲虫在进入美国最初的十几年中，失去了本土的控制因素，其数量增长迅猛。但是直到 1945 年，在甲虫蔓延的地方，它们仍构不成什么危害。因为从远东引进的一种寄生虫成了甲虫致命的病原体，甲虫的数量逐渐减少。

经过仔细搜寻，从 1920 年到 1933 年，科学家在东亚本土找到了 34 种甲虫的捕食者或者寄生昆虫并引进以实现甲虫自然控制。这些昆虫中，有 5 种在美国东部很好地生存了下来。其中效果最好、分布最广的是来自朝鲜和中国的一种寄生黄蜂。雌蜂在土壤中找到甲虫幼虫后，会将一种液体注入幼虫体内，使其麻痹，然后把一颗卵放入幼虫的表皮之下。蜂卵孵化后幼虫会慢慢吃掉麻痹的甲虫幼虫。在大约 25 年的时间里，通过各州政府与联邦机构的合作项目，东部的 14 个州引进了这种黄蜂。黄蜂在这片区域广泛繁衍，它们在控制甲虫方面的贡献也得到了昆虫学家们的认可。

一种细菌性疾病发挥了更为重要的作用。这种疾病可以影响日本金龟子所属的金龟子科昆虫。这种细菌是一种非常特别的生物，不会攻击其他昆虫，对蚯蚓、温血动物和植物都很安全。这种疾病的芽孢生长在土壤中。当被甲虫幼虫吞食后，芽孢会在幼虫的血液里迅速繁殖，使其呈现出异常的白色，因此这种病被称为“乳白病”。

乳白病是 1933 年在新泽西州发现的。到了 1938 年，乳白病在较早受日本金龟子侵袭的地区已经非常普遍了。为了加速扩散这种疾病，政府在 1939 年开展了一项计划。当时并没有发明扩散病原体的人造媒介，但是人们找到了一种很有效的替代物。把受感染的幼虫碾碎、晾干，然后与白灰混合。按照标准，每克混合物中含有1亿芽孢。通过联邦政府的合作计划，从1939年到1953年，东部的14个州约有9.4万英亩的土地得到了处理；属于联邦政府的其他土地也得到了处理；另外，各组织和个人也在广大的区域自行进行了处理。到了1945年，乳白病已经在康涅狄格州、纽约州、新泽西州、达拉华州以及马里兰州扩散开了。在一些实验地区，甲虫幼虫的感染率高达94%。1953年，政府组织的扩散计划结束，转而由私人实验室接管，以便继续帮助个人、园艺俱乐部、公民协会以及所有其他对防治甲虫感兴趣的人们。

东部地区通过开展此项计划，实现了对甲虫的自然控制。乳白病细菌可以在土壤中存活很多年，提高了控制效率，并可以通过自然媒介继续传播。既然在东部有如此成功的经验，为什么不在伊利诺伊州以及其他中西部地区尝试同样的方法，而是对甲虫疯狂地发动了化学战争呢？

有人告诉我们，用乳白病芽孢接种“太昂贵”，但在40年代的东部却没人这么认为。到底是通过怎样的计算方法得出“太昂贵”的结论呢？这显然不是通过计算谢尔顿喷药所造成的真正损失得出的。这种判断还忽略了一个事实——芽孢只需接种一次就可以毕其功于一役。

也有人说，芽孢在甲虫分布的边缘地带不能使用，因为它们只能在甲虫密集的土壤中才能生存。跟其他支持喷药行动的言论一样，这种观点同样应该质疑。导致乳白病的细菌已被发现可以感染至少40种其他甲虫，这些甲虫的分布范围相当广泛，即使在日本金龟子数量很少或根本不存在的地方，它们也很有可能感染这种疾病。此外，由于芽孢能够在土壤中存活很长时间，可以在没有甲虫的区域或者甲虫出没的边缘地带预先撒播，然后静候甲虫的光临。

那些不惜一切代价、希望立竿见影的人们一定会继续使用化学药剂来对付甲虫。那些喜欢现代快速消费模式的人们也一样，因为化学防治永续不断，需要频繁更新、投入巨大。

与之相反，那些希望得到圆满结果的人们愿意等上一两个季节，所以他们会选择使昆虫患乳白病的这种防治方法；他们将得到长久的回报，而且随着时间的推移，控制的效果会越来越好。

联邦农业部在伊利诺伊州皮奥瑞亚的实验室正在进行一项广泛的研究，希望找到人工培育乳白病细菌的方法。这将极大地减少成本，促进这种方法的广泛应用。经过多年努力，相继有一些成果不断问世。一旦这种“突破”得以实现，我们对怎样防治日本金龟子就可能重拾一些理智和远见，人们就会意识到，之前在中西部进行的灭虫行动所造成的浩劫简直就是一场噩梦……

伊利诺伊州东部的喷药事件提出了一个不仅属于科学层面而且属于道德层面的问题。是否任何文明都能为了自身对其他生命任意发动战争，而不会丧失其“文明”的应有尊严？

那些杀虫剂不是选择性毒剂，它们不能杀死我们希望除去的某种特定昆虫。之所以被使用，只是因为它们是致命的毒药。因此，它们会杀死所有与之接触的生命：主人心爱的小猫、农民饲养的牛、田野里的兔子以及空中飞翔的云雀。这些生物对人类没有任何危害。相反，它们的存在才使得人类的生活更为丰富多彩。然而，人类酬谢它们的只是突然的、惊惧的死亡。谢尔顿市的一位科学观察员描述了一只垂死的野云雀的症状:“它斜躺在一边，尽管它的肌肉失去了协调能力，不能飞起来，也不能站起来，但仍然扑棱着翅膀，爪子也挣扎着要试图抓住什么东西。它张着嘴，特别吃力地呼吸着。”更加可怜的是快要死去的松鼠，它们在无声控诉——“表现出濒死的特征。背部深深地弯曲着，两只前爪紧紧抽缩在一起，努力伸向胸前。……头和脖子向外伸着，通常嘴里咬着泥土，说明它们死亡前曾啃咬过地面”。

默许一种会给生灵带来如此痛苦的行为，我们中间有谁不曾降低了自己的人格?

## 第八章

# 鸟儿歌声的消失

是谁做的决定引起了一连串的中毒事件，就像把一枚卵石砸进安静的池塘一样，让这轮死亡之波不断扩散的？是谁在天平的一端放满了甲虫的食物——树叶，并在另一端堆满了中毒死去的鸟儿那斑斓的羽毛？又是谁未与公众协商就得出结论，没有昆虫的世界才是最好的，即使世界因失去鸟儿飞翔的英姿而变得黯然失色也在所不惜？

**主红雀**

主红雀又称北美红雀、红衣主教鸟。因雄性通体红色，酷似天主教枢机的红袍和帽子而得名。主红雀是美国 7 个州的州鸟及许多大学的吉祥物。

如今，美国越来越多的地区已经看不到鸟儿来报春了；以往的清晨都能听到鸟儿美妙的鸣啭，现在已经变成了一片死寂。鸟儿的歌声连同给我们带来的色彩、美感和乐趣消失得如此迅速又悄无声息，以至于那些未受影响的居民都没有觉察到任何异常。

伊利诺伊州辛斯戴尔镇的一名家庭主妇绝望地给世界著名鸟类学家、美国自然历史博物馆鸟类馆名誉馆长罗伯特·墨菲写了一封信。信中说道：

> 在我们的村子里，最近几年一直在给榆树喷药（她写于 1958 年）。6 年前我们搬到了这里，那时候鸟类多种多样，我安装了一个喂鸟器。每年冬天，主红雀、山雀、绒啄木鸟、五子雀都会陆陆续续地飞来觅食。夏天的时候，主红雀和山雀会把幼鸟带来。喷洒了几年 DDT 之后，镇上的知更鸟和椋鸟已经消失了；两年来，山雀再也没有光顾过我家的架子，今年主红雀也不见了；在附近筑巢安家的鸟类好像只剩下了一对鸽子，可能还有一窝园丁鸟。
>
> 孩子在学校里学到联邦法律禁止杀害和捕捉鸟类，所以很难向他们解释鸟儿都被杀光了。“它们还会回来吗？”

他们问。我不知道该怎么回答。榆树也在渐渐死去，鸟儿更无法幸免。我们采取什么措施了吗？能有什么办法吗？我可以做些什么呢？

联邦政府为了对付火蚁，开展了大规模的喷药计划。一年后，亚拉巴马州的一名妇女写道："我们这个地方在过去的半个世纪里一直是名副其实的鸟类乐园，去年7月份我们还在议论，'今年的鸟儿比以前来得更多'。突然，在8月的第二个星期，它们全部不见了。最近，我心爱的马刚刚产下一个小马驹，我习惯早起来照料它们，但是听不到一丝鸟鸣。这种情况既怪异又让人害怕。人们对自己美丽至极的世界做了些什么？直到5个月之后，我才终于见到了一只冠蓝鸦和一只鹪鹩。"

在她提到的那个秋天里，美国深南地区[①]也发布了一些严峻的报告。奥杜邦协会和鱼类与野生动物管理局共同出版的季刊《野外瞭望》中提道，在密西西比、路易斯安那和亚拉巴马出现了"鸟类全部消失的奇怪现象"。这本杂志收录的报告均来自富有经验的观察家。他们在当地生活多年，深谙当地鸟类的习性。一位观察家报告说，她在密西西比南部开车行驶了很长的路程，连一只陆鸟也没看见。另一位来自巴顿鲁治的观察员说，她的喂食器已经有好几个星

① 深南部（Deep South 或 Lower South），又称棉花州（Cotton States），也常被译为南方腹地，是美国南部的文化与地理区域名称，与"上南方"（Upper South）相对。深南部并没有统一的定义，一般情况下是将亚拉巴马州、佐治亚州、路易斯安那州、密西西比州和南卡罗来纳州视为深南部。有时得克萨斯州和佛罗里达州也被视为深南部。

## 陆鸟类

陆鸟类（land birds）是近年才定义的一个有争议的鸟类演化支。根据基因学研究，本演化支结合了各色各样的鸟类群，包括南鸟类（雀鸟、鹦鹉、叫鹤和隼），以及非洲禽类（包括鹰形总目的海雕、鹰、鹫、美洲鹰，以及鸱鸮、啄木鸟和其他鸟种）。它们是晚近定义、以水鸟类为核心的水滨鸟类的姐妹群。

**知更鸟**

知名的蒂芙尼蓝来自美洲知更鸟蛋壳的颜色，所以蒂芙尼蓝也被唤为知更鸟蛋蓝。在美洲原住民的神话中，它的胸脯是为了拯救被野火困住的两个人时被烧红的，因此它也是英雄的象征。许多人都相信，春天里来到的第一只知更鸟，会给第一个看到它的人带来好运。

期没有鸟儿来过了，以前这个时候，院子里灌丛的果实早就被啄食干净了，可是现在灌木上的浆果满满当当的。还有一位观察者提道，他家的落地窗前通常会遍布着四五十只主红雀，还有其他各种鸟儿，现在能见到一两只都很难了。西弗吉尼亚大学的莫里斯·布鲁克斯教授是阿巴拉契亚地区的鸟类专家，他的报告中提道，西弗吉尼亚地区鸟类数量“锐减的速度令人难以置信”。

有一个故事可以作为鸟类悲惨命运的象征，一些鸟儿已经惨遭厄运，并且所有的鸟儿也面临这样的危险。这就是大家所熟知的知更鸟的故事。对于千百万的美国人来说，年度中第一只知更鸟的到来意味着冬天的牢笼被打破了。知更鸟的造访往往能登上报纸的版面，也会成为人们早餐时间津津乐道的话题。知更鸟不断飞来，森林里也萌发了丝丝绿意。在清晨的阳光下，无数的人聆听着第一首知更鸟的合唱，美妙的音符在明媚的阳光下翩翩起舞。但是现在一切都变了，甚至鸟儿的光临也成了奢望。

知更鸟和其他鸟类的命运看来是与榆树紧密相连的。从大西洋沿岸到落基山山脉，榆树是成千上万城镇历史的组成部分，它们浓密的枝叶形成了雄伟的绿色拱廊，给无数的街道、广场和校园增添了十足的魅力。可是，现在一种疾病感染了所有的榆树，很多专家都认为这种疾病过于严重，榆树已经无药可救了。失去榆树已经足以令人心痛，如果拯救行动也功亏一篑，又把大部分鸟类扔进覆灭的黑夜之中的话，后果会更加悲惨。然而，这就是正在发生的事情。

所谓的荷兰榆树病是在大约 1930 年的时候，随饰板业进口榆树树段进入美国的。这是一种真菌导致的疾病：这种细菌会侵入榆树的输水导管中，芽孢通过树液的流动进行扩散，它们通过分泌的有毒物质和阻塞作用，使树枝枯萎，导致榆树死亡。这种疾病通过榆树皮甲虫从病树扩散到健康的树。甲虫会在死去的榆树皮下开凿通道，而通道里真菌的芽孢挤得满满当当，芽孢会附在甲虫身上，甲虫飞到哪儿，就把疾病带到哪儿。控制这种疾病的主要方法一直是控制传播媒介——甲虫。于是在很多地方，尤其是中西部和新英格兰地区这些榆树集中的地方，人们开展了大规模的长期喷药行动。

两位鸟类学家首次揭示了这种喷药行动对鸟类，尤其是对知更鸟的影响。他们分别是密歇根州立大学乔治·华莱士教授和他的学生约翰·麦纳。1954 年，麦纳先生开始攻读博士学位，他选择了与知更鸟相关的研究课题。这也许是个巧合，因为那时候没有人认为知更鸟正面临危险。但是，就在他开始工作的时候，这种事情发生了。喷药行动不仅改变了他课题的性质，还剥夺了他的研究对象。

1954 年，针对荷兰榆树病的喷药行动仅在大学校园内小范围进行。到了第二年，东兰辛市（这所大学的所在地）加入了行动，喷药范围开始扩展。由于当地针对舞毒蛾和蚊子的防治计划也在进行，于是化学药剂从“烟雾蒙蒙”演变成了“倾盆大雨”。

1954 年蜻蜓点水式的喷药后，一切正常。第二年春天，知更鸟

人们向榆树喷洒药剂防治荷兰榆树病。　　　　（《底特律日报》1951 年刊登）

像往常一样飞回了校园。像汤姆林森的著名散文《失去的森林》里的风信子一样，知更鸟回到自己熟悉的地方时，它们“没有预感到会发生不幸”。但是，问题很快就出现了。校园里的知更鸟不是死亡，就是奄奄一息。在它们以前觅食和栖息的地方，见不到一只知更鸟。没有新建的鸟巢，也没有小鸟出生。接下来的几个春天情况还是一样。喷药的地方已经变成了死亡陷阱，每一波迁徙至此的知更鸟在一周内就会被赶尽杀绝。还会有其他鸟儿来到这里，它们也会在这里痛苦地颤抖着慢慢死去。

华莱士教授说：“对于想在春天里筑巢的那些鸟儿来说，校园已经变成了它们的墓地。”为什么会这样呢？起初，他怀疑是鸟儿的神经系统出了毛病，但是真相很快就水落石出了，知更鸟是因为杀虫剂中毒而死的，这些药并不是像喷药人保证的那样“对鸟类无害”。受害鸟儿的典型症状包括失去平衡、颤抖、抽搐，最终死亡。

一些事实表明，知更鸟中毒不是因为与杀虫剂直接接触，而是因为吃了蚯蚓。在一项研究中，一些蝼蛄偶然吃了蚯蚓，便都立刻死了。实验室的一条蛇吃了蚯蚓后，立刻剧烈颤抖起来。蚯蚓是知更鸟春天的主要食物。

很快，位于厄巴纳市的自然历史调查所的罗伊·巴克博士就补全了知更鸟死亡迷局的一块关键拼图。巴克博士的著作于1958年出版，该书找到了迷雾中的关键线索——知更鸟的命运通过蚯蚓与榆树联系起来了。榆树在春天被喷洒了农药（通常剂量是一棵50英尺高的树使用2到5磅DDT，在榆树密集的地方相当于每英亩施用23磅），在7月份，通常会以一半的剂量再喷一次。强力喷枪给所有的高大树木均匀地喷上了农药，不仅杀死了预定目标——榆树皮甲虫，还杀死了其他昆虫，包括传粉昆虫、捕食的蜘蛛和其他甲虫。毒素紧紧粘在叶子和树皮上，雨水也冲刷不掉。秋天，树叶落在地上，积成湿湿的几层，并开始与土壤慢慢结合。在整个过程中，勤劳的蚯蚓帮了大忙，它们以残叶为食，且榆树叶是它们最喜爱的食物之一。蚯蚓在吃树叶的同时，也吃下了杀虫剂，且杀虫剂在体内不断累积、浓缩。巴克博士在蚯蚓的消化道、血管、神经和体壁中都发现了 DDT。毫无疑问，一些蚯蚓中毒而死，但是幸存的蚯蚓就变成了毒素的“生物放大器”。春天，知更鸟飞回来之后，整个循环中又增加了一环。11 只体形较大的蚯蚓就含有足以毒死一只知更鸟的 DDT。一只知更鸟在十几分钟之内就可以吃掉 10 到 12 条蚯蚓，可见 11 条蚯蚓只是知更鸟一天食量的一小部分。

并不是所有的知更鸟都摄入了致命的剂量，但是药剂的另一种破坏作用同样会导致它们的灭绝。不孕的阴影笼罩了所有被研究的鸟类，在药剂波及范围之内，所有生物都无法逃脱。在密歇根大学 185 英亩的土地上，如今每年春天只有二三十只知更鸟，而在喷药之前，保守估计也有 370 只左右。1954 年，麦纳观察到的知更鸟都会产下鸟蛋。到了 1957 年 6 月末，校园里应该至少有 370 只幼鸟在觅食（与成鸟的数量相对应），然而麦纳只发现了一只幼鸟。一年后，华莱士教授提道：“1958 年的春天和夏天，在校园里我没看见一只幼鸟，而且截至目前，也没有听说别人发现过。”

当然，没有幼鸟出生的部分原因是，在筑巢完成之前，一对或者更多的知更鸟就已经死了。但是华莱士发现了一个更为凶险的事实——鸟儿的繁殖能力遭到破坏。“知更鸟和其他鸟类都筑了巢却没有下蛋，而那些下了蛋的鸟儿却孵不出小鸟。我们观察了一只知更鸟，它勤勤恳恳地孵了21天，但却没有孵出幼鸟，而正常的孵化时间是13天。分析结果显示，繁殖期鸟儿的睾丸和卵巢里有大量的DDT，”他在1960年的国会委员会上说，“10只雄鸟睾丸中DDT含量为百万分之三十到百万分之一百零九，两只雌鸟卵巢的卵泡中DDT含量为百万分之一百五十一到百万分之二百一十一。”

很快，其他地区的研究也得出了令人沮丧的结论。威斯康星大学的约瑟夫·希基教授和他的学生们把喷药地区和未喷药地区作了对比研究，发现喷药地区知更鸟的死亡率至少为86%到88%。位于密歇根州的克兰布鲁克研究院试图评估给榆树喷药所造成的鸟类伤亡程度，于是在1956年，研究人员要求所有疑似DDT中毒的鸟类都要送到该院做检查。此后，人们送来的鸟类出乎意料的多。在接下来的几个星期之内，该院常年闲置的机器一直在超负荷运转，只好拒绝了其他鸟类的检测。到了1959年，仅一个社区就有1000只中毒的鸟儿被送来该院检查或报告给该院。尽管知更鸟是主要的受害者（一名妇女给该院打电话说她家的草坪上死了12只知更鸟），但送到该院检查的鸟类总共有63种。

知更鸟只是榆树防治造成毁坏的其中一环，榆树喷药只是全国进行的各种防治计划中的一个。已经有90种鸟类出现了大量死亡，其中包括一些郊区居民和业余的自然学家最熟悉的鸟类。在一些喷过药的城镇，筑巢的鸟类数量减少了90%。正如我们看到的那样，所有种类的鸟儿都受到了影响——地上觅食的、树上啄食的、树皮上捕猎的和食肉鸟类等。

我们有理由推测，以蚯蚓或其他土壤生物为主食的所有鸟类和哺乳动物都将面临类似知更鸟的命运。约有45种鸟类的食物中包含

原本美味可口的蚯蚓变成杀害麻雀一家的最后的晚餐。

**鸣角鸮**

鸣角鸮是一种只分布于美洲的鸟类，以叫声尖锐得名。同一属的很多物种具有两种色相，每个物种都有两种截然不同的叫声。

蚯蚓。其中一种鸟是丘鹬，它们一般在南方过冬，那里近来已经喷洒了大量七氯。如今，有了两个关于丘鹬的重要发现。新布伦瑞克的繁殖地出生的幼鸟数量急剧减少，而且成鸟体内含有大量的 DDT 和七氯残留。

令人不安的是，已经有证据表明，有 20 多种地面觅食的鸟类出现了大量死亡，它们的食物——蠕虫、蚂蚁、蛆或其他土壤生物都是有毒的。这里面包括 3 种画眉。还有几种鸟，它们的优美歌喉在鸟类中出类拔萃，分别是斯氏夜鸫、黄褐森鸫和隐夜鸫。还有那些掠过灌丛、沙沙地在落叶中觅食的雀类——歌带鹀和白喉带鹀，也成了喷药的受害者。

哺乳动物也很容易直接或间接地卷入这场灾难。蚯蚓是浣熊的主要食物，负鼠在春天和秋天也会吃蚯蚓。像地鼠和鼹鼠也会大量捕食蚯蚓，进而就可能把毒素传播给鸣角鸮和仓鸮这类猛禽。

春天一场暴雨过后，威斯康星州出现了几只死去的鸣角鸮，它们可能吃了中毒的蚯蚓。老鹰和猫头鹰——雕鸮、鸣角鸮、赤肩鵟、雀鹰和白尾鹞等都有出现抽搐。这些可能就是二次中毒的案例，它们吃了其他鸟类或者老鼠，这些被捕食的动物肝脏或别的器官里积累了大量的杀虫剂。

因榆树喷药而面临危险的不仅仅是在地面觅食的动物或它们的捕食者。在树叶上找昆虫吃的鸟儿也消失了，包括“森林精灵”红冠戴菊和金冠戴菊、很小的食虫鸟、成群飞舞且五颜六色的鸣鸟等。1956年春末，一大群鸣鸟正好碰上一次延迟的喷药。几乎所有飞到这里的鸣鸟种类都出现了死亡。在威斯康星的白鲑湾，过去几年中，总能看到至少1000只黄腰白喉林莺。1958年喷药后，人们只发现了2只。如果再加上其他地区鸣鸟的死亡案例，数目是惊人的。被杀死的鸣鸟包括那些最漂亮、最受人喜爱的种类：黑白林莺、美洲黄林莺、纹胸林莺和栗颊林莺；放歌五月的橙顶灶莺；双翅如火的橙胸林莺；栗胁林莺、加拿大威森莺以及黑喉绿林莺等。它们要么因吃了有毒的昆虫而直接被害，要么受到食物短缺的间接影响而亡。

食物的短缺同样也打击了在空中飞翔的燕子，它们努力在空中觅食，就如同饥饿的青鱼寻找浮游生物一样。威斯康星州的一位自然学家报告说：“燕子受到重创。人们都在抱怨，燕子比四五年前少了很多。4年前，我们头顶上方全是飞翔的燕子，如今很难见到了。……这可能是喷药导致昆虫减少引起的，也可能是燕子吃了有毒的昆虫后死亡。”

关于其他鸟类，这位观察者写道：“另一个损失惨重的是鹟。霸鹟几乎已经灭绝了，曾经很常见的鹟也见不到了。今年春天我只见到了一只，去年春天也是。威斯康星州的其他猎人也在抱怨。过去我喂过五六对主红雀，现在都不见了。鹪鹩、知更鸟、园丁鸟和鸣角鸮每年都会来到我的花园筑巢，现在都消失了。夏天的清晨再也听不到鸟儿的歌声。花园里只剩下害鸟、鸽子、椋鸟和麻雀了。这场灾难让我无法承受。”

秋天，在对休眠期的榆树喷药后，毒素进入了树皮的每一个缝隙，这可能是山雀、五子雀、凤头山雀、啄木鸟以及美洲旋木雀这些鸟类急剧减少的原因。1957 年到 1958 年冬天，华莱士教授多年来第一次发现他家的喂鸟处没有山雀和五子雀的身影。之后，他发现的 3 只五子雀恰好完整展示了前因后果：第一只正在榆树上啄食，第二只表现出典型的 DDT 中毒症状在垂死挣扎，第三只已经死去了。后来，在第二只五子雀的体内组织里发现了百万分之二百二十六的 DDT 残留。

鸟类的饮食习惯很容易使它们成为杀虫剂的受害者，从经济角度和其他不易察觉的方面看它们的死亡又非常可悲。例如，白胸五子雀和美洲旋木雀夏天的食物主要是对树木有害的各种昆虫卵、幼虫和成虫等。山雀食物的四分之三是动物，包括处于各个生长阶段的昆虫。在本特不朽的名著《生命历史》中有对山雀觅食方式的描述："鸟群飞过的时候，每只鸟都在树皮、细枝和树干上仔细搜寻着琐碎的食物（蜘蛛卵、茧或其他休眠昆虫）。"

各种科学研究已经证明了在不同情况下鸟类控制昆虫数量的关键作用。啄木鸟在控制英格曼云杉甲虫方面作用突出，它们可以使甲虫的数量减少 45% 到 98%，此外它们对苹果园里蚜虫的抑制效果也很好。另外，山雀和其他冬季鸟类可以保护果园免受尺蠖的侵扰。

但是，自然界中发生的事情却不能在现代的化学世界中重演。喷洒的药剂不仅杀死了昆虫，还杀死了它们的主要敌人——鸟类。等昆虫卷土重来的时候，再也没有鸟儿去控制它们了。密尔沃基公共博物馆鸟类馆长欧文·格罗梅给《密尔沃基日报》的投稿中写道："昆虫最大的天敌就是捕食性昆虫、鸟类以及一些小型哺乳动物，

DDT 的残暴肆虐也杀害了自然界中的保卫和警察。……在进步的名义下，我们是否应该为了一时之快，而承担残忍灭虫大战的后果，直到最后才发现自己机关算尽却一败涂地？在榆树消失、自然卫士（鸟类）因中毒而死之后，新生的害虫如果再来攻击其他种类的树木的话，我们应该如何应对呢？”

格罗梅先生说，自从威斯康星州开始喷药之后，有关鸟类伤亡的电话和信件就不断增加。这些质问表明，在喷过药的地方鸟儿开始不断死亡。

中西部大部分研究中心的鸟类学家和生态保护人士的观点与格罗梅先生保持一致，这些机构包括密歇根州的克兰布鲁克研究院、伊利诺伊自然历史调查所和威斯康星大学等。在任何一个药物喷洒地区，当地报纸的《读者来信》栏目都表明人们已经觉醒并感到愤怒，而且他们比那些下令喷药的官员对药物危害和喷药引发失调的理解更为深刻。密尔沃基的一名女士写道：“这是一件可怜又让人心碎的事情……这场屠杀根本达不到预定的目的，一想到这儿，既令人沮丧，又让人感到愤怒。……从长远看，如果不管鸟儿，能救得了树吗？在自然环境中，它们难道不是互相依存吗？能不能保护自然平衡，不去破坏它呢？”

其他人在信中也提道，虽然榆树是雄伟的行道树，但它们并不是什么圣树，没有必要为了榆树给其他生物来一次“开放式的”大屠杀。威斯康星的另一名妇女写道：“我一直都很喜欢榆树，它们就如同是我们的地理标志。但是，树的种类成千上万……我们还必须保护鸟类。谁能想象没有知更鸟的歌唱的世界是多么乏味、多么枯燥啊！”

公众很容易形成一个非此即彼的简单选择：要鸟还是要树？但是，事情不会如此简单。正如化学防治体现出来的讽刺一样，如果我们沿着以前的老路走下去，或许最后我们将两者尽失。喷药行动杀死了鸟儿，也没能保护榆树。只要喷药就能挽救榆树的幻想把一个又一个城镇拖入了巨额花费的沼泽，产生的效果却只是昙花一现。康涅狄格州格林尼治市的喷药计划持续了10年。但是，干旱的一年给甲虫创造了非常适宜的环境，榆树的死亡率飙升了10倍。伊利诺伊州厄巴纳市，即伊利诺伊大学的所在地，1951年这里首次发现荷兰榆树病，于是在1953年开始了喷药防治。到了1959年，尽管喷药行动连续了6年，大学校园内还是损失了86%的榆树，其中一半是由荷兰榆树病造成的。

在俄亥俄州托莱多市，相似的经历促使林业主管约瑟夫·斯维尼用更加现实的眼光看待喷药的后果。该地喷药计划开始于1953年，到了1959年仍在持续。此时，斯维尼先生发现，执行完“书本和权威机构”建议的喷药计划后，槭绵蜡蚧的情况反而更加严重了。于是他决定自己研究榆树喷药的后果，结果令他大吃一惊。他发现，在托莱多市“唯一得到控制的地区是把染病或有虫害的树移除的地方。喷药的区域反而失去了控制。在没有采取任何措施的农村，疾病传播的速度还不如喷药的城里那么快。这说明药剂杀死了害虫的所有天敌。我们必须放弃药物防治计划。虽然这样的看法使我与那些支持美国农业部建议的人产生了冲突，但是我掌握了真理，因此我会坚持下去的”。

在中西部城镇，榆树病是最近才开始传播的，为什么要坚持采纳昂贵的喷药计划，而不去借鉴其他地方多年的治理经验，实在让人费解。纽约州在防治榆树病方面历史悠久、经验丰富，因为在1930年，染病的榆木正是通过纽约港进入美国的。如今，纽约在防治榆树病方面成绩显著。但是，他们不是依赖药物。实际上，纽约农业推广局没有建议人们使用喷药的方法。

那么，纽约是如何达成这一成就的呢？从对付榆树病的第一天起到现在，纽约就一直实行严格的措施，即立刻移除并处理掉所有生病或感染的树木。起初，结果令人失望，这是因为刚开始人们并不知道不仅是生病的榆树，而且连可能有甲虫繁殖的树木都要一起移除。感染的榆树被砍倒后，储存起来作为柴火烧，但是如果不在春天之前烧完，就会产生许多带细菌的甲虫。每年4、5月份，成虫便从冬眠中醒来，出来觅食，使榆树病传播。纽约的昆虫学家根据经验，找出了哪些树木有甲虫繁殖并易于传播这种疾病。通过集中处理这些树木，不仅产生了良好的防治效果，还使防治的成本降到了合理区间。到1950年，纽约市55,000棵榆树的感染率降到了1%。

在1942年，维斯切斯特县开展了一项防卫计划。之后的14年中，每年榆树的损失率仅为1%。拥有185,000棵榆树的水牛城，也通过防卫计划实现了很好的控制效果，年均损失率也只有1%。换言之，按照这种速度，需要300年的时间才能消灭水牛城的所有榆树。

雪城的情况尤其令人瞩目。在1957年之前，这里并没有采取任何有效措施。从1951年到1956年，雪城一共损失了3000棵榆树。后来，在纽约州立大学林业学院霍华德·米勒的指挥下，该地大力清除了所有患病的和可能携带甲虫病源的榆树。如今，这里的榆树损失率已经降到了1%以下。

纽约的专家强调了防卫计划节约成本的优点。纽约农学院的马蒂斯说："在大部分情况下，实际成本比预想的要小。如果树枝已经死亡或者折断了，为了防止造成财产损失或者人员受伤，必须移除这段树枝。如果是一堆柴火，可以在春天之前把它们烧掉，可以将树皮去掉，或者把榆木存放在干燥的地方。如果是将死或者已经死了的榆树，为了防止榆树病的传播，把它立刻清除，成本并不比之后的处理成本高，因为城区的大部分死树终归要清除掉。"

可见，只要采取明智可靠的措施，我们对榆树病也并非完全无计可施。众所周知，榆树病现在仍然无法根除，但是如果某一地区暴发疾病，完全可以通过预防措施把它控制在理想范围之内，这种方法不仅有效而且对鸟类不会造成伤害。森林遗传学为此提供了其他可能性，有望通过实验研发出一种对这种病具有免疫力的杂交榆树。例如欧洲榆树就具有这种免疫性，而且在华盛顿地区已经种植了很多这种榆树。即使在本地榆树发病率极高的时候，欧洲榆树仍然安然无恙。

那些失去了大量榆树的地方急需通过加速育苗和造林计划来补充树木。这一点很重要，虽然这些计划补充的树木中包括抗病的欧洲榆树，但也要考虑种植多种树木，这样的话，就可以避免将来的传染病会毁掉一个地区的所有的树。英国生态学家查尔斯·埃尔顿道出了维护健康动植物群落的关键——"保持生物多样性"。现在的状况大都是生物单一化导致的。但是在二三十年前没人知道，在一大片地方种植单一的植物会招致灾难，所以人们才会让榆树来守护大街、点缀公园。如今，榆树都死了，鸟儿也没了……

与知更鸟类似，美国的另一种鸟儿也濒临灭绝。这就是美国的象征——白头鹰。在过去的10年里，白头鹰的数量减少之快令人忧

**白头鹰**

白头鹰又名白头海雕，是分布于北美洲的大型猛禽。作为美国的国鸟，它经常出现在各种官方的徽章或标志上；这种鸟也被美国的原住民视为神圣的鸟。在20世纪，由于受到杀虫剂及狩猎影响，白头鹰的数量不断下降，在美国本土几乎绝迹。目前种群数量已因相关的保护措施恢复至无危级别。

心忡忡。事实表明，白头鹰的生存环境一定发生了变化，并且这些变化完全破坏了它们的繁殖能力。到底是什么原因导致了这一结果，目前尚不得知，但是有证据表明杀虫剂难辞其咎。

沿着佛罗里达西海岸，从坦帕到迈尔斯堡筑巢的白头鹰是这种鸟类中被研究最频繁的。温尼伯的一位退休银行家查尔斯·布罗利因在1939年至1949年给1000多只白头鹰幼鸟做过标记而在鸟类学界声名鹊起（在此之前，历史上只有166只鹰绑了鸟足带）。在幼鸟离巢之前的冬季，布罗利为它们绑上足带。后来的统计显示，这些佛罗里达的白头鹰会沿着海岸飞至加拿大境内，最远可飞至爱德华王子岛。在这之前，人们一直认为这些白头鹰是留鸟[①]。秋天的时候，它们又飞回南方。人们可以在如宾夕法尼亚东部鹰山这样的有利位置观察到它们的迁徙。

在做标记的前几年，布罗利先生在他工作的海岸段每年都能发

① 与候鸟相对，终年生活在一个地区，不随季节迁徙的鸟统称留鸟。

现 125 个有幼鸟的巢。每年绑足带的幼鸟大约有 150 只。1947 年，出生的幼鸟开始减少。一些巢里根本没有鸟蛋；另外一些巢里虽然有鸟蛋，但是都不能孵化。从 1952 年到 1957 年，大约有 80% 的巢没有幼鸟出生。在最后一年里，只有 43 个巢里有鸟儿栖息。其中 7 个巢里有幼鸟出生（共 8 只）; 23 个鸟巢里有蛋，却没有孵化；有 13 个巢穴被当成了餐室，根本就没有蛋。1958 年，布罗利先生跋涉了 100 英里，才最终找到了一只小鹰做标记。1957 年还有 43 个鸟巢里住着成年白头鹰，到现在只剩下 10 个鸟巢有成年白头鹰了。

这一系列的持续观察弥足珍贵，却在 1959 年因布罗利先生的去世而宣告结束，但是奥杜邦协会以及新泽西再加上宾夕法尼亚的报告证实了我们的确应该重新寻找一个新的国家象征了。鹰山保护区负责人莫里斯·布朗的报告尤其值得关注。鹰山是宾夕法尼亚东南部一座风景如画的山峰。那里，阿巴拉契亚山脉最东端的山脊形成了阻挡西风吹向沿海平原的最后一道屏障。西风遇到山脉的阻挡向上吹去，形成了稳定的气流，在秋季巨翅鵟和白头鹰可以乘着气流，在一天之内轻松穿越很长的路程。山脊在鹰山汇聚，候鸟的飞行路线也在此交汇。鸟儿从北方广阔的领域一路飞来，一定会路过这个咽喉要道。

莫里斯·布朗在鹰山保护区当了 20 多年管理员，他观察记录过的鹰比任何美国人都要多。白头鹰迁徙的高峰在 8 月底和 9 月初。这些应该是出生在佛罗里达的鹰，它们在北方待了一个夏季后飞回家乡（在秋天和冬季初期，一些体形更大的白头鹰会路过这里。它们可能是北方的一种鹰，飞往一个未知的地方过冬）。保护区建立初期，从 1935 年到 1939 年，观察到的白头鹰 40% 是 1 岁大，从它们深色的羽毛就很容易看出来。但是近年来，这些幼鹰已经很少了。从 1955 年到 1959 年，它们只占到总数的 20%；在 1957 年，每 32 只成鹰中只有 1 只幼鹰。

在鹰山观测到的结果与其他地方的发现一致。其中一份相似的报告出自伊利诺伊自然资源委员会的一名官员——埃尔顿·福克斯。北方的白头鹰可能就在密西西比河和伊利诺伊河沿岸过冬。福克斯先生在 1958 年的报告中说，近来发现的 59 只白头鹰中只有 1 只是幼鹰。世界上唯一的白头鹰自然保护区——萨斯奎汉纳河上的蒙特约翰逊岛也出现了类似的现象。这个小岛距康诺文格大坝上游 8 英里，距离兰开斯特郡河岸也只有半英里，仍保持着原始风貌。从 1934 年起，兰开斯特郡的一位鸟类学家兼保护区负责人赫伯特·贝克先生开始对小岛上的一个鸟巢进行观察。从 1935 年到 1947 年，每年这个鸟巢都有白头鹰居住，并成功地孵出了幼鹰。从 1947 年起，尽管有老鹰居住，也下了蛋，但是并没有孵出幼鹰。

蒙特约翰逊岛和佛罗里达州的情况一样：有些成鹰蹲在巢里，其中一些下了蛋，但是很少或者没有幼鹰孵出来。对于这种情况，似乎只有一种解释。某种环境因素导致白头鹰的繁殖能力下降，现在几乎没有幼鹰出生来使这个物种得以延续了。

实验人员证实了这种情况正是人为造成的。其中比较著名的人物是美国鱼类与野生动物管理局的詹姆斯·德威特博士。德威特博士针对鹌鹑和野鸡做了很多经典实验来研究各种杀虫剂对它们的影响。结果证明，接触 DDT 或相关化学药剂之后，虽然对成鸟不会造成明显的伤害，但可能会严重影响它们的繁殖能力。表现形式可能不尽相同，但结果是一样的。例如，如果鹌鹑在繁殖季节吃的食物中含有 DDT，即便它仍能存活下来，甚至下的蛋也正常，而且数量也不少，但是孵出来的小鸟却很少。“许多胚胎在发育早期都很正常，但到了破壳的时候会死去。”德威特博士说道。那些孵出的幼鸟，其中一多半会在 5 天内死去。在其他实验中，如果成鸟在一整年内吃的食物中都含有杀虫剂的话，它们无论如何也下不了蛋。加利福尼亚大学的罗伯特·拉德博士与查理德·吉纳利博士得出了相似的结果。如果野鸡的食物中含有狄氏剂，“产蛋会明显减少，幼鸟成活率也很低”。据这些科学家讲，狄氏剂储存在蛋黄中，在孵化和发育的时候会被幼鸟逐渐吸收，对幼鸟造成致命伤害。

最近，华莱士教授和一名研究生理查德·伯纳德的实验强有力地证实了这种观点。他们研究发现，密歇根大学校园里的知更鸟体内含有大量的 DDT。在雄鸟的睾丸中、发育的卵泡中、在雌鸟的卵巢里、在鸟儿体内成形的蛋里、在输卵管中、在废巢未孵化的蛋中、在鸟蛋的胚胎里和在刚孵出来就死去的幼鸟体内，都发现了 DDT。

这些重要的研究证实，鸟类一旦接触杀虫剂，就会对其后代产生影响。毒素贮存在鸟蛋中，贮存在滋养胚胎的蛋黄中，就像一个死刑指令一样，这就解释了为什么德威特博士实验中的幼鸟会死在蛋壳里，或仅在破壳几天后就死去。

要把对白头鹰所做的这些研究运用到实验室中还面临很多困难，但是野外研究已在佛罗里达、新泽西以及其他地方开展，这些研究希望找到成鹰不育的可靠原因。与此同时，一些间接证据把不育的矛头指向了杀虫剂。在一些盛产鱼类的地方，鱼是白头鹰的主要食物（在阿拉斯加大约占 25%，在切萨皮克湾约占 52%）。毫无疑问，布罗利先生研究的白头鹰主要以鱼为食。从 1945 年起，海岸地区就反复喷洒了DDT。空中喷药的主要目的是消灭盐沼蚊。这种蚊子主要生活在沼泽和海岸地区，这里正是白头鹰觅食的区域。大量的鱼类和螃蟹被杀死。实验分析显示，鱼类和螃蟹体内DDT浓度很高，大约是百万分之四十六。白头鹰的状况与鹏鹏一样，它们因为吃了清湖中的鱼，体内积蓄了大量的DDT。野鸡、鹌鹑以及知更鸟的问题与鹏鹏一样，它们的繁殖能力逐渐下降，其种群难以为继。

当今，世界各地都发表了鸟类面临危险的报告。各地报告的细节虽然不同，但主题只有一个，那就是杀虫剂的使用造成了野生动物的死亡。在法国，葡萄园喷了含砷除草剂后，成百上千的小鸟和山鹑死了。这种鸟在比利时曾盛极一时，但喷过药后就几乎绝迹了。

英国的问题十分特殊，它与播种前用杀虫剂处理种子的做法有关。种子处理并不新鲜，但是早期使用的化学品主要是杀菌剂，对鸟类没有造成明显的影响。到了1956年，处理方法升级并有了双重功效，除了杀菌剂，人们还会加上狄氏剂、艾氏剂或七氯来对付土壤中的昆虫。于是情况就变得更糟了。

1960年春天，关于鸟类死亡的各种报告像洪水一样涌进了英国野生动物管理机构，包括英国鸟类托管协会、皇家鸟类保护协会以及猎鸟协会。诺福克的一名农场主写道：“这地方就像一个战场，我的管家发现了大量的小鸟尸体：苍头燕、金翅雀、赤胸朱顶雀、林岩鹨、麻雀……野生动物毁灭让人悲痛。”一名猎场看护员写道：“我的松鸡全被包衣玉米毒死了，还有一些野鸡和其他鸟儿，好几百只鸟都死了……这对像我这样的看护员来说是一件痛苦的事情。看到一对对松鸡死去，心里难受极了。”

英国鸟类托管协会与皇家鸟类保护协会联合发布了一个报告，

描述了 67 只死亡的鸟儿，实际上，1960 年春天死亡的鸟儿远不止这个数字。其中，59 只鸟被包衣种子毒死，8 只鸟死于药物喷剂。第二年新一轮中毒事件来袭。下议院接到报告，仅诺福克的一家庄园里就有 600 只鸟儿死亡，北埃塞克斯的一个农场里有 100 只野鸡死去。不久，受影响的郡县数量就明显超过了 1960 年（第一年 23 个郡，1961 年有 34 个郡）。以农业为主的林肯郡损失最惨重，大约有 10,000 只鸟儿死亡。从北部的安格斯到南部的康沃尔，从西部的安哥拉斯到东部的诺福克，死亡阴影蔓延到了英格兰的所有农场。

到了 1961 年，人们对于这个问题的担忧达到了顶峰。下议院成立了一个特别委员会对事件进行了调查，对农民、农场主、农业部代表以及关心野生动物的各政府和民间组织进行了取证。一个目击者称："鸽子会突然从空中掉下来摔死。"另一个人说："你在伦敦城外开车走一两百英里也见不到一只红隼。"自然保护局的官员作证说："在 20 世纪或者我所知道的任何时期，对野生动物或狩猎来说现在是最危急的时刻。"

对受害鸟类进行化学分析的设备明显不足，而且整个国家只有两名化学家能够完成检测（一名在政府任职，另一名在皇家鸟类保护协会工作）。目击者称焚烧鸟儿尸体时，燃起了熊熊大火。但是，人们通过努力还是找到了鸟儿的尸体拿来检测，结果发现，所有的鸟儿体内都含有杀虫剂，只有一只例外。这只例外的鸟是沙锥，它们不吃种子。

除了鸟儿，狐狸也可能因为吃了中毒的老鼠或鸟儿间接受到影响。英国的兔子泛滥成灾，所以急需狐狸来捕食。但是从 1959 年 11 月到 1960 年 4 月，至少有 1300 只狐狸死亡。在雀鹰、红隼以及其

农药中的毒素顺着食物链传播，狐狸也将因被捕食的兔子吃过有毒野草而受到影响。

他猛禽几乎消失的地方，狐狸的死亡最严重，这说明毒素是通过从食草动物到肉食动物这样的食物链传播的。即将死亡的狐狸与其他氯化烃中毒的动物一样，不停转圈，头晕目眩，最后抽搐而死。

听证会使委员会确信，化学药剂对野生动物的威胁已经“极其严重”。委员会向下议院提出建议：“农业部长和苏格兰国务卿应立即下令禁止使用狄氏剂、艾氏剂、七氯或毒性相当的化学药剂处理种子。”委员会还建议，应适当加强控制，以保证化学品在进入市场前接受严格的实地和实验室检测。值得强调的是，实地检测是所有地区杀虫剂研究的一大空白。生产商做的实验都是常规的动物（老鼠、狗、豚鼠等）实验，不包括野生的鸟类和鱼类，而且实验都是在人为控制下进行的。所以，他们的研究结果并不适用于野生动物。

英国绝不是唯一面临这个问题的国家。在美国，加利福尼亚和南部的大米产区一直受到此类问题的严重困扰。多年来，加州水稻一直用 DDT 处理种子，以防止鲎虫和水龟虫的危害。由于稻田里水鸟和野鸡众多，加州的猎手以前总是收获颇丰。但在过去 10 年里，产稻地区一直传出鸟类死亡的消息，尤其是野鸡、鸭子和鸫。“野鸡病”变成一种熟悉的现象：鸟儿到处找水喝，随后浑身麻痹，倒在水沟旁和稻田里不停颤抖。这种病会在春天发作，恰恰是稻田播种的时间，此时 DDT 的浓度是成年野鸡致死量的很多倍。

随着时间的推移，人们又研制出了毒性更强的杀虫剂，包衣种子造成的危害不断增加。如今，艾氏剂广泛应用于种子包衣，对野鸡来说，它的毒性是 DDT 的 100 倍。在得克萨斯东部的稻田里，这种做法已经严重影响了树鸭的数量。这种鸭子呈黄褐色，长得像鹅，生活在墨西哥湾沿岸。确实有理由相信，水稻种植户使用双重功效的杀虫剂，造成了鸫的数量下降，也给稻田里其他几种鸟类带来了灾难。

随着杀戮习惯的养成——铲除给我们带来烦恼或不便的生物——鸟类逐渐成为毒药的直接目标，而不是出于意外。在空中喷洒对硫磷这样的毒药来“控制”农民讨厌的鸟类的做法越来越普遍。鱼类与野生动物管理局发现对这种趋势表示严重关切十分必要，他们指出：“对硫磷喷洒的区域对人类、家畜和野生动物都具有潜在的危害。”例如，在印第安纳州南部，一群农民在1959年夏天雇了一架飞机，在河边一片低地喷洒对硫磷。这片滩地一直是鸫喜爱的栖息地。本来换一种苞长穗深，鸟够不到里面的玉米就可以轻松解决问题，但是农民们还是听信了使用毒药的好处，于是他们雇用了飞机喷洒毒药来为鸟儿送葬。

喷洒毒药的结果可能令农民们非常满意，因为死亡单上约有65,000只红翅黑鹂和椋鸟。其他未被发现、没有记录的野生动物死亡数量不得而知。对硫磷不仅对椋鸟有效，而且是一种广谱毒药。然而，那些在滩地闲逛的兔子、浣熊或负鼠可能从未造访过玉米地，却也被冷漠的人们判了死刑。

那么人类又怎么样呢？在加利福尼亚的一个喷过对硫磷的果园里，工人们接触了喷过药的叶子，一个月以后就病倒了，甚至休克，通过精湛的医术才得以死里逃生。印第安纳州的小男孩是否还喜欢去丛林和田野里游玩，或者到河边去探险？如果是这样的话，谁来阻止那些探寻原始自然的人呢？谁能一直保持警惕，告诉那些无辜的游人：这里所有的植物都包裹了一层致命毒药，十分危险？尽管面临如此巨大的危险，却没有人去阻止农民们对椋鸟发动不必要的战争。

在每一次事件中，人们都回避了一个问题：是谁做的决定引起了一连串的中毒事件，就像把一枚卵石砸进安静的池塘一样，让这轮死亡之波不断扩散？是谁在天平的一端放满了甲虫的食物——树叶，并在另一端堆满了中毒死去的鸟儿那斑斓的羽毛？又是谁未与公众协商就得出结论，没有昆虫的世界才是最好的，即使世界因失去鸟儿飞翔的英姿而变得黯然失色也在所不惜？这是一个独裁者的决定。对于千百万人来说，美丽有序的自然具有深邃的内涵和必要的价值，他只是占了无数人一时疏忽的便宜而已。

## 第九章

# 死亡之河

淡水和海洋渔业关乎许多人的利益和福祉，其重要性不言而喻。毫无疑问，现在它们受到了水体中化学品的严重威胁。如果能从每年研究强毒药剂的经费中拿出一小部分，用于建设性的研究，我们就能较少地使用这些毒剂，并使河流免受其害。公众什么时候会认清事实，并主动要求这样做呢？

在大西洋的绿色海水深处，有许多伸向岸边的幽暗路径。它们是鱼类巡游的小路，虽然这些小路看不见、摸不着，但是它们确实与入海的河水相连。几千年来，鲑鱼就沿着这样的淡水路径洄游，回到出生头几个月或几年待过的支流。1953 年夏秋两季，新布伦瑞克海岸米拉米奇河的鲑鱼从觅食的大西洋回到它们的出生地。河流的上游绿树掩映、溪流汇集，清澈的小溪轻轻流淌。秋天，鲑鱼就把卵产在河床的碎石上。在这个地区，云杉、香脂冷杉、铁杉和松树构成了巨大的针叶林区，为鲑鱼产卵提供了适宜的环境。

这种洄游模式由来已久、年年如此，使得米拉米奇河成为北美地区最负盛名的鲑鱼产地。但就在那一年，这种模式遭到了破坏。

秋冬季节，个大壁厚的鲑鱼卵静静躺在河底雌鱼挖好的浅槽中。在寒冷的冬天，鱼卵发育得很慢，等到了春天，林中溪水融化之后，幼鱼才孵化出来。起初，它们只有半英寸长，藏在河底的砾石中间，不吃也不喝，靠一个大卵黄囊生存。直到卵黄囊被全部吸收，它们才开始在溪流中觅食。

1954 年春天，米拉米奇河里有无数刚刚孵化的幼鱼，还有身上长着炫目条纹和红色斑点的鲑鱼，这些是一两年前孵化的。这些小鱼在小溪里贪婪地搜寻着各种稀奇古怪的昆虫。

随着夏天的来临，一切都在改变。那年，人们在米拉米奇西北部流域进行了一次大规模的喷药行动。前一年，加拿大政府为了治理云杉卷叶蛾而开展了这项计划。它是侵害多种常青树木的一种本地昆虫。在加拿大东部，这种昆虫每 35 年就会暴发一次。20 世纪 50 年代初期就发生了一次卷叶蛾大暴发。为了对付它们，人们开始使用 DDT。刚开始人们只是小规模使用，到了 1953 年，使用节奏突

鲑鱼有溯河洄游的习性，在繁殖期逆流而上回到内陆的淡水出生地进行产卵的鲑鱼甚至需要跳上瀑布。太平洋鲑鱼一般在繁殖完成后数周便会死亡。洄游的鲑鱼可以将海洋生态系统中吸收的生物质逆流传送到内陆的淡水生态系统，对沿途的水域和陆地生态系统都十分重要，是自然界的基石物种之一。

然加快了。在这之前，喷洒范围只是数千英亩的森林，如今已经变成了数百万英亩。该行动的目的是拯救纸浆和造纸的主要原料——香脂冷杉。

于是，在1954年6月，飞机造访了米拉米奇河西北流域的森林，纵横交错的白色烟雾在空中划出了一道道飞行轨迹。每英亩喷洒了0.5磅的DDT，药剂穿过香脂冷杉，落在地上，也落在林间的河流里。飞行员一心想着完成任务，他们不曾躲避河流或在飞过溪水时关掉喷嘴。不过，只要有一丝风吹过，雾剂就会飘散得很远，即使他们这样做了，也于事无补。

喷洒药剂之后不久，就出现了不祥的预兆。仅仅在两天之内，河流沿岸的鱼儿就死伤无数，其中包括很多年幼的鲑鱼。鳟鱼也无法幸免，道路边、森林里的鸟儿同样在不断死去。河流中的一切生物都沉寂了下来。在喷药之前，河里的生物多种多样，构成了鲑鱼和鳟鱼的丰盛食物，包括：石蛾幼虫，它们用黏液把树叶、草梗或碎石粘在一起形成了松散的掩体；在湍急的河流中紧紧贴住岩石的石蝇幼虫；还有像蠕虫一样的黑蝇幼虫，它们在浅滩的石头上或者在溪流溢出的斜岩上缓慢移动。但是，现在溪流中的昆虫全被DDT杀死了，那些小鲑鱼也无处觅食了。

在这样一幅大肆破坏、无情杀戮的惨景中，果然不出所料，小鲑鱼也不能置身其外。到了8月，春天里孵化的小鲑鱼全都消失了，一年的繁殖化为乌有。一岁或者更大一点的鲑鱼，情况稍好一点。飞机经过时，1953年生的正在河里觅食的每6条小鲑鱼中，只有1条幸存下来；1952年孵化的鲑鱼，几乎已准备好前往大海，但也死了三分之一。

这些事实之所以为人所知，是因为自 1950 年起，加拿大渔业研究会就开始对米拉米奇河西北流域的鲑鱼进行研究。他们每年会对河里的鲑鱼进行一次调查。生物学家做的记录包括：洄游繁殖的成年鲑鱼的数量，每个年龄段小鲑鱼的数量，以及河流中生存的鲑鱼和其他鱼类的正常数量。有了这些药物处理之前的完整记录，就可以精确计算喷药造成的损失了。

调查不仅发现了小鱼的损失，还揭示了河流本身发生的巨大变化。反复喷药已经完全改变了河流环境，作为鲑鱼和鳟鱼食物的水生昆虫几乎全部死亡。即使只是一次喷药，昆虫也需要很长时间才能恢复到支撑鲑鱼生存的数量——这需要好几年，而不是几个月。

较小的昆虫，如摇蚊和黑蝇，恢复很快。它们是几个月大鲑鱼苗的食物。但是，较大的水生昆虫恢复就比较慢了，第二年和第三年的鲑鱼要以这些昆虫为食。这些食物是石蛾、石蝇和蜉蝣的幼虫。即使在喷药的第二年，除了偶然发现一个小石蝇，幼鲑很难发现其他食物了。为了增加天然食材的供给，加拿大人尝试在米拉米奇河贫瘠的水域培育石蛾幼虫和其他昆虫。但是，只要再次喷药，这些精心培育的昆虫一定会遭到清除。

出乎意料的是，卷叶蛾不仅没有减少，反而变本加厉了。从 1955 年到 1957 年，新布伦瑞克省与魁北克省的各个区域反复喷药，有些地方甚至喷了 3 次。到了 1957 年，已经有 1500 万英亩的土地喷过了药物。喷药暂停了一段时间，但是之后卷叶蛾的突然爆发，于是该地在 1960 年和 1961 年又各喷了一次。实际上，没有任何迹象表明喷药计划（旨在让树木连续几年持续落叶，从而免于因虫害而死）只是权宜之计，所以随着喷洒的进行，副作用也在延续。为了减少鱼类的损失，在渔业研究会的建议下，加拿大林业局把DDT浓度从每英亩0.5磅降到0.25磅（在美国，每英亩1磅的致命标准仍在使用）。现在，经过数年对喷洒效果的观察，加拿大人发现情况喜忧参半，但如果继续喷洒DDT，喜欢钓鲑鱼的人就会感到非常不安。

一系列不同寻常的事件拯救了米拉米奇河西北部的鱼类，但这样巧合的井喷事件在一个世纪之内再也不会出现了。我们有必要了解一下事情的经过和原因。

正如我们所知，在1954年，米拉米奇河西北流域已经喷洒了大量药物。此后，除了1956年在一个狭窄地带喷过药，整个支流上游没有再喷过药。1954年秋天，一个热带风暴对米拉米奇河的鲑鱼产生了重要影响。艾德娜飓风一路北上，给新英格兰地区和加拿大海岸带来了倾盆大雨，形成的洪流裹挟着大量淡水奔流入海，吸引来了大量鲑鱼。因此，河床的砾石间出现了数目繁多的鱼卵。1955年春天，在米拉米奇西北部孵化的幼鲑获得了理想的生存环境。虽然去年DDT杀死了所有的水生昆虫，但最小的昆虫——摇蚊和黑蝇，已经得到了恢复。它们是幼鲑的主要食物。因此，那年的鲑苗不仅有丰富的食物，而且几乎没有争食者。这是因为，较大的幼鲑已经在1954年被药剂毒死了。相应地，1955年生的鱼苗生长迅速，并大量存活下来。它们很快在河流中完成了发育，随后奔向大海。1959年，大量鲑鱼返回河流，并产下了很多鱼卵。

米拉米奇西北流域状况相对较好，是因为只喷过一次药。从其他河段可以明显看出重复喷药的后果，那里的鲑鱼正急剧减少。

在喷过药的河流里，各阶段的幼鲑都很少见。据生物学家报告，鲑鱼苗经常“全军覆灭”。米拉米奇河西南段在1956年和1957年都喷过药，结果1959年的捕鱼量是10年来最少的。渔民议论着洄游鲑鱼的急剧减少。在米拉米奇河口的采样处，1959年洄游的幼鲑仅是上一年的四分之一。1959年，米拉米奇河首次入海的两岁幼鲑仅有60万条，不到过去3年（任何一年）的三分之一。在这样的背景下，新布伦瑞克的鲑鱼业只能指望找出DDT的替代品了……

除了喷洒的程度和详尽的事实，加拿大东部的情况并不特殊。缅因州同样有云杉和香脂冷杉林，也面临昆虫防治问题。缅因州也有鲑鱼群——这是昔日壮观的鲑鱼群的残影，这些残影是生物学家和保护主义者在工业污染和原木淤塞的溪流中努力为鲑鱼赢得的。尽管这里也喷了药，来对付无处不在的卷叶蛾，但受到影响的区域却相对较小，而且没有影响到鲑鱼产卵的主要河流。但是缅因州内陆渔猎管理局观察到的鱼类状况，可能是一个非常凶险的征兆。

该局报告说："1958年喷药过后，在大戈达德河中立刻就发现了大量濒死的亚口鱼。它们表现出典型的DDT中毒症状：游动的姿势很奇怪、冒出水面大口喘气、不停颤抖、痉挛。喷药后的5天内，两张渔网发现了668条死了的亚口鱼。在小戈达德河、卡里河、阿尔德河以及布雷克河，都发现了大量死去的鲦鱼和亚口鱼。经常有一些虚弱、濒死的鱼儿沿着河流向下游漂去。在一些地方，喷药一周后，还会发现眼盲的、濒死的鳟鱼顺着河水漂流。"（各种研究证实DDT可能导致鱼类眼盲。1957年，一位生物学家观察了温哥华岛北部的喷药后报告说，原来很凶猛的鳟鱼，现在可以轻易地被人从河中徒手捞出，因为它们游动很慢，根本无力逃脱。检测发现，鳟鱼的眼睛蒙上了一层白膜，说明它们的视力已经受到了损伤或者完全瞎了。加拿大渔业局的研究显示，没有被浓度为百万分之三的

**鳟鱼与鲑鱼**

鳟鱼与鲑鱼同属鲑科且外形相似，但在英文里，鳟（trout）和鲑（salmon）通常指两类不同的鱼。鲑鱼体形较大；鳟鱼较小。鲑鱼通常生活在海中，只在产卵时回到淡水水域；鳟鱼则一般生活于内陆的淡水水体中。鲑鱼尾鳍通常分叉；鳟鱼尾鳍为方形或凸状。

DDT 杀死的银鲑都出现了眼盲症状，表现为晶体混浊。）凡是有森林的地方，昆虫防治的现代方法就会威胁到树荫遮蔽下的淡水鱼类。

1955 年，黄石公园内部和周围的喷药造成的后果成为美国鱼类屠杀最著名的一个例子。那年秋天，黄石河中发现的死鱼数量之大，使渔猎爱好者和蒙大拿渔猎管理人员都极为震惊。约 90 英里的河流受到影响。在 300 码长的一段河岸，发现了 600 条死鱼，包括褐鳟、白鲑和亚口鱼。鳟鱼的天然食物——水生昆虫也已经消失了。

林业局的官员称，他们是根据建议，按每英亩 1 磅 DDT 的“安全”标准执行的。但是，喷药的后果说明这种标准并不可靠。1956 年，蒙大拿渔猎局与另外两个联邦机构——鱼类与野生动物管理局和林业局，开始进行联合研究。在这一年蒙大拿州共喷药 90 万英亩土地，1957 年又处理了 80 万英亩土地。所以，生物学家很容易就能找到研究对象。

死亡总是以一种典型的方式呈现出来：森林上空弥漫着 DDT 的气味，水面上漂着一层油膜，岸边是死去的鳟鱼。不管是活的还是死的，检测过的鱼体内都发现了残留的 DDT。与加拿大东部的情况一样，喷药导致了生物饵料的锐减。很多地方的研究都表明，水生昆虫和其他河底生物的数量减少到了原来的十分之一。鳟鱼捕食的昆虫一旦遭到毁灭，需要很长时间才能缓过来。即使到了喷药第二年的夏末，也只有少量的水生昆虫恢复。有一条河流，水生生物曾经异常丰富，但是现在几乎见不到昆虫了。这条河里可供垂钓的鱼儿也减少了 80%。

鱼儿不一定会马上死去。实际上，慢性中毒比立即死亡的后果更可怕。正如蒙大拿州的生物学家发现的，缓期死亡由于发生在鱼汛之后，所以很容易被忽略。在研究过的河流中，大量秋季繁殖的鱼类死亡，包括褐鳟、溪鳟和白鲑。这并不奇怪，因为无论鱼类还是人，所有的生物在应激期间都要消耗脂肪来提供能量。这就使鱼儿完全对其体内 DDT 的致命毒性毫无招架之力。

这样，我们就可以清楚地看到，每英亩喷洒 1 磅 DDT 会对林中河流的鱼类产生严重威胁。此外，对卷叶蛾的控制也乏善可陈，很多地方只能重复喷药。蒙大拿渔猎局对此表达了强烈的不满，表示不愿意仅仅“为了一项必要性和功效都值得怀疑的计划”，而牺牲渔业资源。然而，该局又宣布，将继续与林业局加强合作，“竭尽全力降低副作用”。

但是，这种合作真的能拯救鱼类吗？卑诗省的经验足以说明问题。黑头卷叶蛾在那里已经肆虐了好几年，林业局的官员担心再过一个季节，树木就会因为落叶过多而大量死亡，于是在 1957 年决定采取措施。他们与渔猎局商讨过很多次，因为他们担心洄游的鲑鱼受到伤害。林业局生物部门同意在不影响其效果的前提下，对喷药计划做出调整，以减少鱼类的损失。

虽然采取了预防措施，也做了一番努力，但是至少有 4 条河流中的鲑鱼全部死亡。在其中一条河流中，4 万条洄游银鲑中的幼鲑被全部毒死。几千条年幼的硬头鳟和其他种类的鳟鱼同样损失惨重。银鲑遵循着 3 年的生活周期，且洄游的鱼儿几乎都是同年龄段的。与其他的鲑鱼一样，银鲑有很强的洄游本能。它们只会回到自己的出生地，不会游到别的河流中去。这就意味着，每隔 3 年的鲑鱼洄游几乎不复存在了，除非通过人工繁殖或其他方法才能使之恢复。

有一些方法，既能保护森林，又能挽救鱼类。如果放任不管，河流就会变成死亡之地，我们就陷入了绝望，同时也把自己交给了失败主义。我们必须拓展已有的方法，必须充分利用自己的聪明才智和各种资源来发明新方法。有记录显示，天然的寄生虫病可以很好地控制卷叶蛾，比喷药更有效。我们应该充分利用这种自然方法。我们可以使用毒性较弱的药剂，或者利用微生物使卷叶蛾生病，而不会破坏森林的生态，这样也许更好。在本书的后面，我们会了解这些替代方法以及它们的功效。

同时，我们应该认识到，对森林中的昆虫进行化学防治，既不是唯一的，也不是最佳的方法。杀虫剂对鱼类的威胁包括三种类型。如我们所看到的，第一种与北部森林河流中鱼类有关，它与森林喷药有关。这种威胁几乎完全是 DDT 作用的结果。第二种是那些不断蔓延、四处扩散的毒素，它会影响许多鱼类：鲈鱼、太阳鱼、亚口鱼、鲑鱼以及全国各地湖泊河流里的其他鱼类。这种问题几乎与所有的农业杀虫剂有关，其中一些主要毒素很容易辨别，如异狄氏剂、毒杀芬、狄氏剂和七氯等。最后一种类型需要我们现在就开始考虑将来会发生什么，因为揭露真相的研究才刚刚起步。这一类型与盐沼、海湾、河口中的鱼类有关。

新型有机杀虫剂的广泛使用必定会对鱼类造成严重的损害。因为鱼类对氯化烃异常敏感，且现代杀虫剂大多是用氯化烃制成的。数百万吨有毒的化学药剂接触地表后，必然会有一部分毒素进入海陆无限循环的水中。

如今，鱼类死亡的报告十分频繁，其中有些案例死亡率极高，简直就是一场灾难，美国公共卫生署不得不设立办事处来收集各地报告，作为水污染的指标。这个问题也引起了很多人的关注。大约 2500 万美国人把钓鱼当作一大乐趣，另有 1500 万人也时常去一试身手。他们每年会花费 30 亿美元，用于办理执照，购买装备、露宿器材、汽油，以及住宿。如果他们没法钓鱼的话，会对经济产生很大影响。商业性渔业有巨大的经济效益，更重要的是，它还是一个必要的食物来源。内陆和海洋渔业（除了近海捕鱼）每年捕鱼约 30 亿磅。然而，正如我们所见到的，杀虫剂侵入溪流、池塘、江河及海湾，对钓鱼休闲和商业捕鱼构成了严重威胁。

农业用药毒死鱼类的例子比比皆是。例如，在加利福尼亚州，用狄氏剂治理水稻潜叶蝇，致使大约 6 万条垂钓鱼丧生，其中主要死亡的是蓝鳃太阳鱼和其他太阳鱼。在路易斯安那州，由于在甘蔗地里使用了异狄氏剂，仅在 1960 年就出现了 30 多次鱼类大量死亡的现象。在宾夕法尼亚州，为了杀死果园的老鼠，喷洒了异狄氏剂，造成了大量的鱼类死亡。西部高原使用氯丹控制蚱蜢，却毒死了河里大量的鱼。

美国南部为了控制火蚁而展开了规模宏大的喷药计划，数百万英亩的土地被喷了个严严实实，可能没有其他任何一个农业计划能与之相提并论。这次用的主要是七氯，对鱼类的毒性比 DDT 稍弱。

另一种对付火蚁的药物——狄氏剂，会对所有的水生生物造成极大伤害。只有异狄氏剂和毒杀芬会给鱼类造成更大的威胁。

在火蚁防治区内，不论使用了七氯还是狄氏剂，都给水生生物带来了灾难。从一些生物学家报告的只言片语中，我们就能闻到死神的味道。得克萨斯州的报告说，“尽管我们竭力保护河流，但是仍有大量水生动物死亡”“死鱼……出现在所有处理过的水域”“连续 3 周都出现了鱼类大量死亡的现象”。亚拉巴马州的报告提道：“喷药几天后，威尔考克斯郡的大部分成年鱼都死了……季节性水域和小支流里的鱼几乎灭绝了”。

路易斯安那州的渔民们纷纷抱怨水产养殖的损失。在一条运河上，在不到四分之一英里的距离内就有 500 多条死鱼，它们或浮在河面，或躺在岸边。在另一个教区出现了 150 条死去的太阳鱼，是原来数量的四分之一。还有其他 5 种鱼几乎全部死光了。

载满农药的卡车向纽约的琼斯海滩喷洒 DDT。（照片拍摄于 1945 年）

在佛罗里达州的一个喷药区，人们在池塘里鱼的体内发现了七氯和次生化学物氧化七氯的残留。这些鱼包括太阳鱼和鲈鱼，它们都是垂钓者喜爱的鱼类，也是人们爱吃的食物。美国食品药品监督管理局认为它们身体里的化学残留毒性很大，哪怕人类摄入很少的量也非常危险。

关于鱼类、青蛙以及其他水生生物的死亡报告层出不穷，因此，一个致力于研究鱼类、爬行动物和两栖动物的组织——美国鱼类学家和爬虫学家协会，于1958年通过了一项决议，呼吁美国农业部门和有关部门，“在造成无法挽回的损失之前，停止从空中喷洒七氯、狄氏剂以及其他毒药”。协会呼吁关注美国东南部的各种鱼类和其他生物，包括世界上其他地方没有的一些物种。协会警告说：“很多动物只生活在很小的区域内，因而很容易灭绝。”

由于人们使用杀虫剂来对付棉花害虫，南方各州的鱼类也损失惨重。1950年夏天，亚拉巴马州北部的棉花产区就经历了一场灾难。在这之前，人们只要使用少量的有机杀虫剂就能控制棉铃象甲。但是，由于一连几个冬天都很暖和，1950年该地滋生了大量的棉铃象甲。于是，80%到95%的农民在县技术人员的催促下，使用了杀虫剂。他们普遍使用的是毒杀芬——一种对鱼类杀伤力极强的毒品。

那年夏天，雨水频繁、降水强度大。雨水把药剂冲进了河里，于是农民反复喷药。那年每英亩土地平均喷洒了63磅毒杀芬。有些农夫甚至在一英亩的土地上使用了200磅药剂；还有一名农夫出于满腔热情，在一英亩土地上“慷慨”地施用了超过0.25吨的农药。

结果可想而知。亚拉巴马州棉产区的弗林特河就是一个典型的例子，在注入惠勒水库之前，它已经在棉区蜿蜒流淌了50英里。8

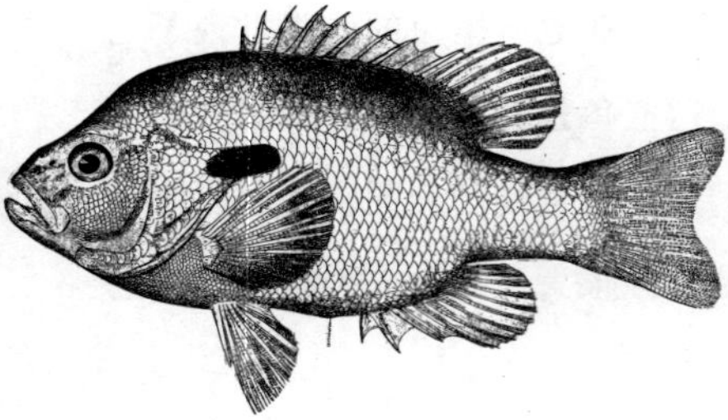

**太阳鱼**

太阳鱼原产自北美洲，是典型的北美鱼类。常栖息于缓动性溪流的静止池水、湖泊与池塘等地，生长适温范围大，自然环境下可安全越冬。太阳鱼刺少，肉质细嫩，适合食用，很受垂钓者及家庭喜爱。

月 1 日，弗林特河流域大雨倾盆。陆地上起初是涓涓细流，然后变成湍急的小溪，最后形成汹涌的洪水涌进河中。河水上涨了 6 英寸。从第二天早晨的景象看来，除了雨水，一定还有其他东西冲入河中了。因为鱼儿在水面盲目地转圈，有时候它们会从水中跳到岸上，所以很容易被抓到；一个农夫捡起几条鱼，把它们放进了泉水池中，它们恢复过来了。但是，在河中整天都有死鱼顺流而下。这只是一个序曲，每次下雨都会把更多的杀虫剂冲进河里，毒死更多的鱼。8 月 10 日的那一场大雨几乎把河里的鱼都杀光了，以至于 8 月 15 日的大雨后，毒药再一次涌进河流时，已经无鱼可杀了。人们把装有金鱼的笼子放入河中，得到了河水中有化学毒药的证据——金鱼在一天之内就死了。

弗林特河中死亡的鱼类包括大量的白刺盖太阳鱼，它们是垂钓者最喜爱的一种鱼。在河水注入的惠勒水库也发现了大量死亡的鲈鱼和太阳鱼。这些水域中的无用杂鱼也惨遭毒害，包括鲤鱼、水牛鱼、石首鱼、美洲真鰶、鲇鱼等。这些鱼没有生病的迹象，只有濒死时反常的行为和奇怪的紫红色鱼鳃。

如果温暖且封闭的养鱼池附近使用了杀虫剂，环境对鱼类就可能会变得致命。和很多例子一样，毒素随着雨水和径流进入池塘。除此之外，有时候喷药的飞行员在经过池塘时，会忘记关掉喷粉器，药粉会直接落入池塘。其实，无须如此复杂，正常的农药用量已经远远超出鱼类的致死剂量了。或者说，即使大量减少用药，也无济于事，因为每英亩池塘农药超过 0.1 磅的剂量就足以造成危害。毒素一旦进入池塘，就很难清除。为了消灭不受欢迎的鲦鱼而在池塘里撒了 DDT，经反复排水冲洗后，池塘水体毒性依然强大，结果后来放养的太阳鱼被毒死了 94%。很明显，毒素潜藏在池塘底部的淤泥里。

显然，现在的状况比起现代杀虫剂刚刚投入使用时并没有任何起色。俄克拉何马州野生动物保护署在 1961 年说，他们每周最少会接到一起养鱼池或者小湖泊有大量死鱼的报告，而且这样的报告还在增加。由于多年来这类情况不断上演，对于造成这种损失的原因也早已为人所熟知：农业用药，然后一场大雨来袭，毒素趁机涌进池塘。

在世界上有些地方，鱼塘的鱼是必不可少的食物来源。这些地方置鱼类的生死于不顾，任意使用杀虫剂，从而引发了很多紧急问题。例如，在罗德西亚，浓度仅为百万分之零点零四的 DDT 杀死了浅水中的一种重要食用鱼——鲷鱼的幼苗。即使剂量很小的其他药剂也可能会致命。这些鱼类生活的浅水区也是蚊虫繁殖的理想圣地。控制蚊虫，同时保护好中非地区重要的食用鱼资源，这个问题显然没有得到妥善解决。

在菲律宾、中国、越南、泰国、印度尼西亚以及印度，虱目鱼的养殖也面临同样的问题。虱目鱼在这些国家被养殖在沿海地区的浅水池中。成群的鱼苗会突然出现在岸边的水中（没人知道它们来自何方），人们把它们捞起来，放进养鱼池中，等它们慢慢长大。对于以大米为生的无数的东南亚和印度人来说，这种鱼是一种重要的蛋白质来源。因此，太平洋科学协会建议在全球范围内搜寻它们的产卵地，进而实现大规模的养殖。但是，杀虫剂给现有的养鱼池造成了严重的损失。在喷药飞机驶过一个养了12万条虱目鱼的鱼塘后，尽管池塘的主人拼力往池塘里注水来稀释毒素，但仍有一半多的鱼被毒死了。

1961年，在得克萨斯州奥斯汀市下游的科罗拉多河，发生了近年来最严重的鱼类死亡事件。1月15日（星期日）早晨，天刚亮，在奥斯汀新城湖湖面上和它下游约5英里的河面上发现了死鱼。这些鱼前一天都还好好的。周一就有了很多报告说河水下游50英里的地方发现了死鱼。终于真相大白了，一些有毒物质正顺着河流向下游扩散。到了1月21日，在下游100英里处的拉格朗吉附近有鱼类死亡。一周后，这些毒素又在奥斯汀下游200英里处疯狂肆虐。在1月的最后一周，当局关闭了沿海航道的水闸，以阻止毒素进入马塔戈达湾，并将其引入墨西哥湾。

同时，奥斯汀的调查人员注意到空气中有一股氯丹和毒杀芬的气味。这种味道在一处排水管道附近尤其强烈。这条管道过去一直饱受工业废料的困扰，当得克萨斯渔猎委员会的官员从湖泊沿着管道探寻源头的时候，他们觉察到一股六氯化苯的气味，这股气味一直延伸到一家化工厂的分管道。这家化工厂主要生产DDT、六氯化苯、氯丹、毒杀芬以及少量其他杀虫剂。工厂负责人承认，最近大量的药粉被冲进了排水管中。更使人震惊的是，他还承认残余的杀虫剂和农药在过去 10 年中一直就是这样处理的。

通过进一步调查，渔业官员发现，雨水和清洁用水也可能把其他工厂的杀虫剂冲进排水管。另一个发现补上了整个链条的最后一环：在整个水域毒性发作的前几天，为了清理残屑，整个排水系统被用几百万加仑的高压水冲洗过了。毫无疑问，这些水把寄居在砾石和细沙中的杀虫剂带到了湖泊和河流里，后来的化学实验发现了它们的藏身之地。

致命的毒素顺着科罗拉多河水漂流，死亡随之而来。湖泊下游 140 英里河段的鱼几乎死光了，因为后来人们用大网捞了一遍，想看看有没有幸存的鱼，结果一无所获。在一英里长的河岸边，人们发现了 27 种死去的鱼，总共约为 1000 磅。死去的鱼有主要的垂钓鱼——叉尾鲇鱼；有蓝鲇鱼、扁头鲇鱼、大头鱼、4 种太阳鱼、银鱼、鲦鱼、裂唇绒口鱼、大口黑鲈鱼、鲤鱼、胭脂鱼、亚口鱼；还有鳗鱼、雀鳝、河吸盘鲤、美洲真鲦和水牛鱼。其中一些鱼肯定是这条河里的元老，从大小就能判断出它们的年龄不小了——很多扁头鲇鱼体重超过 25 磅，据说当地居民还在河边捡到过 60 磅重的鲇鱼；据官方记载，有一条巨大的蓝鲇鱼重达 84 磅。

渔猎委员会估计，即使污染到此为止，这条河里的鱼类状况在很长时间里都难以得到改善。一些种类——那些只在某一区域生存的物种——可能永远都不能自行恢复，其他鱼类也只能依靠大量人工繁殖才能壮大起来。

奥斯汀市的鱼类灾难已经调查清楚了，但是事情远未结束。河水向下游行进了 200 多英里后仍然有毒。人们认为，让这些水进入马塔戈达湾太危险了，因为那里有牡蛎和养虾场。于是，这些毒药

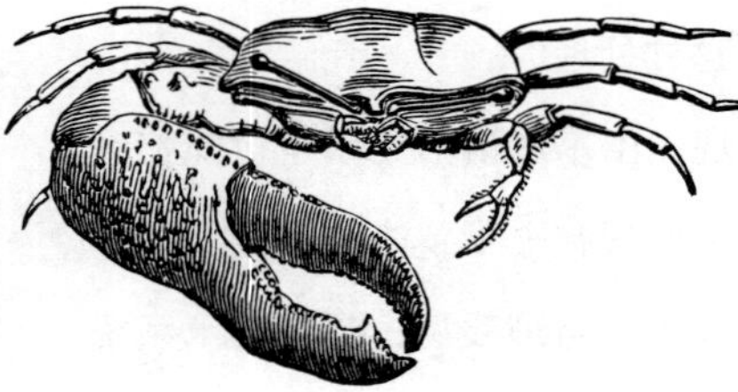

**招潮蟹**

招潮蟹是沙蟹科的一个属。其最大的特征是雄蟹拥有一大一小相差悬殊的一对螯。招潮蟹会做出舞动大螯的动作，像是在召唤潮水似的，因此得名；这动作也像在拉小提琴，所以它又叫“提琴手蟹”。

水被引入墨西哥湾的开放水域。毒素在那里会产生什么作用？其他河流的毒水又会造成什么影响呢？

目前，关于这些问题的回答还只是猜测，但是越来越多的人开始关心杀虫剂对河口、盐沼、海湾和其他水域的影响了。这些水域不仅要容纳有毒的河水，有时为了控制蚊虫，还会遭到药剂的直接攻击。

杀虫剂对盐沼、河口以及海湾生物的影响，形象生动地通过佛罗里达州东海岸的印第安河事件表现出来了。1955 年春天，为了消灭沙蝇幼虫，圣露西县在约 2000 英亩的盐沼上喷洒了狄氏剂。药剂的有效成分约合每英亩 1 磅。它对水生生物的影响简直就像一场灾难。国家卫生委员会昆虫研究中心的科学家对喷药后的惨状进行了研究，并作了报告说，鱼类“都彻底死了”。海岸上到处都是死鱼的尸体。从空中可以看到，受到无助的、垂死的鱼的吸引，鲨鱼正在慢慢靠近。所有的鱼类都无法逃脱。死亡的鱼包括胭脂鱼、锯盖鱼、银鲈、食蚊鱼。

“整个沼泽区被毒死的鱼至少有 20~30 吨，或者至少 30 种，大约 117.5 万条，这还是没有计入印第安河沿岸状况的数据。”调查组的哈灵顿和比德林梅尔报告说。

**浣熊**

浣熊是杂食性动物。除了主要以螃蟹、海螯虾、淡水龙虾或其他甲壳动物及贝类如牡蛎或蛤蜊为食的食蟹浣熊，常见于北美洲的浣熊同样也会以螃蟹为食。

> 软体动物似乎没有受到狄氏剂的影响。甲壳类生物全部灭绝了。水生螃蟹受到重创：招潮蟹几乎全部死亡，幸存的招潮蟹仅在喷药漏掉的小块地方苟延残喘了一阵。
>
> 较大的垂钓鱼和食用鱼最先死去。……螃蟹会爬到濒死的鱼儿身上大快朵颐，第二天就会跟着死去。蜗牛继续吞食鱼的尸体。两周后，鱼的尸体就彻底消失了。

赫伯特·米尔斯博士在佛罗里达对岸的坦帕湾进行观察后，描绘了同样的悲惨画面，在包括威士忌湾在内的那一区域，奥杜邦协会建立了一个鸟类保护区。具有讽刺意味的是，在当地卫生部门为了消灭盐沼蚊而喷药后，整个保护区就变成了一个避难所。在坦帕湾，鱼类和螃蟹也是主要的受害者。招潮蟹体形较小，长着斑斓的外壳，在泥地或沙地成群爬过时，就像吃草的牛群一样对喷剂根本没有任何抵抗力。经过夏秋两季的连续喷药（一些地区喷药多达 16 次），正如米尔斯博士总结的，“目前，招潮蟹的数量正呈现锐减的态势。在 10 月 12 日潮水和天气状况下，本应该有 10 万只蟹，但是海滩的能见范围内只发现了不到 100 只，而且都是非病即死，它们不停颤抖、抽搐，步履蹒跚，失去了爬行能力。但是附近没有喷过的地方还有很多招潮蟹”。

招潮蟹对于周围的环境至关重要，因为它们是众多动物的食物来源。沿海的浣熊以它们为食，像长嘴秧鸡、一些水鸟和海鸟也会捕杀它们。在新泽西州一个喷过 DDT 的盐沼里，笑鸥的数量在几周内就减少了 85%，这可能是因为喷药之后鸟儿的食物不够了。招潮蟹在其他方面也发挥着重要作用，它们是重要的食腐动物，通过到处挖掘使沼泽的泥土透气。它们也给渔民带来了大量饵料。

招潮蟹并不是潮沼和河口地区唯一受杀虫剂威胁的生物，其他一些对人类更为重要的动物也面临着危险。切萨皮克湾和大西洋沿岸地区久负盛名的蓝蟹就是一个例子。这种蟹对杀虫剂十分敏感，所以溪流、水沟和潮沼里每喷一次药都会杀死大量的蓝蟹。挥之不去的毒素不仅毒死了本地蟹，还杀死了从海里迁徙过来的螃蟹。有时候中毒可能是间接的，跟印第安河附近沼泽地的情况一样，螃蟹吃了垂死的鱼，也很快中毒而死。

人们还不大了解龙虾受到的危害。要知道，它们与蓝蟹都属于节肢动物的同一科，有相同的生理特征，因此可能受到同样的影响。石蟹和其他对人类具有重要价值的食物——甲壳动物，也面临同样的问题。

近岸水域——海湾、海峡、河口、潮沼，形成了一个最重要的生态群落。这些水域与各种鱼类、软体动物以及甲壳动物都密不可分，一旦这些地方变得不适宜动物生存，这些海味将从我们的餐桌上永远消失。

即使广泛分布于沿海的鱼类，其中很多也要依赖近岸水域来产卵育苗。佛罗里达西海岸地势较低的区域有长满红树的河流，还有运河，里面有数不清的海鲢幼鱼。在大西洋沿岸，海鳟、黄鱼、平口鱼和石首鱼会在岛和“堤岸”间的海湾浅滩上产卵，这条“堤岸”像一条保护链排列在纽约南部的岸边。幼鱼孵出后随着潮汐穿过海湾。在海湾和海峡里——克里塔克湾、帕姆利科湾、博格湾等，它们能找到食物，并迅速成长。没有这些温暖、安全、食物丰富的育苗场，各种鱼群是无法生存的。然而，我们却对带来杀虫剂的河水或者在沿岸沼泽地喷洒的农药熟视无睹。

幼鱼更容易受到农药的直接毒害。另外，虾也要依靠近海的育苗基地。这种数量丰富、分布广泛的生物支撑着大西洋南部和墨西哥湾地区的渔业。虽然虾在海中产卵，但是小虾会在几周大的时候前往河口和海湾蜕皮并不断成长。从 5、6 月份一直到秋天，它们会待在那里，以水底的残屑为食。在整个的近海生活期间，虾群的数量的多少和捕虾活动是否顺利都取决于河口的条件是否有利。

杀虫剂会对捕虾和虾的供应形成威胁吗？答案可能就在商业渔业局最近所做的实验中。刚过了幼年期的食用虾对杀虫剂的抵抗力非常低，杀虫剂浓度大约是十亿分之一，而不是常用的百万分之一的标准浓度。在一次实验中，浓度仅为十亿分之十五的狄氏剂毒死了一半的虾。其他化学药剂毒性更强。各种化学药剂中有一种毒性最强的异狄氏剂，浓度仅为十亿分之零点五时，就杀死了一半的虾。

牡蛎和蛤蜊受到的威胁更加严重，同样也是幼体最易中毒。这些甲壳动物生活在从新英格兰到得克萨斯州的海湾、海峡和感潮河段的底部，以及太平洋海岸的荫蔽区域。虽然成年甲壳动物不再迁徙，但是它们会把卵产在海洋中，在那里幼体几周内就可以自由活动了。夏季的一天，一条船如果拖着一张细孔的拖网，会捕捉到各种浮游生物，其中就夹杂着极其细小、脆如玻璃的牡蛎和蛤蜊幼苗。这些透明的幼苗还不如一粒灰尘大，成群在水面游动，以微生物为食。如果海洋中的微生物消失了，它们就会饿死。然而，杀虫剂恰恰可以杀死大量的浮游生物。一些用于草坪、耕地、路边，甚至是海岸沼泽的除草剂对浮游植物伤害极大，一些只需十亿分之几的浓度就足以产生巨大影响。

脆弱的幼苗也会被极少量的杀虫剂杀死。即使接触了少于致死剂量的杀虫剂，幼体最终也会死亡，因为杀虫剂延缓了它们的发育。这意味着它们必须在危险的浮游生物中生活更久才能完成发育，因此减少了成活的概率。

对于成年软体动物而言，直接中毒的可能性较小，至少有一些杀虫剂威胁没有那么大。但是，这并不意味着它们可以高枕无忧了。毒素会在牡蛎和蛤蜊的消化器官和身体组织中不断积蓄。人们吃这两种食物时，经常全部吞下，有时还会生吃。商业渔业局的菲利普·巴特勒博士指出，我们的境地可能与知更鸟一样可怜。他提醒说，知更鸟不是因为直接接触 DDT 死亡的，而是吃了有杀虫剂的蚯蚓才丧命的。

昆虫防治直接造成了河流或者池塘的鱼类和甲壳动物突然死亡的后果，足以使人震惊，而且随着河流、小溪进入河口的杀虫剂造成的神秘莫测、难以估量的影响将会带来更大的灾难。整个事件充满了各种谜题，目前尚未获得令人满意的答案。我们知道，农田和森林的杀虫剂通过河流进入海洋。但是，我们并不知晓它们的种类有多少，数量有多大。一旦毒素进入海洋就会被高度稀释，目前我们还没有可靠的方法在这种状态下检测它们的种类。虽然我们知道化学品在漫长的旅途中肯定发生了变化，但是我们并不知道它们毒性是变强了还是减弱了。另一个有待探索的问题就是化学品之间的反应，当它们进入各种矿物质激荡混杂的海洋时，这一问题显得尤为紧迫。所有这些问题都急需通过全面的研究找出准确的答案，然而这方面的研究经费少得可怜。

淡水和海洋渔业关乎许多人的利益和福祉，其重要性不言而喻。毫无疑问，现在它们受到了水体中化学品的严重威胁。如果能从每年研究强毒药剂的经费中拿出一小部分，用于建设性的研究，我们就能较少地使用这些毒剂，并使河流免受其害。公众什么时候会认清事实，且主动要求这样做呢？

# 第十章

# 祸从天降

蔬菜园、奶牛场、鱼塘、盐沼都被喷了药。飞机飞到郊区时，一名家庭主妇正急着把自家的花园遮上，而她的衣服被药剂淋湿了，杀虫剂还洒向正在玩耍的孩子们和火车站的上班人群。

农田和森林上空的初始喷药范围很小，但一直在扩大，用药量也一直在增加，所以一位英国生物学家把它称为“死亡之雨”。我们对毒素的态度已经发生了微妙的变化。这些化学品曾经装在印有骷髅标志的容器里，也会注明它们仅限于敌害目标，严禁滥用。随着新型有机杀虫剂的问世，加上二战后飞机过剩，这些原则都被抛到了九霄云外。现在的化学品比以往的更加危险，使人不解的是，人们却肆无忌惮地把它们从空中洒下来。在化学药剂覆盖的地方，不仅是目标虫害或植物，还包括各种生物——人和其他生物，都会尝到毒药的恶果。人们不仅给森林和耕地喷药，也给大小城市镀了一层药膜。

现在已经有很多人开始对大规模的空中喷药产生了担忧，20 世纪 50 年代末的两场大规模喷药行动加重了人们的疑虑。这两次行动分别针对东北部各州的舞毒蛾和南部的火蚁。这两种昆虫都不是本地物种，但已在美国生存多年，并没有造成多大危害，所以没有必要采用极端措施。然而，在农业昆虫防治部门“为达目的不择手段”的指导方针下，人类还是对它们展开了猛烈的攻击。

消灭舞毒蛾的行动表明，当轻率的、大规模的行动取代了局部的、有节制的防治计划后，会造成多么大的损失。针对火蚁的行动就是一个小题大做的典型，在完全不知道灭虫所需的杀虫剂剂量，也没弄清杀虫剂对其他生命可能影响的情况下，就鲁莽行动。结果，两次行动均以失败而告终。

舞毒蛾本来在欧洲生活，进入美国已经有将近 100 年的时间了。1869 年，一位法国科学家奥博德·特罗威特在马萨诸塞州梅德福市的实验室不小心把几只舞毒蛾放了出去，当时他正尝试将舞毒蛾与家蚕杂交。之后，舞毒蛾渐渐在新英格兰地区扩散开来。其首要因

**舞毒蛾**

舞毒蛾以阔叶木和针叶木的叶子为食，已被列为世界百大外来入侵种之一。根据 2011 年的一份调查报告，舞毒蛾已成为目前美国东岸地区最具破坏性的昆虫物种之一。

素是风——舞毒蛾幼虫非常轻，可以被吹到很远的地方。另一种方式是植物的传送，它们携带了大量过冬的虫卵。每年春天，舞毒蛾毛虫都会连续好几个星期持续破坏橡树和其他硬木的叶子，如今它们已经遍布新英格兰的所有地区。新泽西也零星出现了它们的踪迹，1911 年一批从荷兰运来的云杉树把它们带了进来。目前尚未得知它们是怎样进入密歇根州的。1938 年，新英格兰的飓风把舞毒蛾吹到了宾夕法尼亚和纽约州。不过，阿迪朗达克山充当了它们的天然屏障，阻挡了它们西行的脚步，因为那里生长的树木不合它们的胃口。

人们已经用尽了各种方法，把它们限制在美国东北一角，而且自美国出现舞毒蛾之后的近 100 年里，并没有证据显示它们入侵了阿巴拉契亚山脉的硬木林，这样的担忧也是多余的。从国外引进的 13 种寄生虫和捕食性昆虫在新英格兰地区已经蓬勃生长起来了。农业部也认可了引进计划的效果，认为它们降低了舞毒蛾泛滥的频率和危害。这种自然控制外加检疫和局部喷药的方法取得了良好的成效。1955 年，农业部称这些措施“出色地限制了它们的扩散和危害”。

然而，就在农业部表态一年后，农业部植物虫害防治部门就开展了一项新计划，扬言要彻底“铲除”（“铲除”的意思是使一个物种在某个地方完全灭绝。然而，由于几次计划相继失败，农业部不得不再三用到“铲除”这个词）舞毒蛾，因此每年要给几百万英亩

19 世纪，在美国的瓦尔登湖，人们会以人工刮除的方式消除榆树上舞毒蛾的虫卵。舞毒蛾的卵可以在刮除收集后通过酒精、沸水浸泡或焚烧来销毁。

的土地喷药。

农业部开展了全力以赴、规模宏大的化学战。1956 年，宾夕法尼亚、新泽西、密歇根和纽约共有将近 100 万英亩土地进行了喷药处理。这些地区的人们纷纷抱怨喷药造成的损害。随着大规模喷药模式的确立，环保人士愈发担忧。1957 年，当农业部宣布要对 300 万英亩的土地进行化学处理后，反对的声音更强烈了。面对人们的抱怨，州政府和联邦农业部的官员总是耸耸肩，认为这事根本不值得大惊小怪。

1957 年，长岛被划入喷药范围，这里包括人口稠密的城镇和郊区，还有一些与盐沼毗邻的海岸地区。长岛纳苏郡是这个州除纽约市外人口最多的地区。“纽约市已经被舞毒蛾侵袭”，这一说法被拿来作为喷药的论据，真是荒谬到了极点。因为舞毒蛾是一种森林昆虫，不会生活在城市中。它们也不会在牧场、耕地、花园或沼泽中生存。然而，1957 年，由美国农业部和纽约农业与商业部雇佣的飞机还是把 DDT 不偏不倚地洒了下来。蔬菜园、奶牛场、鱼塘、盐沼都被喷了药。飞机飞到郊区时，一名家庭主妇正急着把自家的花园遮上，而她的衣服被药剂淋湿了，杀虫剂还洒向正在玩耍的孩子们和火车站的上班人群。在希托基特，一匹优良的夸特马正在水槽边喝水，结果被飞机喷了个正着，10 个小时后就死了。汽车上被喷得油渍斑斑，花儿和灌丛也遭到毁灭。鸟、鱼、蟹以及很多益虫被统统杀死。

一群长岛市民在世界著名鸟类学家罗伯特·库什曼·墨菲的带领下，上诉法院，要求停止喷药计划。最初上诉被驳回，无奈的市民只能承受漫天飞舞的 DDT 药剂，但是他们坚持上诉，要求实行喷药的永久禁令。然而，由于判决已经执行，因此法院判定市民的请求

**罗伯特·库什曼·墨菲**

（Robert Cushman Murphy，1887—1973）美国伟大的鸟类学家。他曾在 1951 年发现了被认为灭绝了 330 年的百慕大海燕。墨氏圆尾鹱以其姓氏命名。

"毫无意义"。这件案子一直上诉到最高法院，却被拒绝审理。威廉姆·道格拉斯法官对法院拒绝复审的决定表示了强烈不满，他表示："许多专家和官员提出的 DDT 危害，足以说明这一案件对民众的重要性。"

长岛市民提出的诉讼至少使公众开始关注大规模使用杀虫剂的问题，并注意到了公民的个人财产遭受侵犯的倾向。

对很多人而言，为消灭舞毒蛾而使牛奶和农产品受到污染是一个不幸的意外事件。纽约州维斯切斯特县北部 200 英亩的沃勒农场上发生的事就是其中一例。沃勒夫人曾特别叮嘱农业官员不要在她家的农场喷药，但是森林喷药根本不可能避开她的农场。她提出，可以对农场进行检查，如果发现舞毒蛾，可以针对某些区域进行喷洒。虽然官员们向她保证不会喷到农场，但她的农场还是被直接喷洒了两次，还有两次被附近飘来的药剂侵袭。48 小时后，沃勒农场格恩西纯种奶牛的牛奶样品中检测出 DDT 浓度为百万分之十四。野外的草料也受到了污染。尽管当地卫生部门知道了事情的经过，却没有禁止牛奶的销售。这只是消费者缺少保护的一个典型案例，而类似的情况不胜枚举。虽然美国食品药品监督管理局禁止含有杀虫剂残留的牛奶出售，但该禁令并没有得到认真执行，而且禁令只适用于州际交易。州内以及郡县没有必要遵守联邦的杀虫剂规定，除非联邦法律与当地法律一致，但是这种可能性微乎其微。

商品蔬菜园同样损失惨重。一些蔬菜的叶子上满是窟窿和斑点，因而难以出售。其他蔬菜都有严重的农药残留——康奈尔大学农业实验中心在一个豌豆样品中发现的 DDT 浓度为百万分之十四到百万分之二十二。而法律规定 DDT 残留浓度最高为百万分之七。因此，菜农都蒙受了巨额损失或者卖出了带有农药残留的农产品。一些人因此申请到了赔偿。

随着空中喷洒的 DDT 逐渐增多，法院接到的诉讼也不断增加。其中有一些是来自纽约州的养蜂户。在 1957 年之前，果园喷洒的 DDT 就已经给他们造成了巨大损失。一名养蜂户痛苦地说："在 1953 年前，我会把农业部和农学院的每个政策当作真理。"但是，1953 年 5 月，州政府对一大片区域喷药后，这个人损失了 800 个蜂群。人们承受损失的涉及面广、后果严重，所以另外 14 个养蜂户和他一起状告州政府，要求赔偿 25 万美元的损失。另一名失去了 400 个蜂群的人说，一片森林区的工蜂（外出采蜜并传授花粉）一个不剩了，在另一片喷药较轻的农场，50% 的工蜂被毒死了。他说道，"5 月份的时候走进院子里，却听不到嗡嗡的蜜蜂叫，真是让人难受死了"。

消灭舞毒蛾的计划中充斥着各种不负责任的行为。由于喷药佣金结算不是根据喷洒的面积，而是根据施用的药量，所以飞行员们没有必要那么小气巴拉的，很多地方被喷了不止一次。空中作业合同常常被州外的公司拿下，这些公司并没有在州政府注册，因此也没有明确的法律责任。在这种状况下，蒙受损失的人们也十分迷茫，不知道到底应该将谁告上法庭。

经过 1957 年的灾难后，政府突然缩减了喷药面积并发表了含糊的声明，宣称要“评估”过去的工作，并测试其他杀虫剂。1957 年的喷药面积为 350 万英亩；1958 年，降到了 50 万英亩；1959 年到 1961 年，又降到了 10 万英亩。在此期间，昆虫防治部门一定会因为长岛的事情颇感尴尬。舞毒蛾卷土重来，而且数量惊人。昂贵的喷药计划本打算铲除它们，最后却适得其反，也使农业部失去了公众信任和良好信誉。

这时，农业部病虫害防治人员暂时把舞毒蛾抛在了脑后，转而在南部开展了另一项更宏大的计划，这一次他们雄心勃勃。“铲除”又一次轻松地出现在农业部的文件中—— 这一次，他们承诺要彻底消灭火蚁。

火蚁，因其火红的毛刺而得名，从南美经亚拉巴马州莫比尔港进入美国。第一次世界大战后不久，莫比尔港就发现了火蚁。到了 1928 年，火蚁已经扩散到了莫比尔郊区，然后继续蔓延，如今已经进入了南部大多数州郡。

火蚁自进入美国 40 多年来，好像从未引起人们的注意。只有在火蚁最多的州，人们才有点讨厌它们，这是因为它们会筑起一英尺多高的巢穴。这些巢穴会影响农机作业。只有两个州把它们列入了害虫名单，但都在名单底部。政府和个人似乎都觉得火蚁不会构成什么威胁。

随着具有强大杀伤力的化学药剂研制出来，官方对火蚁的态度

**红火蚁**

本书中的火蚁指红火蚁，其腹部末端带有螯针，动物被其螯针刺伤后毒素会进入体内，严重的情况下会因全身性过敏而休克，甚至导致死亡。“火蚁”的俗名是在描述被其螯针刺后如火烧般的疼痛感，有时会出现如灼伤般的水泡。

突然转变了。1957 年，美国农业部发动了历史上最引人瞩目的宣传活动。官方媒体、电影镜头、政府报告都大肆宣扬火蚁杀死了南部的鸟类、牲畜和人类，把它们描绘成了掠夺者。人类开始了声势浩大的计划，联邦政府将与深受其害的南方 9 州联合，对约 2000 万英亩土地进行处理。1958 年，消灭火蚁的计划正紧锣密鼓开展的时候，一家商业杂志兴奋地报道说：“农业部开展的大规模害虫清理计划逐步增加，美国杀虫剂生产商将经历一次销售热潮。”

除了“销售热潮”的直接受益人，这项计划被千夫所指，比以往任何计划所受到的责难都有过之而无不及。这是一次想法拙劣、执行力差、有百害而无一利的惊世骇俗之举，其结果是劳民伤财、残害生命，还使农业部失去了公众的信任。然而，令人不解的是，该计划竟然还有源源不断的资金投入进来。

一些被群众嗤之以鼻的说辞，起初却赢得了国会的支持。他们称火蚁会破坏农作物，攻击地面上孵化的幼鸟，进而对南部农业构成严重威胁。还有人说，它们的刺会伤害人类。

这些说法合理吗？想得到拨款的农业部观察员所作的声明与农业部的重要文件内容并不一致。1957 年的公报《控制昆虫、保护庄稼和牲畜——杀虫剂推荐品牌》中并没有提到火蚁。如果这份公报确实是农业部发出的，这个“遗漏”简直不可思议。此外，1952 年农业部出版的昆虫百科年鉴，洋洋洒洒地写了 50 万字，却只有一小段提到了火蚁。

针对农业部所称火蚁毁坏庄稼、攻击牲畜的无端指责，亚拉巴马州农业实验中心经过仔细研究得出了相反的结论，这里的人对火蚁再熟悉不过了。据亚拉巴马的科学家说，“很少见到火蚁会毁坏植物”。艾伦特博士是亚拉巴马州工学院的昆虫学家，他在 1961 年开始担任美国昆虫协会主席，他表示他的部门“在过去 5 年没有收到一个火蚁破坏植物的报告……也没有发现牲畜受到伤害”。这些专家通过实地观察和实验室研究得出结论，火蚁主要以其他昆虫为食，其中很多对人类来说是害虫。有人观察到，火蚁会吃掉棉花上的象鼻虫幼虫。它们堆土筑巢的行为也会使土壤空气畅通，有利于土壤排水渗透。密西西比州立大学所作的调查有力地支持了亚拉巴马州的研究结论，而且远比农业部的证据更令人信服，因为后者仅仅根据以往经验或对农民的访问得出结论，而农民经常把不同种类的蚂蚁搞混。一些昆虫学家认为，随着火蚁的数量增加，其生活习性也有所改变，因此几十年前的观察结果几乎没有任何价值可言。

同样，火蚁威胁人类健康和生命的观点也是杜撰的。在一部农业部赞助的宣传电影中（旨在为计划争取支持），围绕火蚁的刺炮制了很多恐怖的镜头。诚然，被火蚁刺到很疼，就像当心黄蜂和蜜蜂一样，人们经常受到提醒尽量不要被它们刺到。个别敏感的人偶尔会发生严重反应，医学文献中记载了可能是由火蚁毒液引起的一起死亡案例，但是并未得到证实。相比较而言，人口统计局仅在 1959 年一年，就记录了 33 人因被蜜蜂和黄蜂螫到而死亡。但是，并没有人建议要“清除”这些昆虫。

当地的证据仍是最具说服力的。火蚁已经在亚拉巴马州生存了40多年，数量最多，而且当地卫生官员称“从没有人类因为火蚁叮咬而死的记录”。他认为，火蚁叮咬引起的病例也是“偶然”的。火蚁在草坪或者操场筑巢，孩子们可能被叮咬，但这绝不是给数百万英亩土地喷药的理由。针对性地处理一些巢穴就可以轻而易举地解决这些问题。

火蚁危害鸟类的言论也是毫无根据的。亚拉巴马州奥本市野生动物研究中心主任莫里斯·贝克博士在这方面最具发言权，他在这一地区工作多年，经验丰富。贝克博士的观点与农业部的看法截然相反。他说：“在亚拉巴马南部和佛罗里达西北部，我们可以见到很多鸟，而且北美鹑能与大量的火蚁共存。……自亚拉巴马南部有了火蚁以来，40年间，鸟的数量稳定增长。如果火蚁严重危害野生动物的话，这样的事是不会发生的。”

用来对付火蚁的杀虫剂会对野生动物造成什么影响则是另一个问题。使用的化学品为狄氏剂和七氯，它们都是新型化学药剂。这两种农药没有在野外使用过，更没有人知道大规模喷洒它们会对鸟类、鱼类以及哺乳动物产生什么影响。当时了解到的信息就是这两种药剂的毒性都比DDT强很多倍，而那时，DDT已经使用了将近10年，每英亩1磅的剂量已经毒死了一些鸟类和很多鱼类。但是狄氏剂和七氯的用药量更重，大部分情况下为每英亩2磅，如果恰好有白缘象甲的话，狄氏剂的施用剂量则是每英亩3磅。这些杀虫剂对鸟类的毒性更大，七氯的规定剂量相当于每英亩20磅的DDT，而狄氏剂的规定剂量则相当于每英亩120磅的DDT！

大多数州的环保部门、联邦环保机构、生态学者以及一些昆虫学家都发出了紧急抗议，要求时任农业部长伊拉斯·本森推迟计划，至少要等搞清七氯和狄氏剂对野生动物和家畜的影响，并掌握了控制火蚁所需的最小剂量之后再开展计划。有关部门完全无视这些抗议，喷药计划于 1958 年如期开展。第一年，就有 100 万英亩土地受到处理。很明显，此时任何研究都成了马后炮。

随着喷药行动的继续，州和联邦的野生动物机构生物学家以及一些大学所做的研究逐渐揭示出了真相。根据研究结果，在某些喷药区域，野生动物均受到了不同程度的影响，有的甚至灭绝了。很多家禽、牲畜和宠物也被杀死了。农业部以伤亡报告“夸大”和“误导”为由，对于造成的损失视而不见、充耳不闻。

然而，真相还是逐渐浮出水面。在得克萨斯州哈丁郡，喷药过后，负鼠、犰狳以及大量浣熊几乎全部消失。即使在喷药过后的第二年秋天，这些动物也难以见到。发现的几只浣熊体内也检测出了化学物质残留。

喷药地区的死鸟一定吸收或吃了对付火蚁的药剂，对鸟类身体组织的化学分析也证实了这个事实（唯一幸存的是麻雀，其他地区的情况也证明它们免疫力较强）。在 1959 年喷过药的亚拉巴马州的一片土地上，一半的鸟儿被杀死了。在地面活动或经常在低矮植被间活动的鸟类全部死亡。即使在喷药一年后，春天还是有鸣禽死亡，很多适合筑巢的地区都异常安静。在得克萨斯州，鸟巢里发现了死去的燕八哥、美洲雀和草地鹨，很多鸟巢都荒废着。得克萨斯州、路易斯安那州、亚拉巴马州、乔治亚州和佛罗里达州发现的死鸟被送到鱼类与野生动物管理局分析后，发现有 90% 的鸟类体内含有狄

**丘鹬**

丘鹬又名山鹬，为鹬科丘鹬属的鸟类，是一种中小型涉水禽鸟。它的飞行速度约为 5 英里每小时，是世界上飞行速度最慢的鸟类。一步三晃的走路姿势也十分有趣，但它为何这样走路目前尚无公认结论。

氏剂或七氯残留，浓度高达百万分之三十八。

北方繁殖的丘鹬会在路易斯安那过冬，如今它们体内已经发现了用于“铲除”火蚁的化学物的残留。原因非常明显，丘鹬一般用长长的喙找食吃，主要以蚯蚓为食。喷药 6 至 10 个月后，路易斯安那幸存的蚯蚓体内发现七氯的浓度高达百万分之二十。一年之后，其体内的化学物残留浓度仍有百万分之十。丘鹬中毒的后果可以在喷药 4 个月后幼鸟和成鸟的比例中看出一些端倪。

北美鹑的情况最令南方狩猎者苦恼。在喷过药的地方，在这里筑巢觅食的鸟儿几乎灭绝。亚拉巴马州野生动物联合研究中心的生物学家对预定喷药的 3600 英亩土地上的北美鹑做了初步统计，发现该地区生活着 13 个鸟群，共 121 只北美鹑。喷药两周后，这里只发现了死去的北美鹑。所有被送到鱼类与野生动物管理局的北美鹑体内都检测出了致死剂量的杀虫剂。得克萨斯州发生的悲剧就是这里的翻版，一片 2500 英亩的土地被喷药处理后，当地所有的北美鹑都死了。而且，除了北美鹑，90% 的鸣禽也死于非命。它们的体内都检测出有七氯残留。

除了北美鹑，野火鸡的数量也因灭蚁计划严重萎缩。在喷洒七氯之前，亚拉巴马州威尔考克斯郡有 80 只野火鸡，但是喷药之后的那年夏天，一只也找不到了—— 一只也没有，只剩下一窝未孵化的蛋和一只死了的雏鸟。家养火鸡与野火鸡的命运一样，在喷药地区的农场里，火鸡下蛋量很少。只有极少的蛋可以孵化，但是几乎没有小鸡存活。附近未喷药的地区没有出现这种情况。

火鸡的命运绝不是个案。美国家喻户晓、备受尊敬的野生动物学家克莱伦斯·科塔姆博士走访了一些农户。农民们反映，喷过药后，所有的小鸟都消失了。除此之外，很多人报告说，自己的牲畜、家禽和宠物也死了。科塔姆博士说:“有个人对喷药特别气愤。他把自家19头因中毒而死的奶牛埋了或者用其他方式处理掉了。他还知道，另外四五头牛也是中毒死的。那些出生后只会吃奶的小牛犊也死了。”

科塔姆走访过的人们，都为这几个月内发生的事情困惑不解。一名妇女告诉他，在喷药后，她养了几只母鸡，“但是莫名其妙的是，没有小鸡孵出来或者存活下来”。另一名农夫养了一些猪，“喷药9个月后，都没有猪仔出生。后来的小猪仔要么一出生就是死的，要么出生后就死了”。另一名养殖户也报告说，本来预计有250头猪仔出生，结果只生了37头，而且仅有31只活了下来。另外，喷药之后，他再也养不活鸡了。

农业部一直在否认牲畜损失与灭蚁计划有关。佐治亚州班布里奇的一名兽医奥迪斯·波伊特文博士曾被请去医治中毒的动物，他认为是杀虫剂造成了动物的死亡，他的理由总结如下：喷药两周或几个月内，牛、羊、马、鸡、鸟以及其他野生动物都患上了一种致命的神经系统疾病。然而，这种病只出现在接触了有毒的食物或水源的动物身上，圈养的动物并没有受到影响。波伊特文博士以及其他兽医观察到的现象，与权威资料中所述狄氏剂或七氯中毒的症状完全一样。

火鸡的死亡令人疑惑。

波伊特文博士还描述了一个两个月大的牛犊七氯中毒的有趣情节。在对牛犊进行了彻底的检查后，发现其脂肪内存在浓度为百万分之七十九的七氯。但是，此时喷药结束已经5个月了。牛犊是吃草中毒，还是喝奶中毒，或者在胚胎时期就已经中毒了？波伊特文博士接着问道："如果是喝奶中毒的话，为什么没有采取预防措施保护孩子们？他们喝的都是当地的牛奶啊！"

他的报告提出了牛奶污染这一重要议题。灭蚁计划的主要地区是田野和庄稼地。在这些地方吃草的奶牛状况如何呢？喷药地区的草上一定会有某种形式的七氯残留，如果牛吃了这些草，毒素一定会进入牛奶中。1955年，在防治计划实行之前，早就有实验证明七氯可以直接侵入牛奶，后来狄氏剂的实验结果也一样，这两种药都在灭蚁计划中派上了用场。

如今，农业部的年刊已经把七氯和狄氏剂列入了一个不适于产奶和肉食动物饲料用药的化学品名单。但是，防治部门还是在大片的牧区喷洒了这两种药剂。谁敢向消费者保证牛奶里不会有狄氏剂或七氯的残留呢？农业部门一定会说，他们已经建议农民把奶牛赶出喷药区30到90天了。考虑到很多农场都很小，而防治规模又如此之大——大多使用飞机作业，这种建议是否得到遵守或者其可行性都十分可疑。即使从药物残留的持久性来看，建议的隔离时间也远远不够。

虽然美国食品药品监督管理局对牛奶中出现农药残留十分不满，但他们的权力很有限。在防治计划内的大部分州，乳制品行业规模都很小，他们的产品一般都会在州内销售。因此，保护牛奶供应不受联邦喷药计划的影响就成为州政府的责任了。1959年对亚拉巴马州、路易斯安那州以及得克萨斯州的卫生官员或有关人员所做的调查表明，他们并没有进行任何检测，因此牛奶是否受到污染也不得而知。

与此同时，在灭蚁计划推行后，人们针对七氯的特性进行了一些研究。或者更确切地说，是有人查阅了之前的研究。其实，促使联邦政府亡羊补牢的事实早在几年前便发现了，这原本是可以影响到最初的防控计划的。这就是七氯在动植物组织或土壤中滞留一段时间后，会转变为另一种毒性更强的物质——环氧七氯。环氧化物一般用于形容风化作用产生的“氧化物”。自 1952 年起，人们就知道这种转化的可能，当时美国食品药品监督管理局发现，雌鼠被喂食浓度为百万分之三十的七氯两周后，其体内会产生百万分之一百六十五的环氧七氯。

1959 年，这些真相终于从生物学阴暗的角落走向了大众。当时，美国食品药品监督管理局果断采取了禁止任何食品中含有七氯或其氧化物残留的措施。这一法令至少暂时阻止了喷药计划。虽然农业部要求继续为灭蚁计划拨款，但是地方农业顾问不再建议农民使用杀虫剂，否则的话，他们的农作物可能无法出售。

简单说来，农业部根本没有对所使用的农药做基本的调查就力推喷药计划，或者即使调查了，也有意忽视调查结果。他们也没有提前做研究来确定最小剂量。大剂量喷药 3 年后，他们突然在 1959 年把七氯的剂量从每英亩 2 磅降至每英亩 1.25 磅；之后又降到每英亩 0.5 磅；接着，在间隔 3 到 6 个月的两次喷药中均降到了每英亩 0.25 磅。农业部的一名官员解释道，“一项积极的改进计划”显示小剂量使用是有效的。如果在喷药之前就获悉这样的信息，可以避免大量不必要的损失，也可以节省纳税人的大笔资金。

可能是为了平息越来越多的不满，从 1959 年开始，农业部为得克萨斯农场主免费提供药剂，但是他们要签一份声明，如果造成损失，不会追究联邦、州和当地政府的责任。同一年，亚拉巴马州政府为化学品带来的损失深感震惊和愤怒，决定不再为这项计划拨款。一名当地官员将整个计划描述为“愚蠢、草率、拙劣的行动，而且这种恣意妄为是对其他公共和个人权利的公然践踏”。虽然失去了州政府的财政支持，联邦资金仍源源不断地流入亚拉巴马州的喷药计划——1961 年，立法机构又被说服，拨了一小笔资金。与此同时，路易斯安那州的农民不愿意再接受喷药计划了，因为灭蚁药剂引发了危害甘蔗的昆虫大量繁殖。更关键的是，喷药计划没有任何效果。1962 年春天，路易斯安那州立大学农业实验室中心昆虫研究室纽森博士对这种惨淡场景做了简要概括：“州和联邦机构联合展开的‘铲除’火蚁计划是一次彻底的失败。现在，路易斯安那州的虫害面积反而比计划实施之前扩大了。”

一种更理智、稳妥的处理计划似乎已经开始。佛罗里达州政府报告说：“如今佛罗里达州的火蚁比计划开始前还要多。”他们宣布放弃防治计划，转而采取小范围控制措施。

廉价有效的局部控制方法多年来早已为人们所熟知。火蚁有堆土筑巢的习惯，使得单个巢穴处理起来特别容易。用这种方法处理，每英亩土地仅需 1 美元。密西西比农业实验室中心研制出一种耕田机，它可以先推平巢穴，然后往里面直接注入杀虫剂，它为蚁堆较多、需要机械作业的地区提供了便利。这种方法可以实现 90% 到 95% 的火蚂控制率，每英亩土地的成本仅是 0.23 美元。相比之下，农业部大规模的防治计划每英亩土地的成本是 3.5 美元——费用最高、损失最大，效果还很不理想。

## 第十一章

# 无法想象的后果

对大多数人而言，日复一日、年复一年地与无数小剂量药剂直接接触更令人担忧。“几乎没有完全不含DDT的食物”的事实令当时的每个人都可以在日常生活中轻易接触到毒素。

地球的污染不仅仅是大规模的喷药问题。事实上，对大多数人而言，日复一日、年复一年地与无数小剂量药剂直接接触更令人担忧。就像水滴石穿一样，人在从生到死的过程中持续与化学品接触将导致灾难性的后果。反复接触化学药剂，即使很微量，也会使化学毒素在我们体内逐渐积累，导致慢性中毒。没人能避免与不断扩散的化学污染接触，除非他生活在与世隔绝的地方。普通市民受了商家的引导和蛊惑，不会觉察到身边的致命物质：实际上，他们可能不知道自己正在使用这些材料。

毒药时代已经彻底到来，任何人进入一家商店，随便挑选一些东西，它们具有的毒性都比药店的药品强，只不过在药店还需要在登记表上签字。只要他具备一些所选化学品的基本知识，在任何一家超市调查几分钟，结果便足以令最勇敢的顾客胆寒。

如果杀虫剂上方挂一个骷髅图案，顾客进入商店的时候就会小心一点。但是，我们见到的画面是令人舒适愉快的，一排排杀虫剂整齐地摆放在货架上，通道另一侧的货架上就放着腌菜和橄榄，附近还摆放着洗澡和洗衣服用的肥皂。盛放化学药剂的玻璃容器很容易被小孩够到。如果孩子或者大人不小心把容器碰到了地上，农药可能溅到附近人的身上引起中毒，就像喷药作业人员会发生抽搐甚至死亡一样。当然，这些危险会随着顾客进入他们家里。比如，一小罐防蛀材料上会用极小的字体来印刷警告，说明本产品高压填装，加热或遇到明火可能会引起爆炸。有一种普通的家用杀虫剂（还有各种厨房用途）叫作氯丹。然而，美国食品药品监督管理局的首席药物学家宣布，在喷洒了氯丹的屋子里居住是“非常危险的”。此外，其他一些家用化学制剂中含有毒性更强的狄氏剂。

这是1947年6月30日《时代》杂志刊登的DDT广告。在最明显的位置上，家畜、作物和人类都在大声宣布“DDT对我有好处！”广告还列举了包括食用肉、水果、家庭、农作物、乳品、工业在内的诸多DDT应用场景，并表明DDT消灭了这些场景中的害虫，发挥了很大的积极作用。

厨房中化学制剂的使用很吸引人，也很方便。橱柜衬纸有白色的，也有其他颜色可供挑选。这种纸可能已经用杀虫剂浸染过了，而且是正反面都浸染过。生产厂家会为我们提供一个自助手册，以指导我们如何灭虫。我们可以轻而易举地把狄氏剂喷到够不着的柜橱、房间和脚板的角落和缝隙中去。

如果我们被蚊子、沙螨或其他害虫困扰，可以选择各种乳液、护肤霜和喷剂，洒在衣服上或者涂在身上。尽管我们已经获知警告这些物质可以溶于清漆、油漆和混合纤维中，但是我们很可能会想当然地认为人类皮肤就像铜墙铁壁，是无法渗透的。为了让我们灭虫更加方便，纽约一家专营店推出了一种袖珍喷雾器，可以放在钱包、沙滩盒、高尔夫球具和渔具里。

我们可以在地板上涂上一种蜡，保证可以杀死所有路过的昆虫。我们还可以在柜橱和衣服袋里挂上浸过林丹的布条，或者把布条放进抽屉里，半年之内不会有蛀虫。但广告里没有提到林丹是一种危险的化学品。广告也没有说明林丹电子喷雾剂的毒性——仅说这种设备安全、无异味。实际上，美国医学会认为林丹加湿器是一种危险设备，并在他们的刊物上发起了抗议。

农业部在一份家居与园艺刊物上建议人们使用DDT、狄氏剂、氯丹或其他杀虫剂处理衣物。农业部声称，如果喷洒过度，在衣物上留下白色杀虫剂沉淀的话，可以用刷子刷掉它，却没有人告诉我们应该在什么地方刷和怎样刷。做完所有的事，我们还是以杀虫剂结束一天的生活，因为我们盖的毛毯也用狄氏剂浸染过了。

现在，园艺也与超级毒药密不可分了。在每个五金店、园艺用品店和超市都有成排的杀虫剂出售，可满足各种园艺之需。还没有充分利用这些药物的人们好像有点玩忽职守了，因为所有报纸的园艺版面和大部分园艺杂志都认为使用这些药剂是理所当然的。

快速致死的有机磷杀虫剂也被广泛应用于草坪和观赏植物。1960年，佛罗里达健康委员会认为，禁止没有获得许可、未达要求的任何人在住宅区使用杀虫剂是必要的。在发布禁令之前，佛罗里达州已经出现了一些因硫磷中毒致死的案例了。

然而，没有人提醒园艺工人和房主，他们正在使用极其危险的化学品。相反，市场上接二连三地出现了很多新设备，使得在草坪和花园里喷洒药剂更便捷，同时也增加了园艺工人与化学品接触的概率。比如，人们可以在塑料软管上外加一个罐装设备，像氯丹或狄氏剂等危险化学品就可以像洒水一样喷到草坪上。这样的设备不仅会危害到拿着管子的人，还会危及别人。《纽约时报》认为有必要在其园艺版面上刊登一个注意事项，以提醒人们使用保护装置，否则毒素会因为反虹吸作用进入供水系统。鉴于喷药设备的广泛使用，而相应的警示又是如此匮乏，我们还有必要对公共水源的污染感到不解吗？

为了了解园艺工身上会发生什么事情，我们来看一下一名医生—— 一个热情的业余园艺师的例子。起初，他在自家的灌木和草坪上使用DDT，后来使用了马拉硫磷，而且每周都要喷药。有时候，他会手持喷壶，有时候在塑料管上加上一个设备。他的皮肤和衣服上总是沾满药剂溶液，弄得浑身湿漉漉的。就这样，大约一年后，他突然病倒住院了。医生检查了他的脂肪活体样本后，发现了百万分之二十三的DDT残留。他的神经严重受损，主治医生说可能是永久性的伤害。随着时间的推移，他变得瘦骨嶙峋、疲惫不堪、肌肉无力，这就是马拉硫磷中毒的典型症状。由于这些持续性的严重症状，他已经不能给别人看病了。

除了曾经安全的花园塑管外，割草机也安装了喷药设备，当房主割草的时候，这种设备就会喷出一阵阵烟雾。所以，除了具有潜在危险的燃油尾气之外，空气中又增添了分布均匀的杀虫剂颗粒。郊区居民放心大胆地使用这种割草机，大大增加了他脚下的污染，其污染程度几乎超过了任何一座城市。

然而，没有人提出园艺或居家使用杀虫剂的危害——标签上的字体小到难以辨认，很少有人去看，或者照做。最近，一家公司做了一些调查，希望确认一下多少人会看说明。他们的调查结果显示，使用杀虫剂喷雾或者喷剂的每 100 人里，不超过 15 个人会看包装上的警告。

现在的郊区居民有一种习惯，就是要不惜一切代价铲除马唐草。旨在消灭这种讨厌植物的袋装化学品几乎成了一种地位的象征。单从各种除草剂的品牌名称上根本看不出它们的种类和特性。要想知道它们的成分，你必须仔细寻找犄角旮旯里的小号字体。五金店或园艺用品店里的产品说明书很少涉及这些化学品处理和使用过程中的危害。相反，这类产品的典型说明书呈现的是一个欢乐的场面，爸爸和儿子笑着准备给草坪喷药，孩子和小狗在草地上欢快地打滚儿。

食品中的化学残留是一个热点问题。药物残留问题要么被生产厂家轻描淡写地蒙混过关，要么遭到断然否认。同时，社会上有一种强烈的倾向，给那些“无理取闹”地要求食物不准使用杀虫剂的人们，扣上“激进分子”或者“邪教暴徒”的帽子。在这些争论的迷雾中，真相到底是什么样的呢？

医学已经证实，在DDT到来之前（1942年）出生或者死亡的人体内，是不含DDT及其类似药剂的。正如第三章提到的，从1954年到1956年提取的人类脂肪样品中含有浓度为百万分之五点三到百万分之七点四的DDT。已有证据表明，DDT残留的平均水平已经稳步上升到了新的数值，那些因职业或者其他特殊因素接触杀虫剂较多的人群体内残留浓度更高。

没有直接接触杀虫剂的人们，其体内脂肪的DDT可能来自食物。为了验证这个假设，美国公共卫生署的一个科学工作组对饭店和食堂的食物进行了调查。结果每种食品都含有DDT。由此，调查者有充足的理由相信，“几乎没有完全不含DDT的食物”。

在这些饭菜中，DDT的含量可能很高。公共卫生署的一项独立研究对监狱饭菜进行分析说明，发现像炖果干这类饭菜中的DDT浓度为百万分之六十九点六，面包里的DDT浓度为百万分之一百点九！在普通家庭的饮食中，肉类和动物脂肪制品中氯化烃的含量最高。因为这些化学毒素溶于脂肪。水果和蔬菜的残留相对较少。如果有残留的话，是无法洗掉的，唯一的办法就是剥去生菜、卷心菜这类蔬菜的外层叶子，然后扔掉；要是水果的话，就要削去外皮，果皮和外壳也要丢掉。烹调是不能破坏或分解药物残留的。

美国食品药品监督管理局规定牛奶等几种食品中禁止含有杀虫剂残留。但实际上，只要检验必定会发现残留。黄油和其他奶制品的杀虫剂残留浓度最高。1960年，检测人员对461种这类产品检测后发现，三分之一都有药物残留。对此，美国食品药品监督管理局表示情况“很不乐观”。

如果想要找到不含DDT及其相关化学品的食物，他必须去一个遥远偏僻、简单原始、尚无发达设施的地方。这种地方虽然极少，但还是有的，比如阿拉斯加的北极沿海地带。不过即使在这里，也能发现污染正悄悄逼近。科学家发现，当地因纽特人的本地食物中不含杀虫剂。鲜鱼、干鱼、河狸肉、白鲸、驯鹿、麋鹿、北极熊、海象、脂肪、油脂、蔓越莓、鲑浆果、野大黄等，一切都没有受到污染。唯一例外的是，来自波音特霍普的两只白猫头鹰体内含有少量的 DDT，可能是它们在迁徙的过程中摄入的。

对一些因纽特人身体脂肪取样检查后，也发现了少量的 DDT 残留（零到百万分之一点九之间）。原因很明显，脂肪样品取自那些离开居住地前往安克雷奇市美国公共卫生署医院做手术的人们。在那里，到处充斥着现代文明的生活方式，医院食物中含有的 DDT 与人口稠密的城市不相上下。这些毒素仅是对他们短暂停留的“犒赏”而已。

我们吃的每顿饭都有一定量的氯化烃，这是不可避免的，因为对农作物铺天盖地地喷药和撒药粉必然会导致这样的结果。假如农民严格按照用药说明来使用的话，药物残留一般不会超出规定范围。暂且不论残留标准安全与否。但明显的是，农民的用药量经常会超出规定很多。他们还会在临近收获的时候喷药，在喷洒一种就可以的情况下，他们会使用多种药剂，而且常常连用药说明也懒得看一下。

那些化工企业发现了杀虫剂经常误用的情况，他们也认为有必要对农民进行培训。业内一个主要刊物近来就发出警告：“很多用户不知道，如果超量用药，农药会超过他们的承受极限。农户们‘心血来潮’的结果就是随意地把杀虫剂喷洒在农作物上。”

美国食品药品监督管理局的档案里有很多类似的例子。一些案例能形象地描绘出农民对使用说明的漠视：生菜就要收获的时候，一名农民在地里使用了 8 种不同的杀虫剂；一名运货商在一批芹菜上使用了建议最大剂量 5 倍的对硫磷；尽管药物残留受到禁止，种植户仍在生菜上使用了异狄氏剂；菠菜成熟前一周又被农民喷洒了 DDT。

也有一些污染是偶然和意外引起的。例如，一艘轮船上用麻袋装着的绿咖啡被污染了，原因是这条船上还装有一批杀虫剂。仓库里密封好的食品可能受到 DDT、林丹以及其他杀虫剂的污染，因为杀虫剂悬浮颗粒会穿透包装材料，从而大量进入包装食品。食品储藏时间越久，受污染的可能性就越大。

有人会问："难道政府不会保护我们免受其害吗？答案是："除非万不得已。"美国食品药品监督管理局在保护人民安全方面受到两个因素的限制。第一个是，该局只对州际交易的食品拥有管辖权，州内生产和销售的食品不在其管辖范围，因而它对于此类违法行为有心无力。第二个关键的原因是，该局的监察人员太少，只有不到 600 人。据美国食品药品监督管理局的一名官员说，在现有设备下，只有很小一部分（不到 1%）的州际农产品贸易能够得到检查，但这在统计学上没有任何意义。至于州内食品的生产和销售，状况就更加糟糕了，因为大部分州在这方面的法律残缺不全。

美国食品药品监督管理局制定的污染管理体系具有明显的缺陷，因为它设置的最大"允许"限度就有问题。在当前条件下，它只是一纸空文，并造成一种假象——安全限度已经确立并得到有效执行。至于允许食品中含有少量的药物残留——这一点，那一点——引起了很多人的反对，因为他们有充足的理由相信，毒素就没有安全的，人们更是不需要它们。为了设定一个最大限度，美国食品药品监督管理局会查阅动物的药物试验，进而确立一个污染最大值，这一数值要远低于实验动物发病的剂量。这一系统看似能够保证安全，实则忽略了很多重要的因素。实验动物是在人为控制下摄入一定量化学品，而人类与化学品的接触则是重复的，并且大部分情况是未知的、无法测量的，也是不可控制的。即使宴会上的沙拉中的生菜含有百万分之七的 DDT 是安全的，但这顿饭还包括其他食物，每一种食物都带有一点残留。而且如我们所知，食物中的杀虫剂只是人类接触到的化学品的一小部分。从各种渠道获取的化学物质叠加在一起，人的接触总量是无法估算的。因此，单独讨论某种药物残留的“安全性”没有任何意义。

另外还存在一些问题。有时候，最大限值是在背离美国食品药品监督管理局科学家的正确判断下制定的（后文会提到相关案例），或是在对某种化学品缺乏认识的情况下确定的。之后由于得到了更准确的信息，该局会减少药物限值或者将其撤销，但此时，公众已经被迫接触危险剂量的化学品几个月或者几年了。之前就有一个七氯限值就被取消了。有些化学品甚至没有进行野外实验，就开始登记使用了。因此，检查人员很难发现它们的残留。这一问题严重阻碍了“蔓越莓药剂”——氨基三唑的检测。用来处理种子的杀菌剂也缺少分析方法——如果这些种子在播种期间用不完的话，很可能会摆上人们的餐桌。

实际上，确立限值就意味着允许公共食品使用有毒化学品来降低农民和加工企业的生产成本；而消费者只好照章纳税，养活监察机构来保证自己不会中毒而死。但是鉴于目前农药的施用量和毒性，要使监察工作做到位需要投入很大的资金，任何议员都不敢拨付如此巨额的款项。最后，不幸的消费者虽然缴纳了税费，但是面对的毒药丝毫不减。

有解决的办法吗？首先要做的就是废除氯化烃、有机磷以及其他强毒化学品的最大限值。但是会有人立即跳出来反对，说这会加重农民的负担。如果能把各种水果和蔬菜上的DDT残留成功地控制在百万分之七以内，把对硫磷残留控制在百万分之一以内，或者把狄氏剂残留控制在百万分之零点一以内，为什么不再加把劲儿完全消除残留呢？实际上，某些农作物上就不允许出现一些化学品的残留，例如七氯、异狄氏剂、狄氏剂等。如果这些农作物能够实现的话，为什么不扩展至所有的农作物呢？

但是这还不是完整的或最终的解决方案，因为纸面上的零容忍没有任何意义。目前，正如我们所知，超过99%的州际食品运输可以避开检查，所以我们迫切期待美国食品药品监督管理局提高警惕、积极进取，并扩充检查队伍。

故意给我们的食物下毒，然后再进行监管的这个社会体系，不由得使人想起了刘易斯·卡罗尔的“白衣骑士”[①]，他“盘算着把自个的胡须染绿，再用把大扇子把它们遮蔽”。我们得到的最终答案就是

① 白衣骑士是刘易斯·卡罗尔的小说《爱丽丝漫游奇境》的续集《爱丽丝镜中奇遇》里的虚构角色，对应着国际象棋中的白方棋子“马”，这个棋子的英文写作“Knight”，本意为“骑士”。他从红骑士手里救下了爱丽丝，为人聪明但古怪，有一些离奇的发明和行为。

**除虫菊**

除虫菊是菊科的多年生草本植物。其胚珠内含类除虫菊酯物，是制造杀虫剂的原料之一。原产于地中海地区，被发现于塞尔维亚。大日本除虫菊株式会社的创始者上山英一郎利用除虫菊，发明了螺旋形蚊香。除虫菊所含的除虫菊内酯是一种对冷血动物具有高毒性的细胞毒，并能促进植物根系的生长。

尽量少使用有毒化学品，以减少误用导致的公共威胁。现在，这些安全的物质已经存在了，比如除虫菊素、鱼藤酮、鱼尼丁以及其他取自植物的化学物质。最近，还研制出了除虫菊素的人工合成替代品。只要有需要，一些国家已经准备好提高这种天然产品的产量了。

我们也迫切需要商家在销售时向公众讲授化学品的特性。因为一般消费者会被各种杀虫剂、杀菌剂和除草剂弄得晕头转向，不知道哪种是致命的，哪种是相对安全的。

除了利用危险性更小的农药外，我们还应努力探索非化学方法的可能性。目前，加利福尼亚正在尝试一种新方法，利用某种昆虫的特定细菌引起该昆虫发病，该方法将用于农业虫害防治。这种方法的广泛实验正在进行之中。除此之外，还有很多有效的防治方法不至于在食物中留下毒素（详见第十七章）。在这些方法得到广泛关注之前，我们依然压力巨大。照目前的形势看来，我们的处境危机重重，比波吉亚家的客人强不到哪儿去。

第十二章

# 人类的代价

化学物质的出现给我们生活投下了很深的阴影，因为它们的无定形和模糊的特性，让人不寒而栗，这些有毒物质本就不属于我们自身的生理过程，我们却将一生都暴露在其中，这样的后果不堪设想。

工业革命时代产生的化学品，狂潮般地涌入我们的环境，带来严重的公共健康问题，同时它的本质也发生着巨大变化。就在昨天，我们还因天花、霍乱和鼠疫的肆虐而恐惧不已，今天，它们对于我们来说已不再重要。卫生更好的生活条件以及新型药物完全控制了传染性疾病。现在，我们比较担心的是隐藏在环境中的另一种危害——它是伴随着我们生活方式的方便、快捷，轻松，被我们自己引入这个世界的。

新环境下的健康问题复杂多样：有由多形式的辐射引起的，也有包括杀虫剂在内的大量涌出的化学品带给我们的问题。这些化学品已经和我们生活的世界息息相关了，它们直接或间接地、独立地或联合地毒害我们。化学物质的出现给我们生活投下了很深的阴影，因为它们无定形和模糊的特性，让人不寒而栗，这些有毒物质本就不属于我们自身的生理过程，我们却将一生都暴露在其中，这样的后果不堪设想。

美国公共卫生署的大卫·普莱斯博士说："我们一直生活在担心什么事物会污染我们生存环境，让我们遭遇恐龙般的厄运的恐惧之中。更让人担忧的是，可能在严重症状出现前20年或更早的时候，我们的命运就已经被判决了"。

在环境性疾病的历史的进程中，杀虫剂该摆放在什么位置呢？我们已经看到化学品超强的威力，破坏土壤、污染水源和食物，还可以让鱼儿失去生命，让花园和森林中的鸟儿消失殆尽。不可否认，它们确实是大自然的一部分。虽然我们表面与自然毫不相干，但在污染遍及全球的今天，谁能独善其身，置身事外吗？

我们非常清楚，如果有毒化学品的剂量足够大，哪怕只接触一次，也可能导致急性中毒，甚至可能失去生命。但这还不能算作最主要问题。世上原本不该发生这样的悲剧。对于全人类而言，杀虫剂正悄悄污染环境，人类少量吸收后导致的慢性中毒延迟效应，才应该是引起我们关注的重点。

化学品的生物效应是长时间作用的结果，对个人的伤害取决于他一生的接触量。工作认真负责的公共卫生官员告诫民众：正是因为这种原因，它的危险很容易被人忽视。对于未来后果的不确定性，人类仅仅本能地耸耸肩，表示这没那么严重吧。一位明智的医师雷内·杜博思博士说："人类只重视眼前有明显症状的疾病，却忽略了最危险敌人正悄悄跟进。"

对于我们每个人来说，好比密歇根州的知更鸟或米拉米奇河中的鲑鱼，它们相互关联、彼此依赖，以达到生态平衡。消灭了河流附近石蛾的同时，也毒死了河中的鲑鱼。毒死了湖中的虫子，也毒死了湖边觅食的鸟儿。我们往榆树上喷了药，第二年春天就听不到知更鸟的歌声了。虽然我们没有直接把药物喷向知更鸟，但是毒素沿着食物链树叶—蚯蚓—知更鸟的循环起了作用。这些事件都有真实记载，它们就发生在我们周围。它向我们展示了一张大网——死亡之网——科学家将其定义为生态。

可以这样理解，我们的体内也有一个生态世界。在这个世界，极小的诱因也会打破平衡，更严重的是，疾病却看似与诱因无关，因为它会出现在受伤的部位的另一端。一份医学研究现状这样归纳："某个部位的变化，甚至一个分子的变化，可能会扩散到整个系统，并引发不相关的器官或组织病变。"我们关注到人体具有神奇的功能时，其中的因果关系总是比较复杂，不好证明。人体功能的因果在

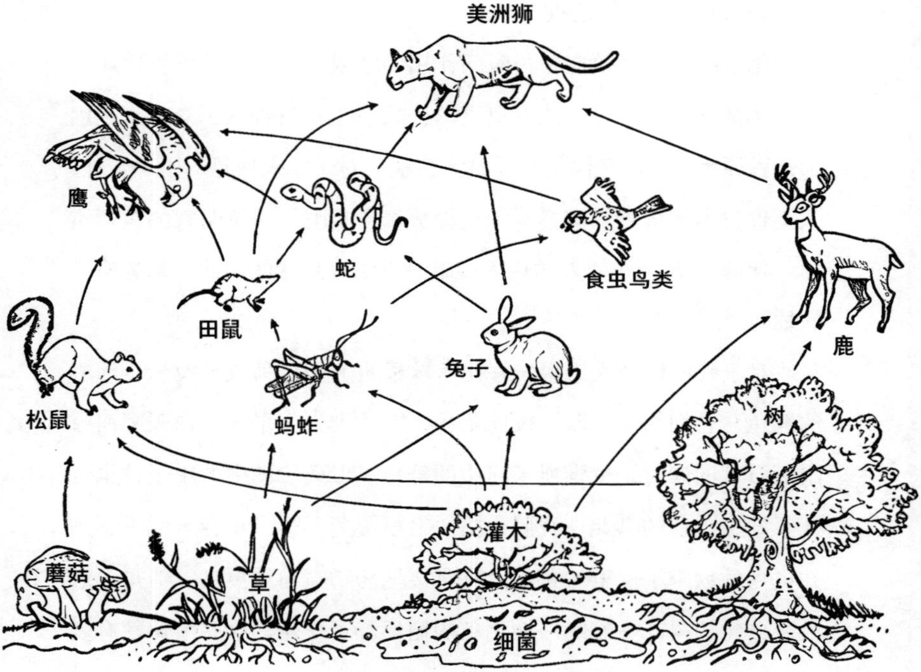


食物链编织成了生态之网，但人类对新型农药肆无忌惮不加限制地使用，会将这种自然界原本赖以为生的依存关系转变为同归于尽的死亡之网。

时空上可能会相距很远。如果要找出造成疾病与死亡的原因，就需要人们系统地从各个领域进行大量研究才能发现这些结果。

人们总是习惯于寻找明显而直接的原因，而忽略其他。除非爆发突然而明显的症状，否则我们思想上不愿意承认农药存在危险。即使研究人员也对损害源头的检测毫无头绪。如果症状表现不出来，就没办法检测出损伤，这也是医学界尚未解决的一大难题。

如果你这样反驳："我也经常在草坪上喷洒狄氏剂，却没有出现像世界卫生组织喷药人员那样的抽搐症状——所以，我没受到伤害。"那我们告诉你，事情并非如此简单。就算现在没有突发剧烈的症状，但只要接触过狄氏剂的人体内就会积蓄毒素。氯化烃残留毒素都是从最小的剂量开始积累，储存于人的脂肪中，脂肪一旦被消耗，毒素可能会马上出击。新西兰的一家医学杂志最近讲述了这样一个例子。正在治疗肥胖的人突然出现了中毒症状。检查后发现，他的脂肪里含有狄氏剂，在他减肥的过程中，这些毒素发挥了作用。此外，因疾病消瘦的人也有同样的风险。

另外，毒素蓄积的后果可能更不易发现。几年前，美国医学会就对脂肪组织中杀虫剂残留的危害发出了警告，提出与可以代谢的物质相比，蓄积性的药物和化学品更要被重视。脂肪组织不仅仅储存脂肪（约占体重的 18%），还具有其他重要的功能，而蓄积的毒素会打乱这些功能。另外，脂肪的广泛分布性，人体的各个器官和组织甚至是细胞膜都有它的身影。因此，以下事实非常重要，杀虫剂在细胞中积累，会干扰细胞的氧化过程和能量供应机制。下一章我们会再详述这个问题。

对肝脏的影响是氯化烃杀虫剂最致命的一点。在人体的所有器官中，肝脏是最特别的，也是无可替代的。它的重要性表现在：很多重要的机体活动都由它控制完成。它不仅为消化脂肪提供胆汁，而且由于其所处位置有各种管道的汇聚，因此肝脏能够直接得到来自消化道的血液，并深度参与所有食物的新陈代谢。它以肝糖的形式储存糖分，并精确地释放出葡萄糖，以保证人体血糖处于正常水平。它还会合成蛋白质，包括凝血血浆的一些重要成分。它使血浆中的胆固醇保持在合理的范围，当雄性激素和雌性激素超过正常水平时将其钝化。它储存着很多维生素，其中一些会维持肝脏的正常工作。所以哪怕肝脏受到一点损害，也会引起严重的后果。

肝脏出现问题，人体就没有了战斗力——因为不能抵抗各种入侵的毒素。其中一些是新陈代谢的垃圾，肝脏可以通过去氮作用快速有效地处理。此外，肝脏还具备解毒的功效。杀虫剂马拉硫磷和甲氧氯之所以“无害”，其原因就是肝脏里的一种酶将这些分子转化，削弱了毒性。我们接触的大部分有毒物质都会被肝脏轻松转化。

如今，我们抵御各种毒素的防线已被削弱，逐渐崩溃。损伤的肝脏不仅失去解毒的能力，大部分的其他功能也随之发生紊乱。这样的后果不仅影响深远，而且肝脏损伤的情况复杂、发病间隔期长，人们找不到真正的原因来破解难题。

自 20 世纪 50 年代以来，肝炎患者的数量急剧增加。据说肝硬化患者也在不断增加。那是因为损伤肝脏的杀虫剂被广泛使用。与实验动物相比，在人类身上证明 A 是病症 B 的原因是比较困难的，这有必要引起我们的注意。但是事实告诉我们，肝病的猛增与杀虫剂的广泛应用不无关系。先不说氯化烃类产品是不是主要原因，单说把自己暴露使肝脏损伤和削弱人体抵抗力的化学药物之下，显然就是愚蠢的做法。

虽然侵害方式不同，但是两种主要的杀虫剂氯化烃和有机磷都可以破坏神经系统。这已是被大量动物和人体观察实验证实的不争事实。大规模使用的首批新型有机杀虫剂 DDT 主要攻击人类的神经系统，并使小脑和高级运动皮质层功能受损。有一本毒理学标准课本写道，人体接触大量的 DDT 后会产生很多的副作用：刺痛、灼烧、瘙痒、颤抖，甚至抽搐等。

英国皇家海军生理实验室几名研究人员第一次提供了 DDT 急性中毒症状，他们亲自接触了 DDT。皮肤通过直接接触墙面上的水溶性油漆吸收了 DDT，油漆中含有 2% 的 DDT，并且油漆表面覆盖了一层 DDT 油膜。随后他们出现了严重的症状，毒素对神经系统的损害让他们直观感受到：“疲劳、沉重、四肢疼痛，精神极度痛苦——烦躁不安——对什么事也不感兴趣，大脑不再工作。关节还会剧烈疼痛。”

另一名实验员把含有 DDT 的丙酮溶液涂在了自己的皮肤上。他的症状是四肢疼痛、肌肉无力，还出现了神经紧张性痉挛。一天后，症状减轻，情况有所好转，但工作后病情又恶化了。他不得不在床上躺了 3 周，在此期间，他感到四肢疼痛、失眠、神经紧张、极度焦虑。有时候，他浑身颤抖——和我们见到的鸟类 DDT 中毒的症状一样。这名实验员整整 10 个星期没能工作，年底他被一家医学杂志报道时，还没有完全康复（虽然证据确凿，但是几名美国研究者还是把参加 DDT 实验志愿者的头疼和“骨头疼”归结为“精神神经症”而不是 DDT 中毒）。

今天，有多起案例的症状和中毒过程都明确指向致病元凶就是

（照片约拍摄于 1945 年）

**一名美国士兵用 DDT 消灭传播疟疾的蚊子和携带斑疹伤寒的虱子**

世界卫生组织称，自第二次世界大战以来，DDT 已使 2500 万人免于死亡。

杀虫剂，因为患者都使用并接触了某种杀虫剂。虽然经过治疗病情得以控制，治疗方法也包括杜绝与生活环境中的任何杀虫剂接触，但只要再接触类似的化学品，病情还是会复发。这些结论可以作为其他病症药物治疗的参考。没有理由不将这些结论视为警告：向我们生存的环境中喷洒农药，接受这种“经过精心计算的风险”，已经不再是明智之举。

为什么有些处理和使用杀虫剂的人们没有都表现出同样的症状呢？这是因为每个人对毒性的敏感度不一样。事实证明，女人比男人敏感，孩子比大人敏感，运动少的人比户外工作或经常锻炼的人敏感。此外，还有一些未知、难以察觉的差异。有的人对粉尘或者花粉过敏，有的人对某种药物过敏，有的人容易感染传染病，可其他人却没有这种情况，这种奇怪现象还没有发现是何原因导致的。但它的确是真实存在的，而且影响了很多人。医生做过估算，三分之一或者更多病人有过过敏的症状，而且数量还在增加。事实让他们这样认为，偶尔接触化学品可能会导致过敏。如果这是真的，就可以解释持续接触化学品的人很少出现中毒症状。频繁接触化学品，这些人已经抗过敏，如同医生给过敏病人反复注射过敏原使他不再过敏一样。

和严格控制下的实验室动物不一样，人类面对的不仅是某一种化学品，因此杀虫剂中毒问题就变得复杂。不同类别的杀虫剂，以及杀虫剂和其他化学品之间，都可能发生化学变化，所以杀虫剂造成的后果严重。种类不一的化学品进入土壤、水或是人类的血液，彼此间不可能保持相互隔离，而是会发生神奇而看不见的变化，生成新的毒害。

就算通常情况下，相互独立的两种杀虫剂也会发生反应。比如你首先接触了氯化烃，使肝脏受损，再接触了有机磷（破坏保护神经的胆碱酯酶的元凶），就会产生更强的毒性。原因是肝脏功能受损后，胆碱酯酶达不到正常值。这就增强了有机磷的抑制破坏作用，导致急性中毒。我们明白成对的有机磷相互作用，会让其毒性成百倍增长。有机磷也可以同各种化学品、合成材料、食品添加剂互相作用。在充斥着各种合成材料的世界上，谁能告诉我们其他的合成材料还有多少种呢？

DDT 的一个近亲甲氧氯就是很好的例子。一种本来无害的化学品会因为另一种化学品的作用而发生巨变，（实际上，甲氧氯并不像人们想象的那样安全，因为近来的动物实验证明它会直接影响子宫，并对脑垂体激素有阻碍作用。这就提醒我们，这些化学品是有极大生物效应的。其他研究显示，甲氧氯可能损害肾脏）。单纯与甲氧氯接触，甲氧氯不会在体内大量蓄积，所以人们才认为这是一种对人体安全无害的化学品。但这不完全正确。肝脏受到损害后再接触甲氧氯，甲氧氯会在体内急速蓄积，进而如 DDT 一样长久地损伤我们的神经系统；只是，它造成的肝脏损伤表现极其细微，几乎无法觉察。

造成肝脏损伤的情况还有这样几种：使用另一种杀虫剂，使用含有四氯化碳的溶剂，或服用镇静药等。大部分镇静剂是氯化烃类化学品，它们都有可能是伤害肝脏的罪魁祸首。

农药对神经系统的损伤不仅是急性中毒，还可能有后遗症。早有关于甲氧氯等化学药剂对大脑和神经系统的长期损害报道。除急性中毒，狄氏剂还留下不少后遗症，比如“健忘、失眠、梦魇、狂躁等”。医学研究还发现了林丹会在大脑和正常的肝脏组织中累积，诱发中枢神经系统的疾病。可是，如今六氯化苯广泛应用于各种加湿器，它们弥漫在家庭、办公室和餐馆中。

有机磷杀虫剂不单单引发急性中毒症状，对神经组织也会造成永久性损伤。最近的研究发现，它还是精神疾病的诱因。这类杀虫剂已经造成麻痹后遗症患者的增加。早在1930年，那时美国禁酒，发生的一件怪事暗示了麻烦来临。其实不是杀虫剂，而是另一种属于有机磷杀虫剂的化学物质。为了逃避禁酒令①，人们用药物取代烈酒。其中就有牙买加姜汁的替代品。当时美国药用品价格高，私酒商就用姜汁代替了白酒。他们的伪劣产品成功上市，还通过了化学检测，也瞒过政府部门检验。为了让姜汁更像酒，他们添加了磷酸三甲苯酯。这种东西跟对硫磷及其同类化学品一样，会破坏胆碱酯酶。私酒商的这种有毒产品让1.5万人瘫痪，他们的腿部肌肉永久性重萎缩。现在这种病起名“姜酒中毒性麻痹”。和瘫痪一起发生的是神经鞘的损伤以及脊髓前角细胞的退化。

和我们看到的一样，大约20年后，有机磷杀虫开始大规模运用，而类似“姜酒中毒性麻痹”的情况也接二连三出现。一名德国患者是温室工人，接触对硫磷后，曾经出现了几次轻微的中毒症状，

---

① 美国禁酒令（Prohibition in the United States）又称禁酒时期，是指从1920年至1933年期间在美国推行的全国性禁酒，禁止酿造、运输和销售酒精饮料的法律。禁酒令不但没有使得酒精的消耗减少，反而使得私酿酒现象猖獗、假酒泛滥，导致民众因假酒失明甚至死亡、无辜百姓沦为罪犯、执法官员受贿腐败、黑手党借由运贩私酒获得巨大利益，并衍生了许多其他社会问题。

## 牙买加姜汁

牙买加姜汁俗称“杰克”。1920 至 1933 年禁酒期间，这种专利药物含有大约 70% 到 80% 的乙醇，成了酒类替代品。为让其更像酒，制造者添加了磷酸三甲苯酯，致使超过 1.5 万饮用者中毒，患上“姜酒中毒性麻痹”症。患者可以走路，但无法完全控制肌肉。他们会把脚抬高，脚趾向下先接触路面，然后是脚后跟。先脚趾，后脚后跟的模式使他们走路时发出独特的“嗒嗒嗒”的声音。这种奇特步态被称为杰克舞，所以姜酒中毒性麻痹又被称为“杰克麻痹”。

几个月后瘫痪了。还有 3 个化工厂工人接触同类化学品后出现了急性中毒。经过治疗，他们都恢复了，但只过了 10 天，其中的两人出现了腿肌肉无力的症状。一个人的症状持续了 10 个月；另一名女性化学家更严重，她的双腿、双手以及胳膊都麻痹了。两年后，一家医学杂志报道她的情况时，她仍不能行走。

导致这些病例的杀虫剂已经不再上市，但仍在使用的一些化学品还有可能造成类似的疾病。事实证明，马拉硫磷（园艺工人的最爱）引起了试验用鸡肌肉无力的现象。（跟姜酒中毒性麻痹一样）这是由坐骨神经鞘和脊髓神经鞘的损害引起的。

假如患者可以幸存，这些中毒症状可能仅仅是更不幸的开始。鉴于它们对神经系统的严重损害，不可避免，患者还患上了精神病。最近，墨尔本大学和普林斯亨利医院的研究员给出了答案，他们共列举了 16 例精神病例。这些人都长期接触过有机磷化学品。其中有 3 人是检查喷药效果的化学家；8 人在温室工作；其余 5 人是农场工人。他们都出现了记忆减退、精神分裂和抑郁反应等。他们都曾是健康人，他们手中的化学品夺去了他们健康的体魄和灵魂。

这种病例在各种医学著作中随处可见，有的与氯化烃有关，有的与有机磷有关。显而易见，我们暂时遏制昆虫的代价实在太过于昂贵，让人类头脑混乱、出现幻觉、记忆减退、狂躁不安。如果我们一再使用这些直接攻击神经系统的化学品，这样的结局就会一直持续。

# 第十三章

# 小窗之外看世界

我们的遗传基因，是经历了20亿年进化和选择的结果，它们由祖先传给我们，暂存在我们这里，之后还要传给后代。只要我们愿意，一定能够保护遗传基因的完整与安全。我们现在做得还远远不够。

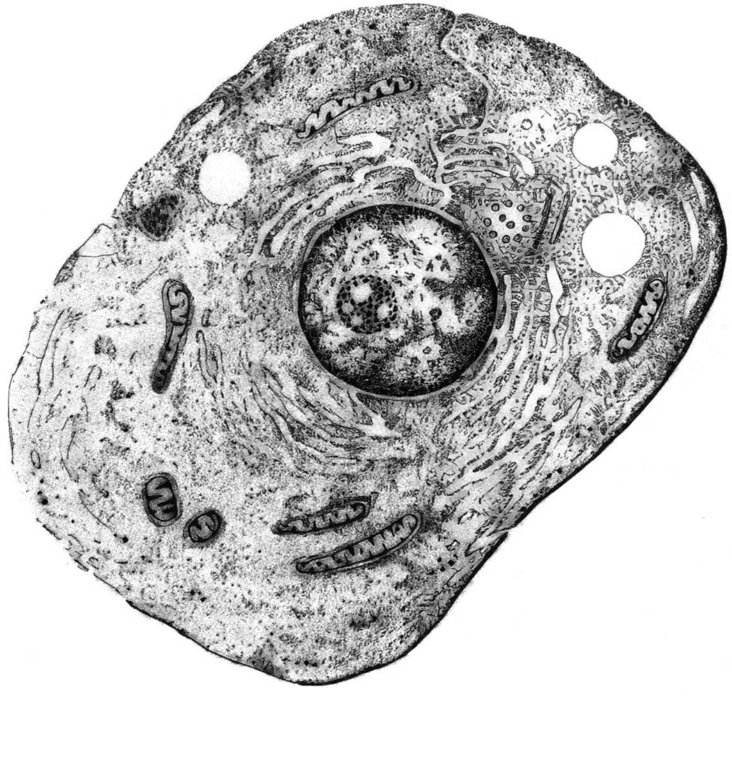

眼睛的视觉色素是生物学家乔治·瓦尔德的一个研究专题，眼睛可以理解为“一个狭小的窗户，从远处看，只能看到一丝亮光。你离它越近的话，你看到的就愈多，直到最后你贴近窗户，看到了整个宇宙”。

事物研究也是如此，先研究人体自身的细胞，然后才是细胞组成部分的结构，最后重点分析结构内分子之间的重要关系。按照这样的方式去做，我们也就不难理解随意将化学品带到人体生存环境所产生的长远影响。医学界最近重点研究了单个细胞的能量产生功能，得出了这些能量对生命必不可少、非常重要。人体自身的能量产生机制尤为重要，不仅对健康，就是对生命也一样——它超过了最重要的器官，没有正常有效的氧化过程产生能量，身体就毫无用处。现在用来杀死昆虫、啮齿类动物、杂草的化学品就可能是破坏这套系统，打乱这种完美机制的运行规律的罪魁祸首。

生物学和生物化学让我们了解了细胞氧化。对此贡献大的研究者有很多成为诺贝尔奖的获得者。在前人研究的基础上，这项工作又进行了二三十年。即便这样，很多细节还是没有完成。在过去10年内我们才把分散的研究整合到一起，生物氧化作用成为生物学家普通常识的一部分。更重要的是，1950年以前，接受基本训练的医学人员没有机会了解它的重要性和破坏这个过程意味着什么。

能量的产生不是由某个器官完成，而是由全身的细胞共同进行的。一个活的细胞就像一团火焰，消耗燃料来为身体提供能量。这个比喻虽然富含诗意，但精确度不够，因为细胞“燃烧”是在身体的正常温度下进行的。然而，正是成千上万个燃烧的小火苗打开了能量开关。“一旦它们停止燃烧，心脏就会停止跳动，植物就不能抗拒重力向上生长，变形虫变得不会游泳，神经失去知觉，大脑不再有思想闪过”，化学家尤金·拉比诺维奇这样说。

细胞转化成能量是一个不断循环的过程，就好比是一直工作的蒸汽轮，它属于自然界正常的循环更新。以葡萄糖的形式存在的能量一粒又一粒、一个分子又一个分子地进入这个轮子充当燃料；在循环的过程中，这些燃料分子会发生分解和一系列细微的化学变化。这些变化都是有序进行的，环环相扣，由一种具有专业功能的酶指引和控制，各司其职。每一步既产生能量也形成废物（二氧化碳和水），经转化的燃料分子会进入下一阶段。当这个轮子转完一圈后，燃料分子已经被分解，并准备与新的分子结合，然后开始下一个循环。

细胞就像化工厂，它们循环的过程是生命世界的奇迹。细胞极其微小，却有几分神秘，只能用显微镜才能看到。但氧化过程是在一个更小的空间完成的，即细胞内的线粒体。虽然人们已经在60多年前就知道这种线粒体存在，但是过去它们都被当作不重要、未知的细胞元素。直到20世纪50年代，这一领域的研究才变得生机勃勃、富有成果；它们突然万众瞩目了，5年中针对这一课题就发表了1000篇论文。

人类在解开线粒体谜团的过程中，表现出的耐心和非凡创造力值得敬佩。试想，即使在显微镜下放大300倍也看不到的微小颗粒，是什么样的技术才能剥离、分解、分析其结构，最终确定它们复杂的功能？让我们高兴的是，这一切难题都在电子显微镜的帮助下，被生化学家的高超技术攻克了。

现在真相已经被发现，线粒体就是一个个小包的多酶复合体，

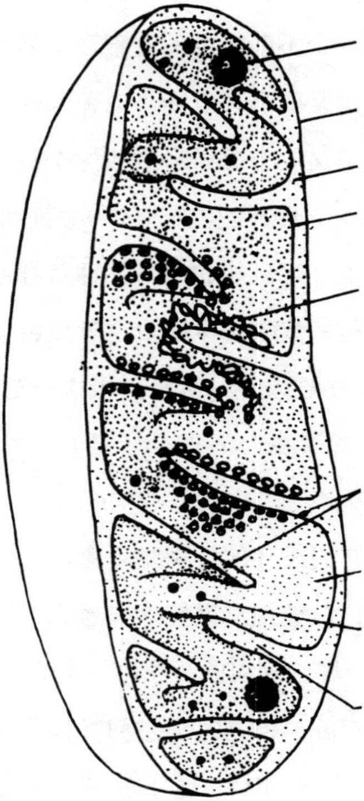


**线粒体的结构**

阿尔特曼（R.Altmann）于1894年首次发现细胞内有一种类似细菌大小的颗粒，称之为“原生粒”。1897年本达（C.Benda）将此种颗粒命名为线粒体。1913年沃伯格（O.Warburg）发现呼吸酶和线粒体之间有内在联系。1948年霍格布姆（G.H.Hogeboom）等确证线粒体是细胞的呼吸场所。20世纪60年代对线粒体的超微结构有了较深入的了解。70年代因线粒体被发现是动物细胞内唯一含有DNA的细胞器，而被看作细胞中的第二遗传系统。

是氧化过程所需的各种酶的组合体，它们精确有序地排列在线粒体的壁和隔膜上。线粒体就像一个个“动力室”，大多数的能量反应过程都在这里发生。氧化的第一步在细胞质中完成后，燃料分子就进入了线粒体。氧化过程就是在这里完成的，巨大的能量也是从这里释放的。

如果不是因为结果极其重要，线粒体中的轮子也不会为了氧化作用而不停运转。氧化循环每一阶段产生的能量都包含在生化学家称为 ATP（三磷酸腺苷）的物质中，这是一种包含三组磷酸基团的分子。ATP 之所以能提供能量，是因为 ATP 可以将其中的一组磷酸基团转化为其他物质，在释放能量的过程中，大量电子来回穿梭，高速运动。就这样，在肌肉细胞中，当 ATP 把末端的磷酸基团转移到收缩的肌肉上时，肌肉就产生了收缩的力量。另一个循环接着开始了——环环相扣：ATP 分子失去一组磷酸基团，留下两组，生成二磷酸腺苷 ADP。但随着轮子继续转动，另一组磷酸基团会结合进来，于是形成可以释放能量的 ATP 分子。就像我们使用的蓄电池一样：ATP 是充电的电池，ADP 是放电的电池。

从微生物到人类，ATP 是所有生物的能量提供者。它为肌肉细胞提供机械能，也为神经细胞提供电能。不仅这些，ATP 还为精子细胞（受精卵将变为青蛙、鸟或婴儿等）以及生成激素的细胞提供能量。ATP 的一小部分能量会在线粒体中消耗掉，但是大部分能量会立即释放到细胞，为其活动提供能量。从细胞中线粒体的位置就能看出它的功能，因为在这个位置，能量可以精确传送至需要的各个目的地。在肌肉细胞中，它们聚集在收缩的纤维的周围；在神经细胞中，它们处于细胞间的结合点，为神经脉冲传递提供能量；在精子细胞中，它们汇聚在起推进作用的尾部与头部连接的地方。

氧化过程中的耦合就是充电过程，其中 ADP 和一组自由的磷酸酯结合成 ATP——这种紧密连接叫作偶联磷酸化。如果是非耦合磷酸化，就不会产生可用的能量。呼吸还在进行，但是不会有能量产生。细胞就会变成一个空转的赛车发动机，只能产生热量，却不会释放能量。这样的话，肌肉就无法收缩，神经脉冲也不能传递了。精子到达不了目的地，受精卵很难完成复杂的分化和发育。非耦合的后果对从胚胎到成人的所有生物都是一场灾难，甚至可能导致组织或者生物体死亡。

非耦合作用是怎么发生的呢？辐射是其中的一个因素。有人认为，受到辐射的细胞死亡是非耦合作用导致的。不幸的是，很多化学品也有能力阻止氧化过程中的能量产生，杀虫剂和除草剂就是重要的代表。如我们所知，酚类化合物对新陈代谢影响巨大，它能使体温升高到致命的程度。这就是“空转马达”非耦合作用的结果。二硝基苯酚和五氯苯酚作为除草剂的原料是被广泛运用的化学品代表。另一种非耦合化学品是 2,4–D。在氯化烃中，DDT 被证明是非耦合物，随着进一步的研究可能会发现此类化学品中存在其他的非耦合物质。

但非耦合也不是破坏亿万细胞的唯一原因。我们明白，氧化的过程都是由一种特殊的酶控制和推进完成的。如果其中的一种，甚至是一个遭到破坏或者削弱，细胞内就不再进行氧化循环。无论哪种酶受到影响，后果都是一样的。氧化过程就像一个运动的轮子，如果在轮中间塞进一根撬棍，不论插在哪，轮子都会停下。同样，如果破坏了氧化过程中的一种酶，整个过程就会停止。细胞因此没有能量产出，这与非耦合作用非常相似。

大多的杀虫剂如 DDT、甲氧滴滴涕、马拉硫磷、吩噻嗪以及任何一种二硝基化合物都能充当这个撬棍，都可以抑制氧化循环的一种或多种酶。因此，这些化学品阻碍能量生产的全过程，并造成细胞缺氧。这种伤害会带来灾难性的后果，我们只列举一二。

下一章将会讲道，实验人员仅靠缺氧就把正常的细胞转变成了癌细胞。其他的严重后果也会在动物胚胎的实验中找到答案。没有充足的氧气，组织的生长和器官的发育就没法完成，所以畸形和其他异常情况出现了。人类先天畸形的成因就可能是胚胎缺氧。

尽管极少人会去探求这些不断增加的灾难是何原因，但很多迹象表明人们开始注意到灾难的存在。1961 年，人口统计局进行的一项全国范围内的畸形儿调查的报告中附有说明，会将调查结果作为先天畸形与环境关联的证据。虽然此项研究主要涉及辐射的影响，但是化学品也不容忽视，原因是它们跟辐射的危害相同。人口统计局预计我们将面临严峻形势：无处不在的化学品造成未来儿童的缺陷和畸形，它们把我们层层包围，内外夹击。

有些研究结果显示，生殖能力下降是生物氧化过程受到干扰后供应能量的 ATP 减少造成。受精前卵子也需要大量的 ATP，为受精做准备，与精子相遇，从而受精，这需要耗费大量的能量。精子本身的 ATP 供应是其能否到达并穿透卵子的条件，ATP 都是由密集聚集在细胞颈部的线粒体产生的。一旦受精成功，细胞就开始分裂了。胚胎能否发育成型取决于 ATP 供应的能量水平。胚胎学家研究了青蛙卵和海胆卵，发现如果 ATP 供应的能量低于一定水平，受精卵就会停止分裂，很快就死了。

胚胎实验室的研究结果也适用于动物，比如苹果树上的知更鸟。它们的窝里有几颗蓝绿色冰凉的鸟蛋，鸟蛋几天内仍不能孵化出小鸟。佛罗里达州高大松树上有用零散不一的残枝垒得错落有致的鹰窝。里面有 3 个白色冰冷的鹰蛋，但为什么都孵化不出来幼鸟呢？是因为鸟蛋和实验室里的青蛙卵一样，缺少 ATP，没有充足的能量而不能够正常生长？还是因为成鸟体内和蛋里侵入了大量的杀虫剂，从而使氧化车轮无法运转，不再产生 ATP？

很明显，检测鸟蛋要比检测哺乳动物的卵细胞容易很多，因此不必猜测鸟蛋里是否含有杀虫剂，直接让事实来证明。不论是在实验室里，还是在野外，只要接触过化学品的鸟下的蛋中都会留有浓度很高的 DDT 和氯化烃残留。加利福尼亚的野鸡蛋在一次实验中检测出了百万分之三百四十九的 DDT。从密歇根州已死知更鸟的输卵管里提取的蛋中，发现了百万分之二百的 DDT。其他知更鸟中毒死亡，也在蛋里留下了 DDT 残留的证据。附近的一个农场，艾氏剂中毒的母鸡下的蛋里也含有艾氏剂。实验室里喂过 DDT 的母鸡下的蛋中，也检测出了百万分之六十五的残留。

既然我们知道了 DDT 和其他（也许是全部）氯化烃会破坏某种特殊的酶，并阻碍能量的产生，或使能量产生机制发生非耦合作用，就很难想象含有大量农药残留的鸟蛋会完成复杂的发育过程：无数次细胞的分裂，各组织和器官的发育，关键物质的合成，最终形成新生命。所有这些都需要大量的能量——“成包”的 ATP（只有新陈代谢之轮的转动才能产生）。这样的灾难不会只在鸟类身上发生。ATP 是一种广泛存在的能量单位，其代谢循环过程在所有生物身上都是一样的，作用也相同。其他物种生殖细胞中残留的杀虫剂也值

（照片约拍摄于 1970 年）

## 受 DDT 影响的鸟蛋

使用 DDT 后，鸟类受其影响，体内钙质代谢紊乱而产下无法孵化的软壳蛋。

得我们考虑，因为同样的问题，相同的效应也可能发生在我们身上。

有证据表明，这些化学毒素不仅出现在形成生殖细胞的组织里，而且会残留在细胞里。在一些鸟类和哺乳动物的生殖器官里发现了杀虫剂的身影——包括试验的野鸡、老鼠、豚鼠，榆树用药区域内的知更鸟，云杉卷叶蛾药物防治地区的鹿等。其中一只知更鸟生殖系统的 DDT 浓度比身体其他部位都高。野鸡也是，其生殖系统中 DDT 浓度大约为百万分之一千五。

也许是受性器官中高浓度药物残留的影响，人们在实验室里发现哺乳动物出现了睾丸萎缩的现象。接触了甲氧氯的幼鼠，睾丸会很小。给小公鸡喂食 DDT 后，成熟的睾丸只有正常大小的 18%；依赖睾丸激素发育的鸡冠和垂肉也只有正常大小的三分之一。

由于缺少 ATP，精子也可能深受影响。实验表明，二硝基苯酚会减弱公牛精子的活动能力，因为它会妨碍耦合作用，导致能量减少。进一步深入调查后，也许会发现更多的化学品具有相同的效果。医学报告曾经指出，空中喷洒 DDT 的作业人员的精子也有减少现象。

对全人类而言，遗传基因比个人生命更宝贵，它连接过去和未来。经过很漫长的进化才形成的基因，不仅使我们有了现在的样子，还影响着我们的未来——充满希望或是带来威胁。然而，我们所处的时代正面临着基因衰退的威胁，“这也是对文明最终的、最严重的威胁”。

今天，比较化学品和辐射之间的相似性不仅重要而且有必要。受到辐射的细胞遭到毁坏：正常分裂能力受阻，染色体结构发生异常，携带遗传信息的遗传基因会产生突变，后代改变了原来的特征。

如果细胞敏感度强，可能很易被杀死，或者恶化癌变。

一些化学品的类放射或者模拟放射后果在实验室里被证实。许多杀虫剂和除草剂包含在这类化学品中。与之接触过的人患病，或者在后来令其后代患病。

几十年前，辐射和化学品的这些效应还没有被我们知晓。当时，没有原子裂变技术，也没有模拟辐射的化学品试验。在 1927 年，得克萨斯大学动物学教授穆勒博士首次发现了被 X 射线照射后，动物后代身上发生了基因突变。穆勒的发现开创了科学和医学研究的新领域。穆勒因此获得了诺贝尔生理学或医学奖，全世界很快就熟悉了这些从天而降的灰色放射性粉末，现在就算不是科学家，人们也知道辐射可能造成的后果。

就算关注到的人不多，20 世纪 40 年代初，爱丁堡大学的夏洛特·奥尔巴赫和威廉·罗宾森也有过类似的发现。他们在使用芥子气的过程中发现，这种化学物质会使染色体产生永久的异常，这种异常与辐射引起的染色体异常相似到无法区分。在果蝇（穆勒在最初 X 射线研究中使用的也是这种生物）身上进行试验时，接触过芥子气的实验体也产生了突变。就这样，人类发现了第一种诱变剂。

今天人们又发现了很多可以改变动植物的遗传基因的其他化学品（除芥子气外）。为了明白化学品是如何改变遗传过程的，我们要先观赏在活细胞中上演的生命戏剧。

组成身体组织和器官的细胞必须有不断增殖的能力，才能保证身体的正常生长和生命代代相传。这个过程是由有丝或细胞核分裂完成的。在一个即将分裂的细胞内，会发生最重要的变化，首先是细胞核内的变化，最终变化扩散至整个细胞。在细胞核内，染色体

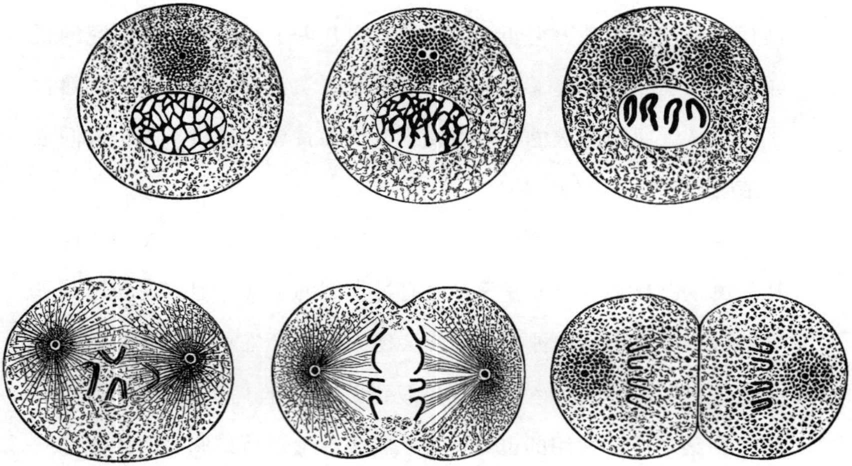

细胞进行有丝分裂的示意图。

会神奇地移动、分裂，然后排成一种固定的模型，把遗传物质——基因，传给子细胞。起初，它们呈长长的线状，基因排列在上面就像一串珠子一样。然后，每条染色体纵向断裂开来（基因随之分裂）。细胞分成两半后，两套染色体会分别进入两个子细胞内。这样每一个新细胞都会包含一整套染色体，它们都包含所有的遗传信息。通过这种方式，物种的完整性得以保存和延续。

生殖细胞的形成过程十分特殊。因为所有物种的染色体数量是恒定的，由此可知，即将生成新个体的精子和卵子只能携带一半的染色体。在生殖细胞形成的分裂过程中，染色体精确地完成了这一行为。此时的染色体并不分裂，每对完整的染色体就会进入每个子细胞中。

在这个阶段，所有生物的变化都是一样的。地球上所有的生命都会经历细胞分裂；不论是人还是阿米巴虫，不论是高耸的巨杉还是微小的酵母，没有细胞分裂就不能长期存活。因此，任何阻碍细胞分裂的因素对生物的健康及后代都会构成严重威胁。

乔治·辛普森和同事皮特德利以及蒂凡尼在包罗万象的著作——《生命》中写道："细胞组织的主要特征，包括细胞分裂在内，可能已经存在超过 5 亿年了，也许将近 10 亿年。从这方面看，地球上的生命很脆弱，也很复杂，但是很坚韧——甚至比山脉都要坚韧。这种坚韧完全依靠遗传信息一代代精确传递。"

但是，在作者回顾的这 10 亿年里，没有出现过与 20 世纪中期人造辐射和人造化学品广泛传播类似的，对"精确传递"直接有效的威胁。澳大利亚一名著名的医师，同时也是诺贝尔生理学或医学奖获得者，麦克法兰·伯纳特认为，我们时代"最明显的医学特征

**弗兰克·麦克法兰·伯内特爵士**

（Sir Frank Macfarlane Burnet，1899—1985），澳大利亚病毒学家，主要以免疫学方面的工作知名。1949 年，他提出获得性免疫耐受理论并被英国生物学家梅达沃证实，由此二人共享了 1960 年的诺贝尔生理学或医学奖。

之一”，那就是“作为先进治疗手段和化学物质生产的副产品——诱变剂，越来越多地突破了人体的保护屏障”。

关于人类染色体的研究刚开始不久，环境对染色体影响的研究也会成为可能。1956 年，人类才确定了人体细胞的染色体数量是 46 条，我们仅能观察到染色体及其片段存在与否。环境的某些影响可以损害基因还是一个新概念，而且除了遗传学专家外，很少有人明白这点，专家们的意见没有被我们重视。今天，我们已经知晓了辐射的各种危害；当然，仍在极力否认的也大有人在。不光是政府的决策者，就连很多医学界的人都拒绝接受遗传学，穆勒博士对此常常深感遗憾。公众以及众多的资深医学专家、科技人员都很少知道化学品与辐射的危害是类似的。正是这个原因，化学品得到广泛使用（而不是仅用于实验室的实验）且尚未得到评测，但是这种评测绝对有必要。

不光是麦克法兰一人意识到了潜在的危险。英国一名博士皮特·亚历山大说，类似放射的化学物质的危害可能比辐射还大。根据数十年的遗传学报告，穆勒博士提出警告：“各种化学品（包括杀虫剂）跟辐射一样会增加基因突变的频率——现代条件下，我们频繁使用有毒化学品，人类基因有了突变的趋势。”

人们普遍忽略化学诱变剂，因为在它们最初被发现时只有几种，且仅用于科学研究。毕竟，氮芥并没有危害到所有人，而是被生物学家用于实验或者被医生用来治疗癌症（最近试验报告显示，接受癌症治疗的病人出现染色体异常）。但是，很多人却离不开杀虫剂和除草剂。

尽管人们对这个问题很少关注，但是我们仍然可以在很多“杀虫剂”案例中收集到很多资料，证明它们破坏了细胞的重要功能：因染色体损伤或基因突变，最终导致细胞发生癌变。

几代蚊子接触 DDT 后，会变得雌雄同体。苯酚处理过的植物，由于染色体被破坏，基因改变，出现大量突变性状和“不可逆的遗传变化”。接触苯酚之后果蝇会发生基因突变；如果是常见的除草剂或尿烷，剧烈的基因突变可能会致果蝇死亡。尿烷属于氨基甲酸酯类化学品，它是很多杀虫剂及其他农药的主要成分。有两种氨基甲酸酯类化学品用来防止储藏的土豆发芽，因为它们可以阻止细胞分裂。另一种防止发芽的化学品——马来酰肼已经被认定是危险的诱变剂。

六六六或林丹接触过的植物，其根部会长出肿块。细胞肿胀变大，这是因为它们内部的染色体数量翻倍了。随着细胞不断分裂，染色体会继续复制，直到细胞分裂停止。

除草剂 2,4–D 也会使植物根部长出瘤子一样的肿块。染色体会变短、增厚，并聚拢在一起。细胞分裂被严重阻碍。可以说，这种危害与 X 射线的照射效果相同。

这仅是一部分证例而已，还有很多例证可以作为说明。然而，今天还是没有专业检测杀虫剂诱变后果的综合研究。上面的例子是细胞生理学或遗传学研究得出的结论。该抓紧时间做的就是对杀虫剂诱变后果进行针对性的研究。

有些科学家承认环境辐射对人类有危害，却不相信化学诱变剂也会带给人类同样的后果。他们举例说明辐射的强大威力，但不认可化学品会侵入生殖细胞。这是因为我们对人类的直接研究是匮乏的。然而，有一个强有力的证据：鸟类和哺乳动物生殖腺和生殖细胞中出现大量 DDT 残留，至少让我们明白氯化烃不仅遍及全身，而且与遗传物质进行了亲密接触。宾夕法尼亚州立大学的教授大卫·戴维斯发现一种强力化学品可以阻止细胞分裂，并造成鸟类不孕。不足以致死的化学品会造成生殖腺里的细胞停止分裂。而这种化学品在癌症治疗中会有限地使用。戴维斯教授在野外试验中也得到了一些成果，所以我们相信所有生物的生殖腺都会受化学品的侵害。

最近关于染色体变异的医学研究发现意义重大，让人非常兴奋。1959 年，英法两国独立的调查小组得出了同样的结论——人类的某些疾病是由染色体数量异常引起的。研究发现某些有疾病和畸形的人，他们的染色体数量都与常人不同。比如我们说的唐氏综合征患者体内的细胞就多了一条染色体。有时候，这条多余的染色体会附在另一条上，因此染色体总数还是 46 条。一般情况下，多余的一条是独立存在的，因此染色体的数量达到了 47 条。这些疾病要追溯到上一代人身上。

美国和英国的慢性白血病患者中，他们血细胞中的染色体出现了异常情况。这种异常包括部分染色体的缺失。但患者身上皮肤细胞的染色体是正常的。这说明并不是孕育他们的生殖细胞存在染色体缺陷，而是某种特定细胞（在本例中，首当其冲的是血细胞）在患者的生命历程中受到了损害。染色体部分残缺可能导致它们失去了执行正常行为的“指令”。

自从进入了这一研究领域，与染色体异常相关的身体缺陷类病例增长迅速，大大超出了医学研究的范畴。已知的克氏综合征[①]就与一条染色体的复制有关。患者为男性，他有两条X染色体（变成了XXY，而不是正常的XY），所以有些不正常。这种情况，患者常常会出现身体过高、智力缺陷和不孕不育等症状。相反，如果一个人只有一条性染色体（成为XO，而不是正常的XX或者XY），虽然患者是女性，但是会缺少很多第二性征。这种情况通常伴有生理（有时候是智力）缺陷发生，因为X染色体必定包含各种特征的基因。这种疾病叫作特纳综合征。在人们发现这两种病症的原因之前，医学文献中就早有记载了。

在研究染色体异常的领域中，不同国家的科学研究者正在努力工作。由克劳斯·帕托博士带领的威斯康星研究组一直致力于研究各种先天畸形，包括智力缺陷的研究。这些疾病病因的研究结论是染色体只进行了部分复制，在复制过程中，一条染色体链断裂，且

① 克氏综合征（Klinefelter's syndrome）或称XXY、47XXY综合征，俗称次雄性综合征，是因男性有两条或两条以上的X染色体所致的疾病。该疾病的主要特征为不孕。通常症状很轻微，甚至许多患者根本不知道他们患有该病。严重的会有身材异常、睾丸过小、无精子的症状。

碎片没能精确地进行组合。这样的缺陷阻止了胚胎进行正常的发育。

根据现有知识，一条完全多余的染色体通常可以致命，因为它会威胁到胚胎的生命。目前，染色体异常时我们只知道有三种情况可以存活：一种是唐氏综合征。一种是有多余的染色体片段，虽然会造成严重损伤，但不一定致命。一些威斯康星的研究人员认为，这种情况可以合理解释为什么一些孩子一出生就有多种缺陷，这些缺陷通常包括智力低下等情况。

到目前为止，科学家研究的重点是染色体异常与疾病和缺陷的关系，还没有机会深究其具体原因。这是一个全新的研究领域。如果认定单一物质就可以造成细胞分裂过程中染色体的损伤或行为怪异，无疑是没有依据的。但是，现在环境中到处都是直接攻击我们染色体的化学物质，它们直接导致了上面的后果，难道我们应该对此不闻不问？为了使土豆保存完好不生芽或院子里没有蚊子，这样做，付出的代价是不是太高呢？

我们的遗传基因，是经历了20亿年进化和选择的结果，它们由祖先传给我们，暂存在我们这里，之后还要传给后代。只要我们愿意，一定能够保护遗传基因的完整与安全。我们现在做得还远远不够。尽管法律规定化学品生产商要检验产品的毒性，但并没要求检验化学品对基因的确切影响，所以他们就不会这样做。

## 第十四章

# 四分之一的概率

把所有致癌物从现代生活中清除出去是不现实的做法。其中大部分含有致癌物的化学品都不是生活的必需品。只要不用这些不必要的化学品，就能大大减少致癌物的总量，也会大大降低人类患癌的风险。现在有四分之一的人面临患癌的危险。我们需要付出最坚定的努力，杜绝致癌物继续污染我们的食物、水源和大气，因为与它们微量但长年累月的接触正是最危险的接触方式。

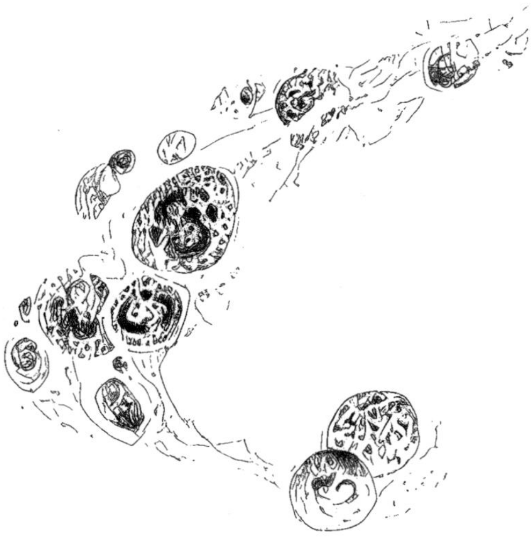

生物的抗癌斗争由来已久，其源头早已湮没在历史长河中，不为人所知。但是，它最初必定来自自然环境中，无论何种生物都受到了太阳、风暴和地球古老自然因素或好或坏的影响。环境中的因素会制造一些灾难，生物不是适应，就是毁灭。太阳的紫外线会引发恶性肿瘤。同样，某些岩石的辐射也是如此，土壤或岩石冲刷出来的砷污染了食物或水源，也会引起某些疾病。

早在生命出现之前，这些危险的元素就存在于环境中了；然而，生命还是顽强地出现了，经过了几百万年的时间，它们数量激增，种类丰富起来。在自然缓慢演进过程中，不能适应的生命遭到淘汰，具有顽强抵抗力的存活下来，生命达到了与自然的破坏力量相适应状态。这些天然的致癌物质仍然是恶性病变的原因，只是因为它们现在数量很少，而且早已存在，所以生命从开始就习惯了这些物质。

但随着人类的出现，情形发生了转变，因为在所有生物中，只有人类才能够创造致癌物。其中有的人造致癌物已经在环境中存在了好几个世纪。含有芳香烃的烟尘就是一个例子。随着工业时代的来临，世界发生着持续加速的变化，很多化学和物理工具应运而生，它们都能诱发某些生理变化。自然环境正被人造环境取代。对于自己亲手创造的这些致癌物，人类没有任何防护措施，他们的进化还不能保护自己不受致癌物的伤害，所以人体对新条件的适应也是迟缓的。因此，这些强致癌物能轻易地击破人体脆弱的防线。

癌症这种疾病自古就有，但是我们对于癌症诱因的认识却很不成熟，十分迟缓。大约两个世纪以前，伦敦的一名医生才第一次发现外部或环境因素能导致恶性肿瘤癌的发生。1775 年，波西瓦・帕特宣布，扫烟囱的清洁工经常患有的阴囊癌一定和他们体内的煤烟

烟囱清扫工是检查并清除烟囱中的烟灰和杂酚油的人。这项工作对消防安全来说十分重要。由于烟囱内空间狭窄，所以一度由孤儿或穷苦人家儿童来从事这项工作，这经常让他们在青春期就患上被称为“煤灰疣”的皮肤癌。清扫烟囱是18世纪最困难、最危险、收入最低的职业之一，因此在诗歌、民谣和哑剧中受到嘲笑。直到19世纪中后期，英国才立法禁止儿童从事这项工作。到了20世纪，这项工作被赋予了一种浪漫化的象征意义，有些地区将见到烟囱清扫工视为一种幸运。

相关联。当时他还无法提供我们要求的“证据”，但是现代科学技术已经提取了烟灰中的致癌物，证明了他的见解是正确的。

在帕特发现之后的一个世纪或更长的时间内，人们的认识没有更大的改观，没有认识到环境中的一些化学品经反复的皮肤接触、吸入或者吞食是能够致癌的。尽管如此，也有人察觉到在康沃尔和威尔士炼铜厂和铸锡厂工作的工人，由于长期接触含砷烟雾，易患皮肤癌。人们也发现，在萨克森州的钴矿和波希米亚地区约阿希姆斯塔尔的铀矿工作的工人会患上一种肺病，该病后来确诊是癌症。但这只是前工业时代的现象，工业大规模发展并走向繁荣后，各种化学品就充斥在世界各个角落的生命体内。

19 世纪最后的 20 多年里，人们才开始对起源于工业时代的恶性病变有所认识。当巴斯德正在努力证明微生物是许多传染病的病源时，其他人正研究造成萨克森新型褐煤和苏格兰页岩产业工人皮肤癌的原因，还有工作中接触柏油和沥青引发的其他癌症。到了 19 世纪末，6 种致癌物被人类发现了；而到了 20 世纪，无数的致癌化学品被创造出来，并与普通人密切接触。在帕特的研究之后，不到两个世纪的时间内，环境已经发生了翻天覆地的变化。危险化学品不再局限在职业者身上，它们已经进入了每个人——甚至包括未出生的婴儿的生活环境中。因此，现在有如此多的恶疾也不足为奇了。

恶性病的增加并不是人们的主观想象。1959 年 7 月，人口统计局的月报上说，恶性疾病的增加（包括淋巴和造血组织的疾病）造成死亡的人数占 1958 年死亡总人数的 15%，而 1900 年仅为 4%。根据目前的发病率，美国癌症协会估计现有人口中有 4500 万人最终会身患癌症。这就意味着，三分之二的家庭将遭受恶性疾病的打击。

**路易·巴斯德**

(Louis Pasteur，1822—1895)，法国微生物学家、化学家，微生物学、免疫学和发酵工艺等领域奠基人之一。他因以生源说否定自然发生说、倡导疾病细菌学说，并发明预防接种方法以及巴氏杀菌法而闻名，创造了狂犬病和炭疽病疫苗，被世人称颂为“进入科学王国的最完美无缺的人”。他和费迪南德·科恩以及罗伯特·科赫一起开创了细菌学，被认为是微生物学的奠基者之一，被称为“微生物学之父”。

而孩子的情况更加令人担忧不已。25 年前，儿童得癌症很罕见。如今，死于癌症的儿童数量比死于其他任何疾病的都多。情况已经变得非常糟糕，所以波士顿市成立了一家专门治疗儿童癌症的医院。1 岁到 14 岁的死亡儿童中，死于癌症的占 12%。在不到 5 岁的儿童中，出现了大量恶性肿瘤的病例。但更令人恐惧的是，很多刚出生或者待产的婴儿中已经出现了肿瘤患者。美国国家癌症研究所的休伯博士是环境致癌研究的最早权威专家。他认为，先天性癌症和婴儿患癌可能与母亲怀孕期间接触致癌物质有关，这些物质进入胎盘后，会危害发育的胚胎组织。实验也证明，接触致癌物质后，体型较小或年幼的动物更易患癌。佛罗里达大学的弗朗西斯·雷警告说：“在食物中添加化学物质会导致儿童患癌……可能在一两代人之后，我们难以想象会有什么后果了。”

我们应该关心的是，用来试图控制自然的化学品是否直接或间接致癌。从动物实验得到的结论看，有五六种杀虫剂肯定应该被评为致癌物。如果我们再把一些医生认为的可以导致白血病的化学品加上，这份致癌物名单会更长。这些证据都是根据情况推测的，因为我们不可能在人的身上做实验，所以结论也只能如此；但这个结论已经相当震撼了。如果加上那些导致活体组织和活性细胞间接致癌的化学品，就会有更多杀虫剂加入这个清单。

含砷杀虫剂是最早被发现与癌症有关的化学品，如除草剂中的亚砷酸钠、杀虫的砷酸钙和其他化合物。人和动物的癌症与砷的关系由来已久，休伯博士在他的专题著作《职业肿瘤》中便提到过。近1000年来，西里西亚地区的赖兴斯坦市一直是金、银矿的重要产区，砷矿也开采了几百年的时间。几个世纪以来，砷矿废料堆积在矿井周围，被山上冲下来的溪流带走。地下水源受到了污染。当地很多居民遭受“赖兴斯坦病”的折磨——慢性砷中毒，症状为肝、皮肤、消化系统受损和神经系统紊乱。这种疾病也常常有恶性肿瘤伴随。这种病已经成为历史，因为20多年前，这里换了饮用水源，新的饮用水里不含砷了。然而，在阿根廷的科尔多瓦省，伴有皮肤癌的慢性砷中毒仍很严重，原因是取自岩层的饮用水含砷。

长期坚持使用砷杀虫剂很容易形成类似赖兴斯坦和科尔多瓦的情况。美国的烟草种植区、西北部果园和东部蓝莓产区都使用含砷药剂，很容易对供水造成污染。砷污染不仅伤害人类，还会影响动物。1936年，德国发表了一份重要的报告。在萨克森州的弗莱堡市，银、铅熔炉向空中喷出大量含砷的烟尘，随风飘向周围的村庄，最后落在了植物上。据休伯博士说，马、牛、山羊和猪一定吃了这些植物，因为它们身上出现了脱毛和皮肤加厚的状况。附近森林里的鹿则出现了异常色斑和癌症前期的疣。其中一只鹿已经很明显患上了癌症。所有受影响的家畜和野生动物都得了“砷肠炎、胃溃疡和肝硬化”。圈养在熔炉附近的羊患上了鼻窦癌。它们死后，在大脑、肝脏和肿瘤中检测出了砷。这个地区的昆虫也大量死亡，尤其是蜜蜂。下过雨后，含砷粉尘被雨水冲进了溪流和池塘，造成了大量的鱼死亡。

广泛用于治理螨虫和蜱虫的一种新型有机杀虫剂也是一种致癌物。历史经验充分证明，尽管存在相关法律，但是由于控制这种中毒情况的法律程序诉讼迟缓，在政府判决之前公众已经被迫接触致癌物好几年了。这个故事从另一个角度看又是耐人寻味的，今天劝说公众接受的“安全”事物，明天可能就变得非常危险。

1955 年，这种化学品投放的时候，制造商曾为它申请了一个限值，即允许农作物带有少量残留。根据法律要求，他们在动物身上做了实验，并把实验结果一起交了上去。但是，美国食品药品监督管理局的科学家认为这种产品有致癌的风险。所以，该局委员会建议实行“零容忍”，也就是说州际贸易食品中不能含有任何药物残毒。但是，制造商是有权进行上诉的，于是此案交由委员会重新审查。最后，委员会做出了一个折中的决定：允许百万分之一的残留。另外，产品可以先出售两年以观后效，同时进行实验研究该化学品是否为致癌物。

虽然委员会没有明说，但是实际上就是让公众扮演豚鼠、老鼠和狗的角色，被用来进行实验。动物实验很快就出了结果，两年后，这种除螨剂被证明确实是一种致癌物。但是到了 1957 年，美国食品药品监督管理局仍不能马上废除致癌物的残留允许值，致癌物质得以继续污染公众的日常食物。这种情况又持续了一年，直到 1958 年 12 月，美国食品药品监督管理局委员会建议的“零容忍”才得以实行。

这些仅仅是杀虫剂中被确认的致癌物。动物实验中，DDT 导致疑似肝脏肿瘤疾病的发生。发现这些癌细胞的美国食品药品监督管理局的科学家虽然不知道如何对此进行归类，但还是认为应该把它们定为“低级肝癌细胞”。如今，休伯博士明确地把DDT定为“化学致癌物”。

人们还发现氨基甲酸酯类的两种除草剂IPC和CIPC可以引起老鼠皮肤肿瘤。其中有些是癌。这些化学品先引起癌变，然后由环境中的各种化学品共同作用发展为癌。

实验动物的甲状腺癌就是除草剂氨基三唑引起的。1959年，有的蔓越莓农户误用了这种化学品，使得待售的水果上含有这种药物残留。美国食品药品监督管理局销毁这些受污染的水果后，许多人不相信这种化学品会使人致癌，其中包括很多医学工作者。该局引用实验，公布老鼠喝了氨基三唑患癌的事实。这些老鼠喝的水中含有浓度为百万分之一百的氨基三唑（一万勺水中加入一勺氨基三唑），到第68周时，老鼠就患上甲状腺肿瘤。两年后，超过一半的实验用鼠身上都出现了肿瘤，有良性的，也有恶性的。即使小剂量的喂食也会引发肿瘤——实际上，任何剂量都会产生影响。当然，实验结论还是不能让人知道多大剂量的氨基三唑会使人类致癌，哈佛大学的医学教授大卫·鲁茨坦指出，致癌剂量受人类本身对它的敏感程度的影响。

截至目前我们还没有充分的时间完全弄清楚新型氯化烃杀虫剂和除草剂的全部性能。很大一部分恶性肿瘤发展得都非常缓慢，需要将病人的一生分段看才能找出患病的那个时点。20世纪20年代初，女工们在给钟表转盘涂上发光数字时，使用的刷子不小心碰到了嘴唇，体内摄入了少量的镭。15年或更长时间后，她们中的一些确诊了骨癌。工作中接触化学危险品的人，要在15年到30年，甚至更

这些受雇于美国镭企业、替手表的表面涂上可以发亮颜料（也就是镭），最后导致辐射中毒的工厂女工被称为镭女郎。由于她们都被告知这种颜料是无害的，因此她们会用舌尖舔舐笔尖，让画笔可以更精细地替表面上色，有些人甚至将发光的颜料涂在指甲或是牙齿上。这导致这些镭女郎都吸收了致命分量的镭。之后，有五名镭女郎对她们的雇主提起了诉讼，要求美国镭企业对她们造成的职业伤害做出赔偿，并最终胜诉。这次胜诉对美国劳工权益的保护产生了重要影响。

长时间才发现自己得了癌症。

1942年军人首次接触DDT，普通居民则是从1945年开始的，与产业工人接触致癌物质的悠久历史相比晚了些。直到50年代，化学品才有点规模地投入使用。种子已经播下，只是这些化学品带来的恶果还尚未成熟。

大部分恶性病变的潜伏期都很长，但是白血病例外。在原子弹爆炸三年后，日本广岛的幸存者们有的患上了白血病，所以我们有理由相信白血病潜伏期非常短。也许其他癌症的潜伏期也不长，但是目前为止，在发病缓慢的癌症中白血病是特例。

随着杀虫剂的广泛应用，白血病发病日益增多。美国国家人口统计局的数据清楚地表明白血病正急剧增加。1960年，仅白血病就夺去了12,290人的生命；死于各种血液和淋巴恶性肿瘤的总人数在1950年是16,690人，到了1960年已经增至25,400人。1950年，每10万人的死亡人数仅为11.1人，到了1960年增加至14.1人。死亡增加并不仅是美国，各个国家死于白血病的人数正以每年4%到5%的速度增加。这意味着人类日益频繁地接触到了致命的化学品。

世界著名的医疗机构梅奥医院已经确认有数百名患者死于白血病。血液科的马尔科姆·哈格雷夫斯博士以及他的同事报告说，这些病人生前确实曾经接触过多种有毒化学品，包括DDT、氯丹、苯、林丹以及石油蒸馏液的各种喷剂。

哈格雷夫斯博士认为，在最近10年里，与使用致癌物有关的环境性疾病一直在增加。丰富的临床经验让他认识到："大部分患有血质不调和淋巴疾病的人都曾长期接触各种烃类化合物，它们是今天的大部分杀虫剂的成分来源。只要和病历联系起来总会发现这样的关系。”他现在掌握了大量的事实依据，这些都是他诊治过的病人，他们的病症包括白血病、再生障碍性贫血、霍奇金病以及造血组织紊乱等。他们都曾大量接触过该类化学致癌物质。

以一个讨厌蜘蛛的妇女为例说明。8 月中旬，她手里拿着含有 DDT 和石油蒸馏液的喷雾器进入了地下室，对整个地下室喷了一次药，楼梯下、水果柜、天花板和椽子上的所有角落都喷了一遍。喷完后，她立即感到很不舒服，恶心、烦躁、极度紧张。过了几天，情况好转。然而，她没有意识到自己可能已经发病，所以她在 9 月份又喷了一次。还是一样的症状，就这样经历了两次循环。在第三次喷药的时候，她出现了新症状：发烧、关节疼、浑身不适，一条腿得了静脉炎。最终确诊她得了急性白血病，一个月后离世。

哈格雷夫斯博士的另一名病人是一名厌恶蟑螂的职员，他的办公室在一栋陈旧的楼里，蟑螂常常出没惹来他无尽的烦恼，于是他决定除去可恶的臭虫。在一个星期天，他花了大半天仔细地把整个地下室喷了一遍药，连角落都没放过。他使用浓度高至 25% 的 DDT，溶解在甲基萘溶液里。很快，他的身上出现了瘀青，并开始出血。他带着满身的伤口来到医院血液科。经检测分析，他患上了严重的骨髓衰退症——再生障碍性贫血。在之后的五个半月里，他输了 59 次血，还有其他的辅助治疗。他一度暂时恢复了健康，但是在 9 年后，还是被致命的白血病找到。

在一些病例关联的化学品中，出现多次的杀虫剂是：DDT、林丹、六氯化苯、硝基苯酚、防蛾晶体对二氯苯、氯丹，及这些物质的溶剂等。就如那名医生强调的一样，单纯地接触一种化学品只是特例，不具有普遍性。农药产品通常包含多种化学物质，这些化学物质会溶于石油蒸馏液，再加上一些分散剂。含有芳香烃和不饱和烃的溶剂本身就可能会损害造血器官。从应用上看，这些石油溶剂是平时喷药不可或缺的一部分。

这些化学品与白血病及其他血液病之间存在因果关系，美国和其他一些国家的医学文献都记载着很多病例，都可以验证哈格雷夫斯博士的观点。病患包括各类普通人：被自己喷的药或喷药飞机伤害的农民；为了消灭蚂蚁而在书房里喷药并继续待在那里学习的大学生；一个在家里装了便携式林丹蒸发器的妇女；在喷过氯丹和毒杀芬的棉地里工作的人们等。在这些医学文献记载的背后，隐隐约约地藏着很多悲剧，就像捷克斯洛伐克的两个表兄弟一样。他们生活在同一个镇子里，经常一起玩耍，一起干活。他们一起做的最后一份工作是在一个农场里合伙卸下成袋的杀虫剂（六氯化苯）。8 个月后，其中一个男孩得了急性白血病，9 天就死了。此时，他的表弟也开始出现疲劳和发烧的症状。3 个月内，他的病情就恶化，被送往医院。经过确诊，他患上了急性白血病，最终也被病魔夺去了年轻的生命。

还有一个瑞典农民的例子，他让人想起日本渔夫久保山驾着“福龙号”渔船捕鱼的故事[①]。他以捕鱼为生，也靠种地过活，这是个

① 指日本远洋渔船第五福龙丸号及其船员久保山爱吉。这艘船在太平洋作业时被 1954 年 3 月 1 日美国在比基尼岛试爆氢弹产生的高能辐射感染。在试爆后的数星期，船上船员皆为急性辐射综合征所苦，并在治疗过程中，不慎经由输血得了丙型肝炎。除了年龄最大的无线通信长久保山爱吉以外，其他船员全数痊愈。久保山爱吉则在半年以后的 9 月 23 日死于丙型肝炎导致的肝硬化，享年四十岁。久保山爱吉被视为世界上第一个死于氢弹的受害者。

**白血病患者的白细胞**

显微镜下骨髓性白血病患者血液中发现的人类白细胞。

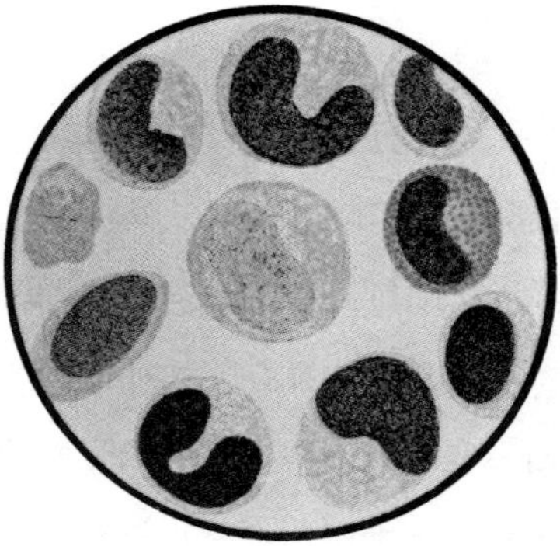

健康的农民。但是天空飘来了放射性烟尘和化学粉尘，这两种毒素判了他死刑。这个人在大约 60 英亩的土地上使用了含有 DDT 和六氯化苯的粉剂。阵阵微风把喷洒的药粉吹散，侵害了他的身体，给他带来致命一击。隆德市医院病历记载："晚上，他非常疲惫。后几天，他总是感觉很虚弱，背疼、腿疼、浑身发冷，浑身不舒服的他只能在床上躺着。他的病发展得很快，就算这样，还是拖到了 5 月 19 日（喷药一周后）才去当地医院就诊。"他高烧不退，血细胞水平也不正常。然后，他被送到了内科诊室，两个半月后去世。尸检发现他的骨髓已经完全萎缩了。

科学家对细胞分裂这种本来正常且必要的过程怎么突然变得异常且有害这个问题倍加关注，也耗费了大量的财力来研究这个问题。细胞内部究竟发生了什么，把有序增长的细胞变成了癌症恶魔了呢？

答案各不相同。因为癌症本身种类繁多，它的病源、发病过程和其生长和退化的因素都有所不同，所以原因各异。但是，许多现象的原因可能只是几种细胞的损伤。全世界都在进行研究，虽然不全是癌症研究，但是在这些研究中，我们依然能发现一些解决问题的蛛丝马迹。

当我们又一次发现关注生命的最小单位——细胞和染色体，就能获得更广阔的视野，拨开重重迷雾找寻真相。在这个微观世界里，我们必须找到使细胞神奇的运行机制变得异常的症结所在。

癌细胞起源有多种理论记述，其中最受人关注的就是德国马克斯·普朗克细胞生理学研究所的生化学家奥托·瓦尔堡教授。他一生致力于细胞内部氧化过程的研究。凭借丰富的知识底蕴，他清晰地告诉人们正常细胞癌变的过程。

瓦尔堡认为：不管是被辐射还是化学致癌物侵入，都将破坏细胞的正常呼吸，这样的细胞失去了能量。几次小剂量接触这些物质，就会导致呼吸受到严重抑制，一旦损害形成就无法逆转。没有被毒素杀死的细胞会努力补充失去的能量；但是，这些细胞不能通过高效运转来生产大量的ATP，它们不得不使用原始低效的办法，也就是发酵作用[①]。这样的模式会持续很长时间，后来的细胞分裂也会延续这种方式。一旦细胞失去了正常的呼吸能力，就很难复原，哪怕1年、10年甚至更长时间都不行。但是正常的细胞为了补充失去战斗力的细胞要进行持久的抗争，它们就会加大发酵力度来维持生存。这是一场生物式的斗争，只有适应能力最强的才能生存下来。最后，细胞内的发酵作用完全能够取代呼吸作用来产生能量。就这样就使正常的细胞变成了癌细胞。

瓦尔堡的理论给其他迷惑不解的人提供了答案。很多癌症之所

① 在生物化学界、生理学界，发酵作用被狭义地定义为：生物体内在无氧条件下，借由酶催化一系列氧化还原反应，降解碳水化合物从而释放少量能量的代谢过程。

**奥托·海因里希·瓦尔堡**

(Otto Heinrich Warburg，1883—1970)，德国生理学家和医生。1931年因“发现呼吸酶的性质及作用方式”被授予诺贝尔生理学或医学奖。瓦尔堡被认为是20世纪著名的生物化学家之一。他曾史无前例地在三个不同领域三次被提名诺贝尔奖。

以潜伏期很长，是因为在细胞的呼吸作用首次遭到破坏后，发酵作用的缓慢增加需要进行长时间无数次的细胞分裂。物种不同，发酵作用的速度也不相同，因而所需时间也不尽相同。老鼠所需时间较短，癌症会很快出现；人类需要的时间很长（可能需要几十年），病情发展的时间就长。

瓦尔堡的理论还解释了重复小剂量接触比一次性大剂量接触更加危险的原因。后者可以直接杀死细胞，而小剂量接触后，一些细胞虽会受损，但可以存活下来。幸存的细胞最终成为癌细胞。这就是致癌物质不存在“安全”与否的理由。

瓦尔堡的理论为我们解释了这样的现象——同一种元素可以用来治疗癌症，也可以引发癌症。我们知道辐射就是这样一种物质，它能杀死癌细胞，也能引起癌变。很多用于治疗癌症的化学品也是。为什么会出现这样的情况呢？因为这两种方式都会破坏呼吸作用。癌细胞的呼吸作用受到了破坏，再增加剂量的话它就死了。正常细胞的呼吸作用第一次遭到破坏时，虽然它不会立刻死亡，但已经走上了癌变之路。

瓦尔堡的观点得到证实是在1953年，通过其他研究人员的实验，长期而间歇性地停止供氧，让正常的细胞转化成了癌细胞。1961年，他的观点再次得到了验证。这次是在活体动物上证明的，而不是人工培养组织。在患癌老鼠体内注入放射性追踪物质后，细胞的发酵作用明显超出正常水平，和沃伯格预测的相同。

在瓦尔堡的发现被验证之后，大部分杀虫剂都被列入了致癌物。正如我们在前一章提到的那样，很多氯化烃、苯酚和一些除草剂都会破坏细胞的氧化和能量产生机制。这些化学品利用这些机制，创造出坏的细胞，里面蛰伏着不可逆转，也无法检测的癌变基因——直到有一天病因被彻底遗忘，甚至不被怀疑的时候——它们会突然被引爆，于是癌症到访。

癌症的另一种途径可能来源于染色体。对于一切破坏染色体、干扰细胞分裂或引起突变的因素，这个领域的很多著名专家都心存疑虑。尽管突变理论更多涉及的是生殖细胞，但他们还是认为任何突变都可能是癌症的潜在诱因。可能未来的几代人才会感到它的威力。但是身体细胞也存在突变，根据癌症起源的突变理论，被辐射或者受化学品影响的细胞会发生突变，进而使其分裂不受身体控制。因此，它可以自由增殖。通过这种分裂生成的新细胞也具备不受身体控制的能力，日积月累，它们就会发展成癌症。其他研究得出结论，癌组织中的染色体是善变的，它们容易断裂或受损，数量也不稳定，甚至可能出现两套染色体。

艾伯特·莱文和约翰·波塞尔首次发现了染色体异常与恶性病变的关联，他俩都供职于纽约斯隆凯特林研究所。关于恶性病变与染色体变异的出现顺序，他们一致肯定“染色体变异早于恶性病变”。在他们推测来看，在染色体开始受到伤害并出现不稳定情况后，很长一段时间很多代细胞都会进行反复试验和试错（恶性病变的漫长潜伏期），在此期间会发生各种改变，导致细胞脱离身体控制，并开始无规律地暴增——这就是癌症形成过程。

欧基维德·温格是染色体变异理论的早期认可者。他认为染色体倍增的情况非常重要。经过反复观察试验，大家发现六氯化苯及其同类化学品林丹会使实验植物的染色体数量翻倍，这些化学品又恰恰与很多记录在案的致命贫血症病例相关联，这难道仅仅是巧合吗？其他干扰细胞分裂的杀虫剂会不会也破坏染色体、引起突变呢？

白血病为什么会成为辐射或者类辐射化学品导致的最常见疾病？其实这个问题不难理解，这是因为物理或者化学诱因的主要目标是活跃的细胞，其中主要包括各种组织细胞，但最主要的是造血组织细胞。骨髓是红细胞的主要制造器官，它每秒向血液输送超过一千万个新细胞。白细胞形成于淋巴结和一些骨髓细胞中，其速度不同，但也快得吓人。

一些化学致癌物跟锶-90类似的放射物相似，同骨髓的亲和性极强。苯常被用作杀虫剂的溶剂，当它进入骨髓，就会在那里留存长达20个月。多年以来，医学研究把苯作为白血病的一个起因。

儿童生长迅速，为病变细胞提供了很好的环境。麦克法兰·伯内特曾说过，白血病患者数量不仅在大范围增长，而且白血病也成了儿童，包括三四岁幼儿在内的常见病了，在这个年龄阶段，其他疾病没有如此高的发病率。伯内特说：“三四岁的儿童成为发病高峰阶段，说明他们在出生前后接触了致癌物。”

尿烷也可以引发癌症。怀孕的母鼠接触尿烷后，它们和幼鼠都会患上肺癌。尿烷一定也进入了母鼠的胎盘中，因为这是实验幼鼠在出生前接触尿烷的唯一途径。就像休伯博士曾经警告人们的那样，如果接触了尿烷或相关化学品，婴儿也可能因产前接触而出现肿瘤病变。

属于氨基甲酸酯类的尿烷与除草剂 IPC 和 CIPC 化学性质类似。尽管有癌症专家警告，但是氨基甲酸酯类化合物仍被广泛应用：例如杀虫剂、除草剂、除菌剂，以及塑化剂、药品、衣物、绝缘材料等各种产品。

致癌的方式也可能是间接的。在一般情况下不会引发癌症的物质，由于破坏了人体某部分的正常机能，也可能导致恶性病变。最重要的例子就是生殖系统的癌症，它们与性激素失衡有很大关系；这种失衡可能是某些因素导致了肝脏保持性激素平衡的能力受限而造成的。氯化烃类产品就具有间接致癌的作用，它们在一定程度上都能对肝脏造成损伤。

当然，性激素在体内保持正常水平就会促进生殖器官发育。我们身体有着自身内在的法则，肝脏会平衡雄性激素和雌性激素（这两种激素同时存在于人体内，只是在数量上男女有所不同），以避免其中一种过多。但是，如果肝脏受到疾病或者化学品的伤害，或者 B 族维生素不够，肝脏就会失去那种平衡能力。雌性激素就会超出正常水平。

后果会怎么样呢？我们在动物实验中找到了有力的证据。洛克菲勒医学研究所的研究人员发现，在疾病导致肝脏受损的动物中，

**仓鼠**

通常被当作宠物饲养的仓鼠也是重要的实验动物。如我国就会使用金黄仓鼠和中国仓鼠进行动物实验。

子宫肿瘤的发病率很高，也许是因为肝脏不能平衡血液中的性激素，所以雌性激素“上升到了致癌的水平”。对小鼠、大鼠、豚鼠和猴子的多项试验发现，长期摄入雌激素（剂量不一定很多）就会引起生殖器官组织的病变——“从良性过度增殖到恶性病变”。过多的雌性激素也会使仓鼠患上肾肿瘤。

虽然医学界对于这一问题有过争议，但大量证据表明人类可能出现类似的情形。迈吉尔大学皇家维多利亚医院的研究人员发现 150 例子宫癌病例中，有三分之二的患者有雌性激素异常增高的现象。后来研究的 20 个病例中，90% 存在雌性激素过于活跃的情况。

也许是肝脏已经受到了损害，无法控制雌性激素，可是现有医疗条件还不能检测出来。我们知道，氯化烃就会产生这种情况，小剂量摄入氯化烃就会引起肝脏细胞病变。它还能导致维生素 B 的缺失。维生素 B 非常重要，因为有很多证据表明维生素 B 具有抗癌作用。斯隆凯特林癌症研究院的罗兹发现，给动物喂酵母后，即使让它们接触强力致癌化学物，也不会使它们患癌。因为酵母中含有丰富的天然维生素 B。缺乏维生素可能会导致口腔癌和消化道癌的发生。不仅在美国，在瑞典和芬兰两国的北部地区也出现过类似的情况，因为他们那里的饮食缺少维生素。营养不良的人群比较容易患原发性肝癌，例如非洲的班图部落。非洲部分地区多发男性乳腺癌也与肝病和营养不良有关。战后，希腊常见的男性乳房增大现象也与饥饿和缺乏维生素有关。

如今，我们还会越来越多地接触到各种合成雌性激素，它们普遍存在于化妆品、药品、食物以及相关行业中。简单地说，杀虫剂能够损伤肝脏并减少维生素 B 的供应，导致体内自身的雌性激素增多，进而间接引发癌症。人类与化学品（包括杀虫剂）接触不可避免，其接触形式也是多种多样的。一个人可能通过多种方式触及同一化学品。比如砷，它以不同的形式出现于人类的生活环境：空气污染、水污染、食品药物残留、药品、化妆品、木材防腐剂以及油漆或墨汁染料等。只与其中一种接触还不能引起病变，但由于其他化学品"安全剂量"的累积，任何一次单独接触都有可能超过承受的限度。

两种或两种以上不同的致癌物质会同时起作用，它们的效应还会累积起来。比如，一个人接触了 DDT，也会接触其他损伤肝脏的化学品：广泛使用的溶剂、脱漆剂、脱脂剂、干洗液以及麻醉剂。那么，此时 DDT 的"安全剂量"是多少？

一种化学品可能与另一种化学品发生作用，这就使情况变得不明朗。有时候是两种化学药剂共同作用导致癌症发生，其中一种使细胞或组织变得敏感，然后在另一种化学品催化的作用下，使细胞发生真正的恶性变异。除草剂 IPC 和 CIPC 就是皮肤癌的患病元凶，然后坐等可能只是普通的清洁剂燃爆。

物理因素和化学因素之间也可能会相互作用。白血病的发生可能有两个步骤，恶性变异是由 X 射线引发的，诸如尿烷这样的化学物质则提供了促进作用。人们越来越多地暴露于各种来源的辐射中，再加上与化学物质的大量接触，这是现代社会新兴的严峻问题。

放射性物质对水源的污染就是以上问题中的一种。这些物质作为污染物出现在水里，同时水里还有大量的化学物质，它们可能通过电离作用改变化学品的特性，使原子重新排列，生成了新的物质。

全美国的环境专家都在担心化学清洁剂污染公共水源，而且目前还没有找到清除它们的办法。有的清洁剂可能会间接致癌，它们残留于消化道的内壁改变着人体组织，使其更容易吸收危险的化学品，进而导致癌症的快速发生。但是，我们还不能预见并控制它。世界瞬息万变，除了“零”以外还有致癌物的“安全”剂量吗?

我们容忍环境中的致癌物质是在自寻死路，最近发生的一件事就清楚地说明了这一点。1961 年春天，很多联邦、州和私人的养殖场里，大量虹鳟鱼都患上了肝癌。美国东部和西部的鳟鱼都受到了影响——有的地区，几乎所有 3 岁的鳟鱼都患上了肝癌。之所以有这一发现，是因为美国国家癌症研究所环境癌症科和鱼类与野生动物管理局之间早有安排，要求报告所有患有肿瘤的鱼类，以便尽早预警水污染物对人类造成的癌症危害。

对肝癌暴发的原因还在研究，但人们在加工好的鱼类饲料的某种成分里发现了端倪。这种鱼食里除了基本的食物外，还掺有各种化学添加剂和药物。

多方面的证据都说明，鳟鱼事件很重要，但最主要的是它证明了强力致癌物会产生怎样可怕的后果。癌症多发是一个严重的警告，休伯博士认为人类必须控制环境中致癌物的数量和种类。“如果不采取预防措施，人类很快就会经历类似的灾难。”

**海因里希·赫尔曼·罗伯特·科赫**

（Heinrich Hermann Robert Koch，1843—1910），德国医师兼微生物学家，作为微生物学始祖之一，与路易·巴斯德、费迪南德·科恩共享盛名。1905 年，因结核病的研究获得诺贝尔生理学或医学奖。科赫因发现炭疽杆菌、结核杆菌和霍乱弧菌而出名。以他命名的罗伯特·科赫奖是德国医学最高奖项。

我们生活在一个“致癌物的海洋里”的事实不免令人沮丧，甚至感到绝望或倒向失败主义。这是一位研究人员形象的比喻，大部分人也这样认为，这不是无可救药了吗？清除致癌物质是不可能的吧？别做无用功了，把精力放在研究治疗办法上，不是更好吗？

面对这样的想法，休伯博士给出了让人佩服的答案。他认为，我们目前面对的癌症与 19 世纪末人类经历的传染病极为相似。因为巴斯德和科赫的杰出贡献，病原生物与许多疾病的关系得到了确认。人们都知道，人类生存环境中存在大量致病性的微生物，就像今天致癌物已经遍及我们周围一样。如今大多数传染病已经控制在了合理范围之内，其中一些已经被彻底消灭。这样辉煌成就的取得靠的是严格预防和有效治疗两者的结合。尽管在外行人看来是“神奇的药丸”和“灵丹妙药”的功劳，但是在这场战争中清除病原体才是真正决定性的胜利。伦敦的一名医生约翰·斯诺根据疾病发生的地方绘制了一张地图，发现疾病发源于同一个地方，这里的居民都用宽街的抽水机取水喝。根据预防医学的要求，斯诺博士立刻拧掉了抽水机的把手。从此，疾病得到了控制——不是神奇的药片杀死了霍乱细菌（当时这还是未知的疾病），而是把微生物从环境中清除。治愈患者仅是一个方面，铲除病源在治疗方法中也一样重要。如今肺结核相对少见，很大程度上是因为人们很少接触到结核细菌。

休伯博士认为，今天，我们的世界存在致癌因素，如果将全部或者大部分精力投入治疗癌症（假设能找到治愈的方法）必定会失败，因为大量的致癌物质未被清除，它们的致病速度要比无法预料的“治疗”快得多。

休伯博士说：“与预防措施相比，可能治愈患者更令人兴奋、更实在、更迷人和更富成效。”我们为何迟迟没有采取这种常识性的方法来治疗癌症呢？因为，预防癌症形成的思路“绝对是更人道的”，而且“一定比治疗癌症效果更好”。休伯博士从来不相信“早餐前服用一粒药丸就能预防癌症”，他认为这是痴心妄想，不切实际。人们相信这种方法，是对癌症的误解，以为癌症虽然神秘却是由单一原因引起的疾病，因而用单一的疗法就能治好。当然，这不是事实的真相。就如同环境性癌症是由多种化学和物理因素引起的一样，病变条件形式多样，生理表现也不尽相同。

虽然我们还要继续寻找治疗方法来为患者减轻病痛，但是寄希望于一蹴而就解决问题只会给人类带来伤害。这将是一个缓慢的过程，得一步步来。当期盼已久的“突破”变成现实的时候，也不可能成为医治各种恶性疾病的灵丹妙药。就在我们耗费时间、金钱大力研究癌症治疗办法时，却忽略了预防它的最佳时间。

这并不意味着我们已经失败了。与世纪之交的传染病比起来，防治癌症的前景是较为乐观的。如同我们今天置身于致癌物中一样，那时的世界也是布满细菌。但是病菌并不是人类投放的，它们传播疾病也是被迫无意的。相反，现代环境中的大部分致癌物由人类自己创造并传播，只要他们愿意，就能清除许多致癌物。致癌的化学品是通过两种方式来到我们地球的：第一，具有讽刺的意味是因为人们追求更舒适、更便捷的生活；第二，这些化学品的生产和销售已经成为我们经济和生活方式的一部分，为我们所接受。

把所有致癌物从现代生活中清除出去是不现实的做法。但其中大部分含有致癌物的化学品都不是生活的必需品。只要不用这些不必要的化学品，就能大大减少致癌物的总量，也会大大降低人类患癌的风险，而现在有四分之一的人面临患癌的危险。我们需要付出最坚定的努力，杜绝致癌物继续污染我们的食物、水源和大气，因为与它们微量但长年累月的接触正是最危险的接触方式。

癌症研究领域的很多著名专家也与休伯博士一样，认为通过查明环境诱因，清除或减轻其影响，可以显著减少恶性疾病的发生。对于那些潜在或者已经患癌的病人来说，当务之急是继续探寻治疗方法。对于那些尚未患癌以及尚未出生的后代来说，实行预防措施刻不容缓。

## 第十五章

# 大自然的反击

“我们必须改变自己的哲学观点，摒弃人类的优越感，承认在多数情况下，我们可以从自然的实际情况中找到限制生物数量的设想和方法。这比我们亲自动手搞出来的方法更划算。”

我们竭尽全力地改造自然，不择手段地实现我们的心愿，最后却一败涂地，这真是莫大的讽刺。这就是我们的实际情况。虽然很少提及，但这是真实、显而易见的，大自然没那么容易被塑造，昆虫已经找到了对付化学攻击的方法。

荷兰生物学家布雷约说："昆虫世界里有自然中最惊人的现象。这里没有什么不可能，看起来最不可能的事在这里也会出现。"深入研究昆虫奥秘的人总是为他们见到的景象惊叹不已。他知道任何事情都可能发生，完全"不可能的事"也时有发生。

如今"不可能的事"正在两个领域内发生着。通过遗传选择，昆虫有了抗药性。下一章会谈到这部分内容。我们需要注意的另一个更广泛的问题是，我们的化学战削弱了环境本身固有的阻止昆虫发展的天然防线，而正是这样的机制保持着物种的平衡。每当我们破坏这些机制时，就会有大量害虫滋生。

报告从世界各地传来，我们正身陷囹圄。经过十来年的化学控制，昆虫学家发现早已解决的问题又开始折磨他们；而且同时出现的还有新的问题，那些数量本来不是很多的昆虫已经肆虐成灾了。看来，化学控制简直是弄巧成拙，因为当初设计和实行这些行动时都没有考虑复杂的生物系统，人们就盲目地投入反对生物系统的战斗中。使用的化学品可能只在少数物种身上做过测试，但并不是全部生物。

如今，很多地方的人认为只有在很早以前那原始、简单的世界里才存在自然平衡——但是这一平衡状态现在已经完全遭到破坏，我们再也不需要考虑它。有些人觉得这样的想法合乎情理，但是把它当作行动指南是极其危险的。今天的自然平衡已经不同于冰河时期了，但是它依然存在。生物间复杂、精确、高度统一的关系不容忽视，否则就会像站在悬崖边上的人妄图挣脱地球引力一样危险，必定会受到自然的惩罚。自然平衡并不是静止的，而是处于一种流动的、变化的、不断调整的状态。有时候，平衡会对人有利；有时候又变得对人有害，当这一平衡被人本身的活动影响时，它会变得对人不利。

现代社会，人们在昆虫防治计划的设计过程中忽略了两个至关重要的事实。第一，真正有效的昆虫控制是由自然来实施的，而不是人类。物种繁殖数量是由昆虫学家称之为环境防御的一种力量控制，自出现第一个生命起就是这样的。食物的数量、天气和气候条件、竞争或猎食者的数量等，都是非常重要的制约因素。“昆虫不会在世界各地泛滥的最主要因素是昆虫内部的互相残杀”，昆虫学家罗伯特·梅特卡夫说。然而，现在使用的大部分化学品会杀死所有昆虫，无论是敌是友都格杀勿论。

第二个被忽略的事实是：一旦制约环境遭到削弱后，某些昆虫就会以爆炸性的繁殖能力迅速复生。很多生物的繁殖能力简直超出我们的想象，尽管我们时常有瞬间的醒悟。我记得在学生时代，在一个装有干草和水的罐子里加几滴原生动物的培养液就会出现奇迹。几天内，罐子里满是旋转移动的小生命——无数的草履虫，每一个都小如尘埃，在适宜温度、食物充足、没有天敌、临时的天堂里无限繁殖。我想起以前曾见到海边岩石上布满了白色的藤壶，还见到过一大群水母游过的壮观景象，水母群如鬼魅般颤动不已，无边无际，与海洋融为一体。

当鳕鱼从海洋游到冬季产卵的地方时，我们就能看到大自然的

**水母**

水母通常是独居、漂浮或游泳生活，极少数是群居动物。平时看到的水母集群可能是由于夏季水面受阳光照射增强，浮游生物大量繁殖，使水母在一年中某一时期大量存在。

控制作用创造奇迹了。每一条母鱼会产下数百万鱼卵，但是海洋里的鳕鱼却不会泛滥。每一对鳕鱼所产的数百万鱼卵中，只有一小部分能够存活，成长为代替父母的大鱼，这就是自然的制约作用。

生物学家们常有一种设想，如果发生意外灾难，自然的制约遭到破坏消失，只有一个生物种群能够存活繁殖，将是怎样的景象？一个世纪之前，托马斯·赫胥黎曾推测，一只蚜虫（不经交配就可以神奇地产生后代）在一年中产生后代的重量相当于美国人口总重的四分之一。

当然，这只是理论上的极端情况，但是它被研究动物种群的人所见识，这些人最了解扰乱自然秩序带来的可怕后果。牧民消灭土狼的热潮造成了田鼠成灾，因为土狼扼制着田鼠的数量。亚利桑那州凯巴布高原的鹿是人们耳熟能详的另一个相关案例。鹿群的数量曾经与环境相协调。各种猎食动物（狼、美洲狮、土狼）控制着鹿群数量，使鹿群的数量与食物相适应。但是，人们为了“保护”鹿群，杀死了所有的天敌。猎食动物消失后，鹿群大量繁殖，很快食物就不够了。低矮的植物已经被吃光了，它们不断努力吃到高处的

各种猎食者如狼、美洲狮、土狼，控制着鹿群数量，使鹿群的数量与食物相适应。但是，人们为了“保护”鹿群，杀死了所有的天敌。猎食动物消失后，鹿群大量繁殖，很快食物就不够了。低矮的植物已经被吃光了，它们不断努力吃到高处的树叶。后来饿死的鹿竟然比猎食动物杀死的还要多。

树叶。后来饿死的鹿竟然比猎食动物杀死的还要多。另外，由于鹿群疯狂地寻找食物，整个环境也遭到了破坏。

田野和森林中的捕食性昆虫（捕食其他昆虫的昆虫）与凯巴布高原的狼和土狼所起的作用一样。杀死它们，其他被捕食的昆虫数量就会猛增。

没人知道地球上到底有多少种昆虫，因为还有很多昆虫没有被人类认识。但是目前已知的就超过 70 万种。这就意味着，从物种上看，70% 到 80% 的地球生物是昆虫。大部分昆虫为自然力量所制约，而不是人类的干预。如果不是这样，真不知道需要多少化学品——或者其他方法——才可能控制它们的数量。

糟糕的是，在昆虫的天敌消失之前，我们几乎不知道自然的保护作用。我们大多数人对此一无所知，漠不关心，毫不理会它的美丽和奇妙，以及我们周围的那些奇特、数目惊人的生命。人们对捕食性昆虫和寄生虫的活动也了解甚少。可能我们曾经注意到花园里的灌丛上一种形状怪异、姿态凶猛的昆虫——螳螂，却很少了解到它以其他昆虫为食。只要我们在晚上的时候打着手电筒去花园随便逛逛，就会发现螳螂正悄悄逼近它的猎物。这时候，我们就明白了猎食动物与猎物之间的关系，于是我们会感受到大自然自我控制的强大力量。

捕食性昆虫种类繁多。有的动作非常敏捷，可以像燕子一样在空中捕获猎物；还有一些昆虫会沿着树干费力爬行，沿路吞食像蚜虫这样不移动的小昆虫。黄蜂捉到软体昆虫后，会把肉汁喂给幼虫。泥蜂会在屋檐下筑起圆柱状的蜂巢，并在巢里储存昆虫供幼蜂食用。沙蜂会在牛群上方盘旋，杀死困扰牛群的吸血蝇。因为嗡嗡声常被误认为是蜜蜂的食蚜蝇在滋生蚜虫的植物上产卵，这样孵化的幼虫就会吃到大量蚜虫。瓢虫可以有效地消灭蚜虫、介壳虫以及其他食草昆虫。毫不夸张，一只瓢虫需要吃掉成百上千只蚜虫才能点燃能量之火，而这只是为了产一次卵。

习性更特别的寄生昆虫，它们并不会直接杀死宿主，而是通过各种适应性的变化，利用宿主喂养自己的幼虫。它们会在猎物的幼虫或卵里产卵，这样它们的幼虫就可以直接以宿主为食。有的寄生虫会用一种黏液把卵附着在毛虫身上，孵化的时候，寄生虫的幼虫就钻入宿主的皮肤中。另外一些深谋远虑的寄生虫会靠天生的伪装把卵产在叶子上，这样觅食的毛虫会在无意间吞食它们的卵。

在田野、灌木篱墙、花园和森林，到处都是捕食性昆虫和寄生虫忙碌的身影。一个池塘的上空，几只蜻蜓飞过，阳光在它们的翅膀上折射出火焰般光彩。它们的祖先曾生活在拥有巨大爬行类动物的沼泽中。如今，它们仍像古时候一样，用锐利的目光和像篮子一样的腿在空中捕捉蚊子。在水下，蜻蜓幼虫捕食水生阶段的蚊子幼虫及其他昆虫。

在那里，有一只不易察觉的草蜻蛉。它是二叠纪一种古老物种的后代，有着绿纱般的翅膀和金色的眼睛，害羞且隐秘地趴在叶子上。草蜻蛉成虫主要以花蜜和蚜虫的蜜汁为食，它会把卵产在一根长茎的根部，并把卵与叶子固定在一起。从这些卵中生出它的孩子——奇特且带刺毛的幼虫蚜狮。蚜狮靠捕食蚜虫、介壳虫或螨虫为生，它们捉到虫子后会吸干其体液。在它们吐出白色的丝茧之前，每只草蜻蛉幼虫可以吃掉几百只蚜虫。

还有很多蜂类和蝇类，它们也有同样的能力，也是通过寄生的方式消灭其他昆虫的卵和幼虫并以此为生。一些寄生于卵的黄蜂非常小，但是由于它们的数量和大量活动，许多破坏庄稼的昆虫的数量得到了控制。

所有这些微小的生物都在工作，不分白昼，不论晴天还是下雨，甚至直到隆冬把它们的生命之火扑灭成一团灰烬前，它们仍在夜以继日工作。即使在冬天，这种生命力也在生机勃勃地燃烧着，等待在万物复苏的春天重新闪耀出巨大的生机与活力。同时，在厚厚的积雪下，在冻硬的土层，在树皮的缝隙里，在隐蔽的洞穴里，寄生虫和捕食性昆虫都找到了栖身之处来度过寒冬。

螳螂的卵被它的妈妈安放在灌木树枝的薄皮小盒子里，因为妈妈的生命已经随着夏天消逝而结束了。

在一些被遗忘的楼阁角落里隐藏着雌性造纸胡蜂，它体内有大量受精卵，未来的种群发展都要依靠这些卵。独自生活的雌蜂生活在一个小小的、薄薄的巢中，在春天时它会在每一个巢室产一些卵，小心地养育一些工蜂。在工蜂的帮助下，它会扩建蜂巢，扩大自己的族群。在炎炎夏日觅食的工蜂会吃掉无数的毛虫。

从这些昆虫的习性和我们的需求来看，这些昆虫都成了我们的同盟军，使自然平衡对我们有利。然而，我们却把炮口转向我们的朋友。可怕的危险就是，我们严重低估了它们牵制大量敌人的作用，没有它们的帮助，敌人一定会猖狂地危害我们。

于是杀虫剂的数量、种类以及毒性随之增长，环境防御能力持续降低，前景变得日益暗淡，而且这种无情的变化是普遍的、永久的。随着时间的流逝，我们可能遇到越来越多的严重的虫灾，它们有的传染疾病，有的毁坏庄稼，其种类大大超出我们所知的范围。

**造纸胡蜂**

造纸胡蜂（European paper wasp）是马蜂属中最常见、最知名的社会性蜂种之一。造纸胡蜂在筑巢时会从植物、木头、篱笆桩、电线杆和木质建筑材料等枯木中收集材料，然后把这些高纤维的材料嚼烂，并和高蛋白质的黏性唾液混合，制成一种类似于纸浆的物质。最终建成蜂巢的材料轻薄如纸，颇具韧性。

你可能会说："这些不都是理论上的吗？反正我这辈子是看不见了。"但是，就在此时此刻，它的的确确地发生了。据科学刊物记载，在1958年就有50种昆虫涉及了自然严重失衡。每年都会出现更多的例子。近来，对于这个问题的一篇评论参考了215篇相关论文，这些论文都报告或者讨论了杀虫剂引起昆虫数量失衡的不利情况。

有时候，喷洒化学药剂会适得其反。例如喷药后，安大略的黑蝇数量就增加到了原来的17倍。在英格兰，喷洒了一种有机磷农药后，白菜蚜虫的数量便直线上升，数量之多，历史上绝无仅有。

在其他情况下，喷药虽然能有效地控制目标昆虫，却也打开了一个充满害虫的潘多拉之盒，之前从来没惹过麻烦的昆虫现在却泛滥成灾了。比如，在DDT和其他杀虫剂杀死叶螨的天敌后，这种小动物就遍布世界了。叶螨不是一种昆虫，而是一种小得几乎看不见的八脚生物，与蜘蛛、蝎子、蜱虫同属一类。它的口器适合穿刺和吸吮，它们特别喜欢吸食装点世界的叶绿素。它们用尖细的口器刺入常青树针叶的表皮细胞内，吸食叶绿素。轻微的感染就会使树木和灌丛呈现出斑驳点点；如果感染严重的话，植物的叶子就会变黄并脱落。

俄勒冈州粉河的防治单位为控制云杉卷叶蛾在森林喷洒 DDT。　（照片拍摄于 1955 年）

美国西部林区几年前就发生过这样的事情。在1956年，美国林业局在885,000英亩的森林上喷洒了DDT。喷药的目的是控制云杉卷叶蛾，但是到了第二年夏天，出现了一个比蚜虫更糟糕的情况。从空中鸟瞰时，工作人员发现大片的森林已经枯萎，高大的花旗松正在变黄，针叶也开始脱落。在海伦娜国家森林，在大贝尔特山西坡，在蒙大拿州的其他地区，甚至爱达荷州，所有的森林都像被火烧过一样。很明显，1957年夏天出现了历史上规模最大、最严重的叶螨灾难。几乎所有喷过药的土地都受到了虫害影响，但其他地方该情况并不明显。在寻找先例时，护林员想到了以前几次叶螨灾害，尽管都不如这次严重。1929年黄石公园麦迪逊河、之后的科罗拉多州、1956年的新墨西哥州，都出现过类似的情况。每次虫灾暴发都是在使用杀虫剂喷药之后（1929年还不是DDT的时代，那时用的是砷酸铅）。

为什么叶螨遇到杀虫剂会更加兴旺呢？一个明显的原因是叶螨对杀虫剂并不敏感。当然还有另外两个原因。叶螨的数量是由各种捕食性昆虫共同制约的，比如瓢虫、瘿蚊、捕食性螨虫以及其他一些捕食性昆虫等，这些昆虫对杀虫剂都非常敏感。第三个原因与叶螨种群内部数量压力有关。一个未受影响的螨虫种群内虫数是非常稠密的，它们紧紧挤在一个保护带①之下以躲避敌人。一旦喷药，它们就会分散开来，虽然没有被杀死，但是也受到了刺激，溃散开来。

---

① 保护带（protective webbing）指叶螨在受到威胁时为了自卫而结出的丝网。叶螨与蜘蛛相似，有吐丝结网的能力，有时被误认为蜘蛛，民间也将叶螨称为红蜘蛛、蜘蛛螨（Spider mite）。

**苹果蠹（dù）蛾**

苹果蠹蛾是杂食性昆虫，属鳞翅目卷蛾科，有很强的适应性、抗逆性和繁殖能力，是一类对世界水果生产具有重大影响的害虫。

它们要寻找适合的环境。这样，它们慢慢会找到更广阔的空间和更充足的食物安身立命。在所有的天敌都被杀死之后，它们不用费力去编织保护带了，于是它们集中能量进行大量繁殖。叶螨产卵数量增长到了原来的 3 倍，异乎寻常！这都是杀虫剂的功劳。

著名的苹果种植区，弗吉尼亚州的雪伦多河谷中，当 DDT 代替砷酸铅后，一种叫作红线卷叶虫的昆虫便多了起来。过去它的危害并不严重；但是这次它迅速成为危害最严重的果树害虫，并带走了 50% 的农作物。不仅在本地，而且在美国东部和中西部，随着 DDT 的增加，它的身影无处不在。

这种状况饱含讽刺意味。20 世纪 40 年代末，在新斯科舍省的果园中，定期喷药的地方是苹果蠹蛾最严重的区域。而在没有喷过的地方，蠹蛾不多，也构不成危害。苏丹东部的农民们喷药很勤，但是效果却难以令人满意，那里的棉花种植户饱受 DDT 的危害。在加什三角洲的灌溉区，约有 6 万英亩的棉花。早期实验证明，DDT 杀虫效果明显，于是人们增加了喷药量。从那时起，麻烦就开始了。棉铃虫对棉花的危害最大，但是喷药越多，棉铃虫就越多。在未喷药的地区，棉铃和成熟棉朵受到的损害就较少。喷药两次的地方，棉籽产量骤减。虽然喷药也消灭了一些食叶昆虫，但由此得到的一

**棉铃**

棉花的果实，初长时形状像铃叫棉铃，长成后像桃叫棉桃，一般不加分别。棉花的花朵因授粉而受精后，它的子房就逐渐膨大成为幼铃，而后渐渐增大并成熟吐絮。

些好处又被棉铃虫造成的损失抵消了。最后，棉农们恍然大悟，不得不面对残酷的事实：如果不给自己找麻烦去花钱喷药，棉花的收成可能会更好。

在比属刚果和乌干达，大量使用 DDT 是为了对付一种咖啡树害虫，而在 1957 年，用药造成了不堪设想的后果——DDT 对这种害虫几乎没有任何影响，它的天敌却深受其害。在美国，由于喷洒农药扰乱了昆虫世界，农田的虫害愈演愈烈，近来的两次大规模喷药就产生了这样的后果。一次是美国南方的火蚁清除计划，另一次是中西部的日本金龟子歼灭战（见第十章和第七章）。

在 1957 年，路易斯安那的农田大规模使用了七氯后，使得甘蔗最凶恶的敌人——蔗螟泛滥。喷洒七氯后，蔗螟就得到解放，因为消灭火蚁的药剂杀死了蔗螟的天敌。作物受到严重毁坏，农民们试图起诉州政府疏忽大意，因为政府没能提早警告他们有这样的后果。

伊利诺伊州的农民也尝到了这样的苦果。为了控制金龟子，伊利诺伊州东部的农田里使用了大量破坏性的狄氏剂，农夫们却发现凡喷过药的地方，玉米螟的数量都成倍增长了。这一区域内的玉米螟的数量几乎是其他地方的两倍。农民可能不知道其中的生物原理，但是不需要科学家提醒，他们已经明白自己做了一笔不划算的买卖。

为了消灭一种昆虫，他们给自己带来了另一种危害更强的害虫。据农业部估计，金龟子每年造成的损失大约为 1000 万美元，而玉米螟带来的损失大约是 8500 万美元。

值得注意的是，人们过去一直依靠自然方法控制谷物害虫。1917 年，这种昆虫无意间被从欧洲带入美国，两年后，美国政府就开始了大规模的计划来搜寻并进口玉米螟的寄生虫。从那时起，有 24 种寄生虫从欧洲和东方各国陆续引进美国，也付出了不少可观的代价。其中，有 5 种寄生虫控制效果很好。无须多言，由于喷药杀死了玉米螟的天敌，这些成果现在都受到损害了。

如果这些成果不那么令人信服、让人怀疑的话，那么请参考加利福尼亚柑橘园的情况吧。在 19 世纪 80 年代，那里进行过世界著名的生物防治实验，并且取得成功。1872 年，加利福尼亚出现了一种以柑橘树汁为食的介壳虫。此后的 25 年间，介壳虫发展成为一种害虫，很多果园因此没有收成。新兴的柑橘工业面临破产的局面，很多农民都把果树拔掉了。后来，人们从澳大利亚引进了一种介壳虫的寄生虫：一种小巧的澳洲瓢虫。从首批引进瓢虫的时间算起，两年后，加利福尼亚柑橘种植区的介壳虫就得到了完全控制。从那时起，人们找了好几天，橘园里再也找不到一只介壳虫了。

到了 20 世纪 40 年代，柑橘种植户们开始用具有魔力的新型化学品对付其他昆虫。随着 DDT 和其他毒性更强的化学品出现，加利福尼亚的很多地方，小瓢虫都消失不见了。当年政府仅花费了 55,000 美元就进口了这种昆虫。它们的活动每年为果农们节省了几百万美元，但由于一时疏忽，这些利益被抵消了。很快，介壳虫卷土重来，造成了 50 年不遇的大灾难。

“这可能标志着一个时代的结束”，里弗赛德市柑橘实验中心的保罗·德巴赫博士说。现在控制介壳虫的工作变得复杂化了。只有通过反复放养和小心喷药，才能减少小瓢虫与杀虫剂的接触，保护好澳洲瓢虫。但是，不管果农怎么做，它们的命运都或多或少地受到临近农场主的摆布，因为飘散而来的杀虫剂已经造成了严重的灾难……

这些例子都是在谈关于农业害虫的。传播疾病的昆虫又是怎样的呢？我们已经得到不少警示。例如，在二战期间，南太平洋的尼珊岛就曾大量喷药，战争结束后，喷药也停止了。很快，携带疟疾的蚊子就重新入侵了这座岛屿。可当时捕食蚊子的昆虫已经被杀光了，新的种群无法及时形成，结果显而易见，蚊子大肆滋生。马歇尔·莱尔德描述当时的这一情景时，把化学控制比作一辆自行车——一旦我们踏上去，就会因害怕后果而不敢停下来。

在世界各地，喷药的方式与一部分疾病的联系密切。不知为什么，像蜗牛这样的软体动物几乎不受杀虫剂的影响。这种情况已经出现了多次。佛罗里达州东部盐沼大量喷药后，通常有大量生物死亡，只有蜗牛幸存下来。当时的景象是一个恐怖的画面——可能只有超现实主义的画笔才能创造出这一场景。成群的蜗牛在死鱼和垂死的螃蟹中间爬来爬去，蚕食着被致命毒雨杀死的遇难者。

为什么说这种后果很严重呢？这是因为很多蜗牛是危险的寄生虫宿主。这些寄生虫一生中部分时间在软体动物身上度过，部分时间是在人体中度过的。血吸虫就是其中一例，它们可以通过饮用水或者被污染的洗澡水进入人体，引发严重的疾病。血吸虫正是靠其宿主蜗牛进入水中的。这种疾病广泛分布在亚洲和非洲部分地区。

**蜗牛**

一般蜗牛以植物叶和嫩芽为食，因此是一种农业害虫。但也有肉食性蜗牛（例如扭蜗牛），会猎食其他种类蜗牛或蚯蚓等动物。

在有血吸虫的地方进行的昆虫防治，如果助长了蜗牛的大量繁殖的话，似乎可能导致严重的后果。

当然，人类不是蜗牛引发疾病的唯一受害者。寄生在淡水蜗牛身上的肝吸虫会让牛、绵羊、山羊、梅花鹿、麋鹿、兔子及其他温血动物患上肝病。感染虫子的动物肝脏不适合作为人类食物，因此受到严格管控并加以没收销毁。美国的牧民也因此每年损失 350 万美元。任何让蜗牛数量增加的措施都会使这一问题更加严重……

过去 10 年，这些问题已经投射出了巨大的阴影，但我们的认识却非常缓慢。那些最适合研究自然控制并有能力付诸实践的人员却一直忙于果园里更刺激的化学防治。据说，在 1960 年，全美国只有 2% 的昆虫学家从事生物防治领域的现场工作，其余的 98% 大都受聘于研究化学杀虫剂。

情况为什么会变成这样呢？主要是化学公司把大量资金撒向大学，用于支持杀虫剂药剂方面的研究。这就产生了诱人的研究生奖学金和吸引力大的职位。而生物防治从来都没有如此多的捐赠，原因很简单：生物防控无法给任何人带来像化学工业那样的巨额利润。这些生物控制研究就由州和联邦机构承担，而这些地方投入的资金就少之又少了。

这也解释了一个事实，为什么一些著名的昆虫学家都为化学控制辩护。对这些人的某些背景进行调查，我们会发现他们的整个研究项目就是由化学企业资助的。他们的专业威望，甚至工作都依赖于化学控制方法的存续。难道我们还能指望他们吗？知道了他们的偏见之后，我们不再相信杀虫剂是无害的。

在为化学品成为主要的控制方法而欢呼的呼声中，少数昆虫学研究家提出了一些不同观点，因为他们没有忘记自己是生物学家，不是化学家或者工程师的事实。

英国的雅各布说："从所谓的应用昆虫学家的角度看，他们这样做是由于相信了小小的喷嘴就能解决一切问题并拯救世界……如果问题复发、出现抗药性或者哺乳动物中毒，化学家就会准备好另一种药剂来治理。但情况并非如此，人们还意识不到：最终只有生物学家才能给出虫害防治基本问题的最佳答案。"

新斯科舍省的皮克特写道："应用昆虫学家必须知道，他们是在跟活着的生物打交道。他们要做的不仅是对杀虫剂进行简单的检测，或者寻找更强的化学品。"皮克特博士是生物控制防治领域的先驱，其研究方法充分利用了各种捕食性昆虫和寄生虫。他和同事们提出的方法已经成为光辉的典范，很难找到其他能望其项背的措施。只有在加州一些昆虫学家提出的综合防治计划中，我们才发现美国也有一些方法有着异曲同工之妙。

皮克特博士在大约 35 年前，就在安纳波利斯谷的苹果园里开始了他的研究，那里是加拿大果树最集中的地区。当时，人们都认为杀虫剂（当时是无机化学物）可以解决昆虫控制难题，所以唯一要做的就是劝导果农按照他们的方法使用。但是，美好的愿望并没实现。昆虫顽强地活了下来。于是人们增加了新的化学物质，发明了更好的喷药设备，喷药的热情也越发高涨，但是昆虫难题仍然没有大的好转。随后，人们又说 DDT 是“苹果蠹蛾噩梦的毁灭者”。实际上，DDT 的使用反而引起了一场史无前例的螨虫灾难。皮克特博士说：“我们只不过是从一场危机转入另一场危机，用一个难题替代另一个难题而已。”

基于这种观点，皮克特博士和他的同事找出了一个全新的方法，抛弃了跟其他的昆虫学家一样的老路。那就是不继续找更强的化学品。他们发现自然界中也存在着人类强有力的盟友，于是他们制订了一项最大化利用自然控制、最少使用杀虫剂的计划。必须使用杀虫剂时，只用最低剂量，刚好控制害虫，又不会对益虫造成危害。他们还会考虑适当的喷洒时机。比如，在苹果花变成粉红色之前，而不是之后使用硫酸烟碱。这样，一种重要的捕食性昆虫就不会受到影响，因为那时它们还没有孵化出来。

皮克特博士对化学药物的挑选非常认真，尽量选择那些对寄生虫和捕食性昆虫伤害小的化学品。他说：“如果我们像过去使用无机化学药剂那样来喷洒 DDT、对硫磷、氯丹和其他新型杀虫剂的话，即使是那些热衷于生物防控的昆虫学家也会认输。”他没有使用毒性较强的广谱杀虫剂，而主要依靠鱼尼丁（取自一种热带植物的地下根茎）、硫酸烟碱和砷酸铅。在某些情况下他也会使用低浓度 DDT 和马拉硫磷（每 100 加仑添加 1 到 2 盎司，而不是通常的每 100 加仑添加 1 到 2 磅）。虽然这两种化学药剂在现代杀虫剂中毒性最低，但皮克特博士仍希望通过进一步研究，找到更安全、更有效果的材料代替它们。

这个规划的实施效果如何呢？在新斯科舍省，实施皮克特博士喷洒计划的果农的优质水果产量与那些大量喷药的不相上下，但是参与这项计划的果农花费却小得多。新斯科舍省苹果园的杀虫剂费用仅是其他地区的 10% 到 20%。

比这些辉煌的成果更重要的是，新斯科舍省的昆虫学家发明的改良喷洒农药计划不会破坏自然平衡。这种情况让 10 年前加拿大昆虫学家乌里耶特提出的观点更容易理解了："我们必须改变自己的哲学观点，摒弃人类的优越感，承认在多数情况下，我们可以从自然的实际情况中找到限制生物数量的设想和方法。这比我们亲自动手搞出来的方法更划算。"

# 第十六章

# 雪崩轰鸣

生命是一个奇迹，超越了我们的理解；甚至在我们不得不与之为敌的时候，也要心存敬畏……诉诸武力，比如杀虫剂，充分证明了我们知识的匮乏和能力的不足，如果懂得如何引导自然发展，完全不必使用武力。我们需要的是谦卑的态度，而不是对科学盲目自负。

达尔文如果活到今天，他一定会感到兴奋和震惊，昆虫无比坚定地证明了适者生存理论的正确性。在化学药剂密集投放的重压之下，那些适应力较弱的昆虫已经灭亡。现在，在很多地区只有身体强壮、适应能力强的昆虫才能在化学药物中生存下来。

半个世纪前，华盛顿州立大学的昆虫学教授梅兰德问了一个现在看来纯粹是修辞学的问题："昆虫会产生抗药性吗？"假如梅兰德不知道答案，或知道得较晚，那是因为他问得太早——提问时间在1914年，而不是40年后。在DDT时代之前，使用的无机化学药剂在现在看来是适度的，保留了能够适应药剂和药粉的多种昆虫。梅兰德也遇到过梨园蚧的难题，多年来石硫合剂控制这种昆虫的效果令人满意。之后，华盛顿的克拉克森林，这种昆虫开始变得难以管控——比起韦纳奇果园、雅基马山谷及其他地区的此类昆虫，杀死该地的昆虫要更加困难。

突然，全国各地的介壳虫好似一下子顿悟了：果农们固然会勤奋地喷洒大量药剂，但这也不代表它们就一定要去死。在中西部地区，成千上万英亩的优良果园被抗药昆虫彻底糟蹋了。

在加利福尼亚州，用帆布把树罩起来，再用氢氰酸熏蒸的这种历史悠久的方法也没用了。因此，加利福尼亚柑橘试验中心开始研究，这项研究从1915年起一直持续了25年。在20世纪20年代，苹果蠹蛾从抗药性中尝到了甜头，在此之前的40多年里砷酸铅对它们的控制效果一直很好。

只有在DDT及其同类化学品出现之后，抗药性时代才真正来临。仅仅几年时间，这个可怕的问题就出现了，了解一点昆虫知识或者动物种群动态的人都不会感到惊讶。但是，对昆虫有有效反击化学药品的武器这件事，人们却认识得非常缓慢。现在看来，只有那些关注昆虫传播疾病的人才完全明白当时的紧急情况；大多数农学家仍然乐观地期待发明新的、更毒的化学品，而当前的困境正是由这种似是而非的思路造成的。

昆虫的抗药性却与之相反，发展得极快。1945 年以前，大约只有 12 种昆虫对 DDT 时代前的杀虫剂有抗药性。随后，因为新型有机化学品和大规模喷药技术迅速发展，1960 年，已经有 137 种昆虫有了抗药性。没人觉得这件事就到此为止。如今，全球已经发表了 1000 多篇相关的技术论文。世界卫生组织从世界各地召集了大约 300 名科学家，宣布“抗药性是带菌昆虫防治面临的最重要问题”。英国著名的动物种群专家查尔斯·埃尔顿博士说：“我们已经听到了大雪崩来临之前的轰鸣声。”

抗药性发展如此之快，以至于用一种化学品完全控制一种昆虫的报告墨迹未干，相关部门就紧接着发布了修订版的报告。南非的牧场主们深受蓝蜱虫[①]的困扰，单在一个牧场一年就有 600 头牛因蓝蜱虫丧命。多年来，蓝蜱虫已经对砷剂产生了抗药性。后来人们又试用了六氯化苯，短时期内效果很好。1949 年初发布的报告宣称，新的化学品可以控制蓝蜱虫；但是，当年又有公告称蜱虫已经对新的化学品产生了抗药性。这一情况促使一位作家在 1950 年的《皮革贸易评论》杂志上写道：“如果人们真正了解这件事的重要性，这条科学圈的秘闻和国外媒体的灵性报道便足以像关于原子弹的消息那

---

① 原文为“blue tick”，直译为“蓝蜱虫”，未见相关资料。

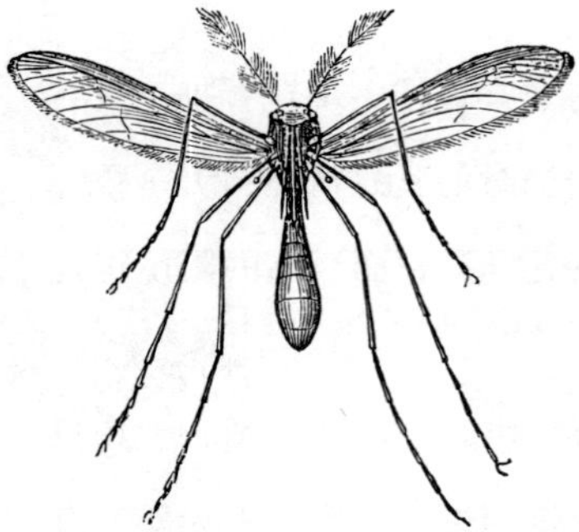

**按蚊属**

按蚊属别称疟蚊或马拉利亚蚊，是蚊科下的一属，成虫的特征是翅膀大多数有斑，停留时身体与停留面保持一角度。按蚊属下有 30~40 种蚊子是疟原虫属生物的寄主，会传播疟疾给人类。冈比亚疟蚊是其中最著名的一种，因为它是最危险的疟原虫——恶性疟原虫——的宿主。

样登上头版头条。”

昆虫的抗药性虽然是农业和林业关注的问题，但在公共卫生领域也引起可怕的恐慌。昆虫与人类疾病之间的关系非同一般。按蚊属的蚊子会向人体血液注射单细胞的疟疾病原体。其他蚊子还会传播黄热病，甚至传播脑炎。家蝇不叮人，但会使人类食物感染痢疾杆菌，在世界上很多地区，家蝇还可能传播眼病。疾病和作为其携带者的昆虫有：斑疹伤寒和虱子，鼠疫和鼠蚤，非洲睡眠病和采采蝇。

这是非常重要的问题，必须尽快解决。一个有责任心的人不会听之任之。目前最迫切的问题是：明知道这样会使情况变得更加糟糕，但仍然采用这些办法。人们听惯了控制带菌昆虫、战胜疾病的声音，却很少了解故事的另一面——失败；暂时的胜利有力证明了我们的方法会使昆虫变得更强大。

再糟糕不过的是，我们可能已经亲手毁坏了对抗昆虫的方法。加拿大著名的昆虫学家布朗博士受雇于世界卫生组织，全面调查抗药性问题。在 1958 年出版的专题著作中，布朗博士说：“公共健康计划中使用强力合成杀虫剂不到 10 年，出现的主要技术问题是曾治理过的昆虫有了抗药性。”在出版这部专题著作时，世界卫生组织警告说：“目前针对昆虫传播的疾病（例如疟疾、斑疹伤寒、鼠疫）的积极行动正面临挫败的风险，除非新问题得到迅速解决。”

挫败的程度如何呢？抗药物种已经囊括了全部药物处理过的昆虫。很明显，黑蝇、沙蝇和采采蝇虽然还没有产生抗药性，但在全球范围内，家蝇和虱子已经产生了抗药性。抗疟计划也受到了蚊子抗药性的威胁。东方鼠蚤——鼠疫的主要传播者，身上出现了最严重的问题——近来已经证明它们对 DDT 产生了抗药性。各大洲的国家和绝大多数岛国关于各物种抗药性的报道不绝于耳。

1943 年意大利首次使用现代杀虫剂。盟军政府把 DDT 洒向人群，成功地治愈了斑疹伤寒。两年后，为了控制按蚊，各国又把剩余的药物喷洒完了。仅在一年之后，麻烦就出现了。家蝇和库蚊都产生了抗药性。作为 DDT 的补充，人们在 1948 年试用了新化学品——氯丹。这次，效果持续了两年。到了 1950 年 8 月，抗氯丹蝇类出现了；到了该年年底，所有的家蝇和库蚊都对氯丹产生了抗药性。抗药性的发展速度与新型化学品的投入速度并驾齐驱。

1951 年年底，DDT、甲氧氯、氯丹、七氯和六氯化苯等化学品功效尽失。而苍蝇却愈来愈多。到了 20 世纪 40 年代末，相似的剧目又在意大利的撒丁岛又上演了。丹麦 1944 年首次使用 DDT；到了 1947 年，全国各地的苍蝇控制计划都失败了。埃及一些地区的苍蝇早在 1948 年就产生了抗药性；之后人们用六六六代替，但效果也只持续了不到一年。埃及的一个村庄就是这一问题的典型代表。1950 年，杀虫剂防治苍蝇的效果良好，婴儿的死亡率降低了近 50%。然而到了第二年，苍蝇对 DDT 和氯丹就产生了抗药性。苍蝇恢复到

意大利士兵在住宅中喷洒 DDT 和煤油的混合物以控制疟疾。　　（照片拍摄于 1945 年）

之前的数量水平，婴儿死亡率也随之提高。

1948年，美国田纳西河谷的苍蝇已经对DDT普遍产生了抗药性。后来，人们尝试了狄氏剂，但没什么效果，因为有些地区的苍蝇在两个月内就对这种化学品产生了很强的抗药性。把氯化烃产品试用一遍之后，防控部门又把目光转向了有机磷，结果还是未能如愿。目前专家们的结论是："家蝇已经超出了杀虫剂的控制范围，人们需要从日常卫生做起"。

意大利那不勒斯的虱子控制是DDT最早、最值得称道的战绩之一。几年之后，1945—1946年冬天，这一战绩便在日本和韩国重现，因为DDT又成功解决了那里影响200万人的虱子问题。1948年，西班牙斑疹伤寒防治的失败预示着困难即将来临。尽管在实际行动中遭受挫折，但是令人振奋的实验结果让昆虫学家相信虱子不会产生抗药性。1950—1951年冬天，在韩国发生的事例着实令人吃惊不小。一批韩国士兵在使用了DDT药粉后，虱子反而更多了。把虱子收集起来检测后发现，浓度为5%的DDT并不能提高虱子自然死亡率。从东京的流浪者身上、板桥区的贫民窟以及叙利亚、约旦、埃及东部的难民营收集来的虱子，经检测也证明DDT已经无法控制该地的虱子和斑疹伤寒了。到了1957年，对DDT有抗药性的虱子已经扩散到了伊朗、土耳其、埃塞俄比亚、南非、秘鲁、智利、法国、南斯拉夫、阿富汗、乌干达、墨西哥和坦噶尼喀、西非等国家和地区，意大利曾经的胜利已经成为历史了。

希腊的萨氏按蚊是第一种对DDT产生抗药性的疟蚊。1946年希腊开始了大规模喷药，效果不错；到了1949年，有人发现，喷过药的家舍和牛棚里的蚊子不见了，但是路桥下却聚集了大量的成年蚊子。很快，它们的栖息地蔓延到洞穴、外屋、阴沟以及橘子树的叶子和树干上。很明显，成年蚊子已经对 DDT 产生了足够的抗药性，能够从喷药的建筑里逃出来并在野外慢慢恢复。几个月后，家里的墙上又会出现蚊子。

这只是巨大灾难的序幕而已。疟蚊对杀虫剂的抗药性发展非常快，这正是房屋彻底喷药的后果。在 1956 年，只有 5 种疟蚊有抗药性；到了 1960 年初，这一数字已经增加到了 28。其中包括西非、中东、中美洲、东欧地区和印度尼西亚等国的危险疟蚊。

同样的情况出现了：传播其他疾病的热带蚊子，身上带有一种寄生虫，能引起象皮病等疾病，如今世界各地的这种蚊子都产生了抗药性。在美国一些地区，传播西方马脑炎的蚊子已经有了抗药性。传播黄热病的蚊子更严重，几个世纪以来这种病一直是世界上最严重的瘟疫之一。东南亚已经出现了具有抗药性的病媒昆虫，目前在加勒比地区非常常见。

抗药性引起了疟疾和其他疾病，世界上很多地方的报告证明了这一点。1954 年，特立尼达岛上的蚊子的抗药性使得控制计划失败，导致了黄热病的暴发。印度尼西亚和伊朗的疟疾也出现了恶化。在希腊、尼日利亚和利比里亚，蚊子仍在携带疟疾病原虫。在格鲁吉亚，苍蝇控制计划暂时缓解了腹泻，但不到一年，取得的成果就毁于一旦。在埃及，这项计划暂时降低了急性结膜炎发病率，但是这种方法到了 1950 年就失效了。

佛罗里达州的盐沼蚊也产生了抗药性，虽然不会影响人类健康，却造成了不小的经济损失。盐沼蚊不传播疾病，但是它们成群结队、密不透风，使佛罗里达大片沿海地区变得不适于人类居住，经过一

**蜱虫**

蜱虫是吸血的寄生动物，常活跃于植物茂盛处，把螯肢和有倒刺的喂食管插入宿主的皮肤，以紧扣宿主身体。被蜱虫叮咬后不要强行将其拽掉，可使用酒精涂在蜱虫身上，将其杀死后用镊子移除，对伤口消毒后建议尽快就医，以防被蜱虫身上携带的病原体感染。

番努力实现了短暂的控制之后，它们很快又恢复了原样。

很多地方的家蚊也出现了抗药性，所以很多社区定期大肆喷药的计划应该暂停一下了。如今，在意大利、以色列、日本、法国以及美国部分地区（加利福尼亚、俄亥俄、新泽西、马萨诸塞等地），家蚊已经对几种杀虫剂有了抗药性，包括使用最广泛的 DDT。

还有蜱虫。最近，人们对传播斑疹热的森林蜱和褐色犬蜱已经做好了防御措施。这就给人类和狗出了一道难题。褐色犬蜱是一种亚热带昆虫，它们来到遥远的北方，在新泽西州定居，冬天只能在温暖的室内度过。1959 年夏天，美国自然历史博物馆的约翰·帕里斯特博士报告说："每栋公寓时不时地就会滋生大量幼蜱，而且很难清除。狗可能会在中央公园偶尔粘上蜱虫，然后蜱虫在狗身上开始产卵，并在公寓里孵化。它们好像对 DDT、氯丹以及大部分现代喷剂免疫。过去纽约市很少见到蜱虫，但现在纽约市、长岛、维斯切斯特县直到康涅狄格州，蜱虫到处都是。在过去的五六年里，我们发现这种情况尤为明显。"

北美大部地区，德国小蠊对氯丹产生了抗药性。这是过去灭虫人员最爱的武器，现在他们转而使用有机磷杀虫剂。然而，它们又对这些药剂产生了抗药性，这下，灭虫专家真的走投无路了。随着抗药性的发展，防治机构正轮番使用各种杀虫剂。尽管凭借科学家的聪明才智能够不断提供新的化学品，但这不是长久之计。布朗博士指出，我们正行进在一条“单行道”上。这条路有多长，无人知晓。如果我们还没有来得及控制带病昆虫却走到了路的尽头，那就真的危险了。

农业害虫也如出一辙。最开始对非有机化学药剂有抗药性的昆虫大约有12种，现在又增加了多种，昆虫对DDT、六六六、林丹、毒杀芬、狄氏剂、艾氏剂及寄予厚望的磷酸酯都产生了抗药性。在1960年，危害农作物的昆虫中产生抗药性的共有65种。

1951年，首次对DDT产生抗药性的农业昆虫在美国出现，这大约是首次使用DDT的6年之后。现在有6种棉花昆虫，外加蓟马、果螟、叶蝉、毛虫、螨虫、蚜虫、线虫及其他昆虫，都可以对漫天飞舞的农药视而不见了。

化学企业不愿接受抗药性的事实，是可以理解的。甚至到了1959年，在超过100种昆虫产生明显抗药性的情况下，一家农业化工领域的权威期刊还在问抗药性是“真的，还是想象出来的”。即使化工企业闭目塞听，问题也依然存在，而且它还带来了惨痛的经济损失。其中一个就是使用化学品的成本不断增加。提前储存大量化学品已经不现实了——今天还是效果最好的杀虫剂，明天就可能让人失望透顶。用于支持和推广杀虫剂的大量资金可能会打了水漂，因为昆虫再一次证明了暴力手段对自然是无效的。不管杀虫剂的研发和应用方法的更新速度有多快，人们发现昆虫总是领先一步……

即使达尔文也不可能发现还有比抗药性机制更能证明自然选择

理论正确的例子了。在原始的种群里，每只昆虫的身体结构、行为、生理机制都不一样，只有“强壮”的昆虫才能在化学攻击中存活下来。喷药只会杀死弱小的昆虫。幸存下来的昆虫具备一种与生俱来的特质，能够帮助它们抵御伤害。这些昆虫的后代通过遗传就轻易地获得了先辈们“强壮”的特质。使用强力化学品使问题变得更加糟糕，无法避免地产生了这样的问题。几代之后，昆虫就不再是强弱混杂了，它们蜕变成了一个身体强壮的、抗药性十足的种群。

昆虫抵御化学品侵害的方法很多，但是人们还没发现。据说一些昆虫具备结构优势来抵抗化学品侵袭，但是并没有确凿的证据。从大量观察来看，一些昆虫确实具有免疫性，例如，布雷约博士在丹麦佛碧泉虫害防治研究所对苍蝇进行观察后说：“它们在充满 DDT 的环境中从容嬉戏，就像原始社会的巫师在红红的炭火上跳舞一样”。

世界上其他地方也得出了类似的结论。马来西亚的吉隆坡，开始蚊子会逃离喷了 DDT 的房间。随着抗药性的增强，它们又回来了，在它们停留的地方，用手电筒的灯光可以清楚地看到 DDT 的残渣。中国台湾南部的一个军营里，抗药臭虫居然带着 DDT 粉末爬来爬去。把这些臭虫包裹在浸染了 DDT 的布条里，它们可以存活一个月之久。它们还产了卵，幼虫竟然还茁壮成长起来。

抗药特性不一定依赖身体构造。抗 DDT 苍蝇体内有一种酶，可以帮助苍蝇把 DDT 转变为毒性较弱的 DDE。只有含抗 DDT 遗传基因的苍蝇体内才具有这种酶。这种基因当然也会世代遗传下去。至于苍蝇和其他昆虫如何削弱有机磷化学品的毒性，就不太清楚了。

昆虫的一些行为也能避免与化学品接触。许多工人发现，抗药苍蝇更多停留在未喷药的地方，而不会落在喷药的墙上。它们习惯于停留在某个固定的地方，这样就大大减少了接触药物残留物的频率。一些疟蚊的习性可以使它们完全避开与DDT的接触，这样就相当于获得了免疫性。一旦受到喷药的刺激，它们就会离开室内，到户外生存。

一般来说，昆虫产生抗药性需要经过两三年的时间，有时候仅需要一个季度，甚至更短。在另一种极端情况下，也可能需要长达6年的时间。一个昆虫种群一年内繁殖的后代数量也很重要，这取决于物种和气候等因素。例如，加拿大苍蝇产生抗药性的速度就比美国南部的苍蝇慢，因为美国南部漫长且炎热的夏季利于苍蝇的繁殖。

有时候，人们会满怀希望地问："既然昆虫能够产生抗药性，那么人类呢？"理论上人类也可以，但是可能需要几百年，甚至几千年的时间，所以对现在的人而言，远水解不了近渴。抗药性不是在某个个体身上产生的。如果一个人天生对毒素不敏感，他可能存活下来，繁衍后代。抗药性是一个群体经过几代甚至很多代才形成的。人类繁衍的速度是每世纪三代，而昆虫繁殖的速度是几天或几周就一代。

"在某些情况下承受一点损失，要比失去战斗力且付出长期代价合算得多，"布雷约博士在荷兰任植物保护局局长时说道，"好的建议是喷得'越少越好'，而不是'尽力多喷'……向害虫群体施加的压力越小越好。"

不幸的是，美国农业部并不认可这样的观点。在农业部1952年的年鉴里，专门讨论了昆虫问题，承认了昆虫产生抗药性的事实，却认为"为了实现有效控制，需要使用更多的杀虫剂"。然而，农业部并没有告诉人们，当所有其他杀虫剂都没用了，只剩下无法试用、能把地球生物全部一扫而光的化学品时，将发生什么。1959 年，就在农业部提出建议仅仅 7 年后，《农业和食品化学》杂志引用了康涅狄格州的一位昆虫学家说过的话："对至少一两种昆虫来说，最后一种有效的化学品已经派上了用场。"布雷约博士说：

"再明显不过了，我们踏上了一条危险的道路……我们需要花大力气研究其他控制方法，这些方法必须是生物防治，而不是化学控制。我们应该十分谨慎地引导自然向我们需要的方向发展，而不是使用暴力……

我们需要更高层次的思维和更深刻的洞察力，但是多数研究人员却不具备这样的素质。生命是一个奇迹，超越了我们的理解；甚至在我们不得不与之为敌的时候，也要心存敬畏……诉诸武力，比如杀虫剂，充分证明了我们知识的匮乏和能力的不足，如果懂得如何引导自然发展，完全不必使用武力。我们需要的是谦卑的态度，而不是对科学盲目自负。"

# 第十七章

# 另一条路

但我知道路径延绵无尽头，
恐怕我难以再回返。
也许多少年后在某个地方，
我将轻声叹息把往事回顾，
一片树林里分出两条路，
而我选了人迹更少的一条，
因此走出了这迥异的旅途。

——[美]罗伯特·弗罗斯特《未选择的路》

我们正站在两条路的岔路口。与罗伯特·弗罗斯特著名诗歌[①]中的路不同，这两条路并不全是阳关大道。长期以来我们一直走在一条具有欺骗性的路上，感觉好像平坦且舒适，但是灾难却虎视眈眈地在尽头等着我们。而另一条“人迹罕至”的岔路却为我们保护地球提供了最后一个机会。

说到底，走哪条路，最终决定权在我们自己手里。在经历了那么多灾难后，我们终于取得了“知情权”，并且明白了我们被卷进了愚蠢可怕的风险中，我们就不该再相信到处使用有毒化学品的建议，而要四处寻找，看看还有没有其他道路对我们敞开大门。

利用其他很多神奇的方法也可以控制昆虫，不仅仅只有化学方法。其中有些已经应用，并取得了显著的效果，有的则处于实验阶段，还有一些存在于想象丰富的科学家的头脑中，还没有进入实验领域。所有的方法都有一个共性：它们都是生物防治法，以对控制目标和整个生态的透彻了解为基础。生物领域的专家学者都参与进来，包括昆虫学家、病理学家、遗传学家、生理学家、生化学家以及生态学家——所有人都把自己的知识和灵感注入创建一门新的科学——生物防治学的事业中。

约翰·霍普金斯大学的生物学家卡尔·斯旺森教授说：“每门科学都可以看作一条河流，其源头隐约朦胧；河流时而平缓，时而湍急；河水有时干涸，有时高涨。研究人员的勤奋工作和众多思想支流的汇集，使河流势头逐渐迅猛；新的概念和理论逐渐产生，又使

---

① 此处指诗人在 1915 年创作的诗歌《未选择的路》( *The Road Not Taken* )。

它得以拓宽加深。”

现代意义的生物防治科学也是如此。一个世纪之前，在美国，为了消灭农业害虫，首次引进了这种昆虫的天敌，但给农民带来了困扰，这可以算是生物防治的最初起源。这门科学有时步履维艰，裹足不前，但在偶然的成功案例的促进下又能突飞猛进。20 世纪 40 年代，应用昆虫学领域的研究人员被五花八门的杀虫剂弄得心迷意乱，最终他们抛弃了生物防治，走上了“化学控制”这条路。但是化学防治之下，人们反而与消灭昆虫的目标渐行渐远。如今，人们幡然醒悟，因为毫无顾忌地喷洒化学药剂对我们造成的伤害比对昆虫造成的伤害更大。于是生物防治又重新提上日程，新思想也开始不断涌入。

有些新方法非常诱人，试图让昆虫自相残杀——利用昆虫自身的力量来消灭同类。其中最令人叹为观止的就是“雄蚊绝育”技术。这种方法是美国农业部昆虫研究所负责人爱德华·尼普林博士和他的同事共同研发的。

大约在 25 年前，尼普林博士就提出了一个独特的防治方法，令同事们非常震惊。他提出，如果能让大量的雄性昆虫绝育，然后放出去，在特定的条件下它们与野生雄性昆虫竞争并取胜，如此反复释放几次的话，昆虫排出的卵就可能无法孵化，这个物种就逐渐消失了。

政府对这个想法不屑一顾，一些科学家也深感怀疑，但是这个想法却始终盘桓在尼普林博士的脑海中。在付诸实践之前，还有一个问题有待解决——必须找到一个可行的绝育方法。在 1916 年的时候人们就知道了理论上 X 射线可以令昆虫绝育，当时，一名叫朗纳的昆虫学家在烟草甲虫身上发现了这种绝育现象。赫尔曼·穆勒用X射线引起突变的开创性研究开辟了在20世纪20年代后期的全新领域，到了20世纪中期，许多研究人员都报告了用X射线或伽马射线使至少12种昆虫绝育的情况。

这些还只是实验，离实际应用还有一段很长的路。大约在1950年，尼普林博士开始了艰苦的努力，试图用绝育技术解决困扰南部牲畜的一种害虫——螺旋锥蝇。这种苍蝇会把卵产在温血动物的伤口上。孵化出的幼虫以宿主的肉为生。一头成年肉牛在10天内就会死于严重感染。美国畜牧业每年因此产生的损失总数高达4000万美元。野生动物的死亡数量更是多到无法估算。得克萨斯州的一些地区鹿群稀少就是由螺旋锥蝇造成的。螺旋锥蝇是一种热带或者亚热带昆虫，生活在美洲中南部、墨西哥以及美国西南部。大约在1933年，螺旋锥蝇意外地进入了佛罗里达州，并适应了那里的气候开始繁衍生息，而后推进到了亚拉巴马州南部和佐治亚州，很快，美国东南部的畜牧业损失就上升到了每年2000万美元。

在很长时间里，得克萨斯州农业部的科学家们收集了大量有关螺旋锥蝇生理特性的信息。到了1954年，在佛罗里达州的岛屿上进行了初步的野外实验后，尼普林博士把他的理论运用到大规模实验中。在荷兰政府的安排下，他去了离大陆足有50英里远的加勒比海库拉索岛。

1954年8月，在佛罗里达州农业实验室培养并绝育的螺旋锥蝇被空运至库拉索岛，并以每周400平方英里的速度投放。实验山羊身上的卵立刻就减少了，同时卵的繁育性能也下降了。投放仅仅7周之后，所有的卵就不能孵化了。很快，库拉索岛上的螺旋锥蝇被彻底消灭了。

这项实验的巨大成功刺激了佛罗里达的牧民，他们希望这种方法能消灭当地的螺旋锥蝇。但是难度相对较大——佛罗里达州面积是库拉索岛的 300 倍。1957 年，美国农业部和佛罗里达州政府共同为清除计划提供资金。这项计划包括在一个特制的“苍蝇工厂”里每周生产 5000 万只绝育螺旋锥蝇；20 架轻型飞机按预设的飞行模式每天飞行五六个小时，每架飞机上携带 1000 个纸盒，每个纸盒里装有 200 到 400 只绝育了的苍蝇。

1957—1958 年的冬天非常冷，佛罗里达北部气温很低，螺旋锥蝇种群被限制在狭小的区域内，为计划的实施提供了绝佳的机会。17 个月后计划完成了，总共有 35 亿只人工培养、绝育的螺旋锥蝇被投放到佛罗里达全境以及乔治亚州和亚拉巴马州的部分地区。1959 年 2 月，最后一只伤口感染螺旋锥蝇的动物被发现。几个星期后，又有几只成年螺旋锥蝇落入陷阱。此后，螺旋锥蝇便销声匿迹。这一战果展现了科学创新的价值，其中细致的基础研究、毅力和决心起到了决定作用。

现在，密西西比州修建了一条隔离网来防止螺旋锥蝇再次入侵。螺旋锥蝇在西南地区根深蒂固，因为那里地域辽阔，而且它们还可以从墨西哥进入，所以清除不易。尽管如此，农业部希望至少把螺旋锥蝇控制在较低水平，得克萨斯州以及西南其他受害地区可能很快就开始实行这项计划……

消灭螺旋锥蝇的胜利激起了人们极大兴趣：人们希望用相同的办法对付其他昆虫。当然，不是所有的昆虫都可以采用这种技术，这很大程度取决于昆虫的生活习性、种群密度和对辐射的反应。英国正在进行诸多实验，希望能用这种方法对付罗德西亚的采采蝇。这种昆虫在非洲三分之一的土地上肆虐，不仅对人类健康构成了威胁，而且妨碍了 450 万平方英里草原上的畜牧业。采采蝇的习性与螺旋锥蝇截然不同，虽然辐射也可以使其绝育，但在应用之前还需要解决一部分技术难题。

英国测试了很多其他昆虫对辐射的敏感性。通过夏威夷实验室的测试以及在遥远的罗塔岛上的实地实验，美国科学家得出了一些关于瓜实蝇、东方果蝇和地中海实蝇的令人欣慰的阶段性成果。玉米螟和蔗螟也接受了测试。这些对人类危害较大的昆虫都有可能通过绝育技术实现控制。一位智利科学家指出，虽然使用了杀虫剂，疟蚊在智利依然存在，只有投放绝育雄蚊才可能消灭疟蚊。

人们开始寻求辐射绝育外其他效果类似的办法，因为辐射绝育实施困难重重。现在，越来越多的人开始关注不育剂。佛罗里达州的奥兰多农业实验室的科学家们在实验室里和野外把化学药剂掺入家蝇喜爱的食物中来使它们不育。1961 年，在佛罗里达群岛的一座小岛上，一个苍蝇群落在 5 周内就被彻底消灭了。之后，附近岛屿上苍蝇的蔓延使蝇群得到了恢复，但是作为一项实验，此举无疑是成功的。不难理解，农业部一定会为这个方法兴奋不已。首先，正如我们所见，杀虫剂已经无法控制家蝇了。毫无疑问，我们迫切需要一个全新的控制方法。辐射绝育的一个问题就是，它不仅需要人工培养，而且投放的绝育雄蝇数量要远远超过野生雄蝇的总数。螺旋锥蝇的数量不算多，因此可以实现投放。家蝇就不同了，投放会使其数量成倍增加，尽管这只是暂时的，但肯定也会遭到人们的反对。而把不育剂藏在诱饵里，然后放置在自然环境中，苍蝇吃了这种食物就会绝育，经过一段时间，不育的苍蝇就会占大多数，慢慢地它们就会自行灭绝了。

绝育剂试验效果的测试要比化学药剂的检测困难多了。评估一种化学绝育剂需要 30 天，当然，可以同时进行多种实验。从 1958 年 4 月到 1961 年 12 月，奥兰多实验室对几百种化学药剂的绝育效果进行了筛选。

现在，农业部门的其他实验室正在着手解决这个问题，针对厩螫蝇、蚊子、棉铃象甲和各种果蝇进行化学实验。目前所有的项目还处于试验阶段，但是这项工作在短短几年之内进展神速。理论上，它也很吸引人。尼普林博士指出，“有效的绝育化学剂可以超越最好的杀虫剂”。想象一下，一个数量为 100 万的昆虫种群每繁殖一代就增加 5 倍，杀虫剂能够杀死每代昆虫的 90% 的话，三代过后还剩下 12.5 万只。相比之下，如果使 90% 昆虫不育的化学剂能投入使用，经过相同时间后，只会剩下 125 只昆虫。

还有，一些绝育剂属于强力化学品。研究人员至少从一开始就十分注意选取安全的化学品和使用方法。但还是有人建议从空中喷洒绝育剂——例如，在舞毒蛾幼虫破坏的叶子上喷药。在没有彻底研究其危害之前进行这样的尝试是极不负责任的。如果不把绝育剂的潜在危害铭记在心，我们很容易陷入比杀虫剂问题更糟糕的困境之中。

现在进行测试的绝育剂分为两大类，它们的作用方式都很有趣。第一类与细胞的新陈代谢有关，它们与细胞或者组织需要的物质非常像，以至于生物体会把它们“误认为”真正的代谢物，从而把它们纳入正常的生长过程。但是它们在细节上会出现一些问题，导致生长过程陷于停滞。这种化学物质叫作抗代谢物。

第二类物质是作用于染色体的化学品，它们可能对基因的化学成分产生影响，而导致染色体断裂。这类绝育剂属于烷化剂，这是一种反应强烈的化学物质，它可以严重破坏细胞、损伤染色体、引发突变。伦敦切斯特比蒂研究院的皮特·亚历山大博士认为："所有能使昆虫绝育的烷化剂都可能是强力诱变剂和致癌物质。"亚历山大博士称，设想一下，这些化学物质如果用于昆虫防治的话，肯定会遭到最强烈的反对。因此，我们希望通过实验不仅能够找到这些化学品的实际用途，还能发现其他安全的、更有针对性的化学药剂……

目前的研究中，有一些项目非常有趣：利用昆虫的某些习性制造对付它们的武器。昆虫会产生各种毒液、引诱剂、驱避剂。这些分泌物有什么样的化学性质呢？我们能把它们用作特定的杀虫剂吗？康奈尔大学及其他地方的科学家正在研究昆虫的防御机制和其分泌物的化学结构，试图找到问题的答案。另外一些科学家正在研究所谓的"保幼激素"，这是一种强力物质，能够保证幼虫到了一定阶段才会发生变化。

对昆虫分泌物最直接、最有用的探索结果是引诱剂的发明。这一次，又是自然为我们指明了方向。舞毒蛾就是一个很有趣的例子。雌蛾身体过重，飞不起来。它只能在地面或者接近地面的地方生活，它们在低矮的植被里活动，或者在树干上爬行。相反，雄蛾飞行能力很强，它们会被雌蛾的特殊腺体释放的一种气味吸引，甚至从很远的地方飞来。多年来，昆虫学家一直利用舞毒蛾的这种习性，他们不辞辛苦地从雌蛾体内提取这种引诱剂，然后在昆虫分布的边缘地带使用来调查昆虫的数量。但是这一方法花费不菲。尽管东北部各州都有虫害现象，但是并没有足够的雌舞毒蛾来提供引诱剂。因此必须从欧洲进口人工收集的雌蛹，有时候每只蛹的成本高达 0.5 美元。经过多年的努力，近来农业部的化学家成功分离出了这种引诱剂，这是一大突破。基于这一发现，科学家们成功地用蓖麻油制成了合成材料，它与天然引诱剂效果一样，足以骗过雄蛾。

每个捕虫器中只需 1 微克（百万分之一克）就足够了。这远远超出了学术意义，因为这种全新的、经济的“引诱剂”不仅可以用于昆虫调查，还可以用于昆虫防治。现在，人们正在探索几种更诱人的潜在用途。在这种叫作心理战的实验中，一种颗粒材料中被加入引诱剂后从飞机上洒下。这样做的目的是迷惑雄蛾，使其改变正常行为，在到处弥漫的气味中找不到雌蛾。有的实验引诱雄蛾与假雌蛾交配，使用的也是这种方法。在实验室中，只需用引诱剂恰当地浸染一些小东西，就能引诱雄蛾与小木片、蛭石及其他无生命的小物品交配。这种误导舞毒蛾交配的方法是否能减少昆虫的数量还不得而知，但这种可能性非常有意思。

舞毒蛾引诱剂是首例人工合成的性引诱剂，可能很快就会有其他引诱剂研制出来。科学家们正在研究适用于各种农业害虫的人工引诱剂。其中，黑森瘿蚊和烟草天蛾的实验效果令人振奋。人们正在尝试把引诱剂和毒剂结合在一起来对付一些昆虫。政府机构的科学家研制出了一种叫作“甲基丁香酚”的引诱剂，东方果蝇和实蝇对此会情不自已。人们把这种引诱剂与一种毒素相结合，在距离日本南部 450 英里的小笠原群岛进行了实验。用这两种物质浸染纤维板细片，然后用飞机将其空投到整个群岛上来捕杀雄蝇。这项“捕杀雄蝇”的计划开始于 1960 年。一年之后，农业部估算 99% 的昆虫被消灭了。这种做法明显优于使用传统的杀虫剂。使用的有机磷毒素只存在于纤维板上，不会被野生动物吃掉。此外，毒素分解速度迅速，不会对土壤和水源造成污染。

但是，昆虫间的交流并不是完全凭着吸引或者排斥的气味实现的。一方面，几种雄蛾能够听到蝙蝠飞行时发出的超声波（像雷达系统一样在夜间导航），从而避免被捕食。一些叶蜂科幼虫听到寄生蝇拍动翅膀的声音后，会挤成一团保护自己。从另一方面讲，钻木昆虫振翅的声音也会使寄生虫找到它们；对于雄蚊而言，雌蚊拍翅的声音就是让它们意乱情迷的情歌。

利用昆虫探测声音和对此做出反应的能力，我们可以做些什么呢？虽然还处于试验阶段，但是反复播放雌蚊拍翅的声音成功地吸引了雄蚊，这十分令人感兴趣。雄蚊被引诱到一张电网上丧了命。加拿大正在试验超声波的趋避效应以对付玉米螟和地老虎。夏威夷大学两位研究动物声音的权威人物休伯特·弗林斯教授和马博·弗林斯教授相信，只要找到正确的方法，就可以利用现有的昆虫接发声音的知识来影响野外昆虫的行为。趋避声音可能比引诱声音的实用前景更光明。他们发现，八哥听到同伴痛苦的尖叫会四散逃离，这个发现使两位教授闻名遐迩。这个发现可能可以应用于昆虫防治。对于工业领域的实干家而言，这样的可能货真价实，至少已经有一家大型电子公司准备设立实验室进行试验了。

声音也可以用来直接杀死昆虫。超声波可以杀死实验槽里所有的蚊子幼虫，但也能杀死其他水生动物。在其他实验中，空气中的超声波几秒内就可以杀死丽蝇、黄粉虫和埃及伊蚊。所有这些实验只是迈向全新昆虫防治理念的第一步，将来神奇的电子科技可能会

**艾利·伊里奇·梅契尼科夫**

（Elie Metchnikoff，1845—1916），出生于乌克兰，俄国微生物学家与免疫学家，免疫系统研究的先驱者之一。曾在1908年，因吞噬作用（一种由白细胞执行的免疫方式）的研究，而获得诺贝尔生理学或医学奖。也因为发现乳酸菌对人体的益处，被人们称为“乳酸菌之父”。

把这一切都变成现实……

新生的生物防治并不限于电子科技、伽马射线和人类的其他发明。有的方法由来已久，它们的原理是：跟我们一样，昆虫也会得病。就像古代的瘟疫一样，细菌感染也能摧毁整个昆虫种群；在病毒的攻击下，大批昆虫会患病并死去。早在亚里士多德时代之前，人们就知道昆虫也会患病；中世纪诗歌中就记载了桑蚕患病的事例。通过对这一物种疾病的研究，巴斯德在人类历史上首次发现了传染病的原理。

困扰昆虫的不仅包括病毒和细菌，还有真菌、原生动物、微型蠕虫以及其他有益的微小生物。微生物不只是病原体，有的还可以处理废物、使土壤更加肥沃，而且能够进入无数的生物代谢过程，例如发酵和硝化作用等。为什么不让它们帮我们控制昆虫呢？

19世纪的动物学家艾利·梅契尼科夫是第一个想到利用微生物的人。在19世纪的最后10年和20世纪前半叶，微生物防治的理念逐渐成形。20世纪30年代末，利用乳白病治理日本金龟子证明了我们可以在环境中引入一种疾病来控制它们，这种疾病是由芽孢杆菌引起的。我在第七章已经提过，这一经典案例在美国东部有着悠久的历史。

现在，人们对苏云金杆菌的实验寄予厚望。1911 年，在德国图林根州，人们发现这种细菌会导致粉螟幼虫患上致命的白血病。实际上，这种细菌的杀伤力来源于毒性，而不是疾病。在这种细菌的植物性枝芽中，形成了芽孢和一种由蛋白质构成的特殊晶体物质，而这种蛋白质对一些昆虫有很强的毒性，尤其是像蛾一样的鳞翅类昆虫。幼虫吃了带有这种毒素的叶子后，会出现麻痹、无法进食的症状，随后很快死去。实际看来，停止进食的效果很好，因为只要投放了这种病菌，昆虫对庄稼的破坏就会立刻停止。现在，美国的几个公司正在生产不同品牌的苏云金杆菌芽孢化合物。几个国家正在进行实地测试：法国和德国的测试对象是菜粉蝶的幼虫，南斯拉夫的检测对象是美国白蛾，苏联的检验对象是天幕毛虫。在巴拿马，试验始于 1961 年，这种细菌杀虫剂可能会解决当地香蕉种植户面临的严重问题。那里的香蕉象甲对香蕉树危害严重，它们破坏树根，使香蕉树很容易被风吹倒。狄氏剂曾是对付香蕉象甲唯一有效的化学药剂，但是现在它却导致了一系列灾难的发生。香蕉象甲产生了抗药性。狄氏剂还毒死了一些重要的捕食性昆虫，从而引起了一种体形短小精悍的昆虫——卷叶蛾的不断增加，其幼虫会在香蕉表面留下疤痕。有理由相信，新型微生物杀虫剂会在维系自然平衡的前提下消灭卷叶蛾和香蕉象甲。

在加拿大和美国东部林区，细菌杀虫剂可能是对付蚜虫和舞毒蛾等森林害虫的重要武器。1960 年，两国都使用了苏云金杆菌商业

**苜蓿**

苜蓿属为豆目豆科的一属，通称苜蓿。苜蓿早期仅供牲畜食用，为很常见的一种牧草，后来发现苜蓿的营养价值后开始当生菜供人食用，不过苜蓿芽有非常强烈的草腥味。

制剂进行了实地试验。初期的结果就使人深受鼓舞。例如，在佛蒙特州，细菌防治的效果丝毫不逊色于 DDT。目前，主要的技术问题是找到一种溶液，用它把芽孢粘在常绿树木的针叶上。庄稼不存在这一问题，甚至可以对其使用药粉。人们已经在各种蔬菜上对细菌杀虫剂进行了试验，在加利福尼亚的运用尤其多。

与此同时，另外一个不那么引人注目的是关于病毒的研究。在加利福尼亚，苜蓿苗上喷了一种溶液，这种溶液与杀虫剂一样可以杀死苜蓿毛虫。毛虫因感染了致命的病毒而死去，这种溶液就含有从毛虫尸体里提取的病毒。只需要 5 只患病的毛虫就可以提取足够的病毒治理一英亩苜蓿。在加拿大一些林区，一种病毒可以有效地控制松叶蜂，它已经取代了杀虫剂。

捷克斯洛伐克的科学家正在试验用原生生物对付结网毛虫及其他害虫。在美国，人们发现了一种原生生物寄生虫可以降低玉米螟的产卵能力。提到微生物杀虫剂，有人会想到滥杀无辜的细菌战。但事实并非如此。与化学品不同，昆虫病原体只针对昆虫才发挥作用。昆虫病理学的权威人士爱德华·斯坦豪斯博士强调："无论是在实验中，还是在自然界，都没有发生昆虫病原体导致脊椎动物患病的确凿案例。”

昆虫病原体针对性很强，只会影响几种昆虫——有时候只影响一种。从生物学上讲，它们不会引起高级动物或其他植物患病。斯坦豪斯博士还指出，自然界中昆虫的疾病只影响某些特定种类的昆虫，而不会危及宿主植物或捕食性动物。

昆虫有很多天敌，包括各种微生物，还有其他昆虫。达尔文大约在 1800 年首次提出了可以增加昆虫的天敌来抑制某种昆虫的建议。这可能是最早的生物防治措施，一般人们会认为这是替代化学品的唯一方法。在美国，传统的生物防治始于 1888 年，其标志是在这一年，昆虫探险家的先驱艾伯特·科贝利前往澳大利亚寻找吹绵蚧的天敌，因为它们给加州柑橘产业带来了严重的威胁。我们在第十五章已经提到了，这项计划取得了巨大成功，在此后的一个世纪里，美国人开始在世界上到处寻找昆虫天敌来控制一些不速之客。在美国，一共大约有 100 种引进的捕食性昆虫和寄生虫存活了下来。除了科贝利引进的澳洲瓢虫外，其他昆虫的引进也取得了良好的效果。一种从日本引进的黄蜂完全控制了侵袭东部果园的某种昆虫。苜蓿斑蚜是从中东意外引进的害虫，它的几种天敌拯救了加利福尼亚的苜蓿产业。就像臀钩土蜂对日本金龟子的控制一样，寄生虫和捕食性昆虫对舞毒蛾也实现了有效抑制。据估算，对介壳虫和粉蚧的生物防治每年可以为加州节省数百万美元。加州一名著名的昆虫学家保罗·德巴赫估计，在加州投入 400 万美元进行生物防治产生的效益将高达 1 亿美元。

在世界各地大约有 40 个国家成功地运用这种方法控制了害虫。与化学品相比，生物防治优势明显：它成本低廉、一劳永逸、无任何残留。然而，生物防治得到的支持却寥寥无几。加州是唯一一个有正式生物防治计划的地区，而很多州居然连一个热衷于此项计划的昆虫学家都没有。也许利用昆虫天敌实现生物防治还欠缺科学上的严密性——对被捕食性昆虫种群的影响没有做仔细研究，投放数量也不精确，而投放数量的多少是成败的决定性因素。

捕食性昆虫和被捕食的昆虫并不是简单的映射关系，它们共处于同一个生态系统中，因而要考虑所有的因素。传统的生物防治方法可能最适用于林区。高度人工化的现代农业与大自然的性质迥然不同。但森林不一样，它更接近于自然环境。这里只需要人类蜻蜓点水式地帮点小忙，大自然就可以自由发挥，创造出神奇而复杂的制衡体系，而免受昆虫的过度侵害。

在美国，我们的林业人员好像只想到了引进寄生虫和捕食性昆虫的生物防治方法。加拿大人的思路更为开阔，欧洲人最先进，他们把“森林保健学”发展到了极致。在欧洲林务员眼里，鸟类、蚂蚁、森林蜘蛛以及土壤中的细菌跟树木一样，都是其中的一部分，他们在对一片新的森林进行防治的时候，会考虑到这些保护性因素。第一步就是帮助鸟类生存。在森林集约发展的今天，老的空心树已经荡然无存，因此啄木鸟和其他以树为家的鸟类失去了家园。这个问题可以用鸟箱来解决，这样就把鸟儿带回了森林。也有专门为猫头鹰和蝙蝠设计的箱子。这样，它们就可以接小鸟的白班，在晚上继续捕食昆虫。

但这还只是开始。欧洲林区一些别致的控制计划利用了森林红蚁作为捕食性昆虫——不过很可惜，在北美并没有这种蚂蚁。大约在 25 年前，维尔茨堡大学的教授卡尔·格斯瓦尔德发现了培育蚁群

**蝙蝠**

蝙蝠是对翼手目动物的通称，翼手目是哺乳动物中仅次于啮齿目动物的第二大类群，现生种共有21科234属1399种。它们也是哺乳动物中唯一具有飞行能力的类群。约有70%的蝙蝠捕食昆虫，蝙蝠的食虫量很大，每个晚上能吃掉约三分之一自重的昆虫。

的方法。在他的指导下，联邦德国的90个测试点养殖起了1万多个红蚁群。意大利以及其他国家也采用了格斯瓦尔德教授的方法，他们纷纷建立起蚂蚁农场，供给森林投放使用。比如，在亚平宁山脉，人们已经养殖了数百个蚁群，以保护新造的林区。

德国莫恩市的林务官海因茨·鲁佩兹舍芬博士说："如果有鸟类和蚂蚁，还有蝙蝠和猫头鹰一同保护森林，说明生态平衡已经得到了改善。"他认为，为森林引进单一捕食性昆虫或者寄生虫不如各种"天然伙伴"更有效。

莫恩市林区新建的蚁群被用铁丝网保护起来了，以免啄木鸟啄食它们。在一些实验区，啄木鸟的数量在过去10年里增长了400%，用这种方法可以避免蚁群遭到重创，还能使啄木鸟专心对付森林里的毛毛虫。大部分照料蚁群（还有鸟箱）的工作由当地学校10—14岁的孩子承担。这种做法的成本其实非常低，但对森林的保护却是永恒的。

鲁佩兹舍芬博士工作的另一个有趣特征就是对蜘蛛的利用，在这方面他可能是开山鼻祖。关于蜘蛛的分类和历史虽然有大量的文献，但都零零散散、残缺不全，根本没有考虑它们在生物防治方面的价值。在已知的22,000种蜘蛛中，有760种生活在德国，美国约有2000种。德国的森林里有29个蜘蛛种族。

对于林务人员而言，蜘蛛最重要的特征就是它所织的网。那些编织车轮状蛛网的蜘蛛是最重要的，因为它们的网最细密，可以捕捉到任何飞行昆虫。这些蜘蛛的一张大网上（大的直径可以达到16英寸），大约有12万个黏性网结。一只蜘蛛在它18个月的生命中能消灭2000只昆虫。在一个生物齐全的森林里，每平方米有50到150只蜘蛛。如果少于这个数目，可以靠收集和投放蜘蛛卵囊来弥补不足。鲁佩兹舍芬博士说："3只横纹金蛛（这种蜘蛛在美国也有分布）的卵囊可以孵化1000只蜘蛛，这些蜘蛛总共可以捕食20万只昆虫。"在春天出现的年幼蜘蛛尤其重要，他提道，"因为它们在树枝顶端织网，这样就避免了嫩芽受到侵害"。随着蜘蛛不断蜕皮长大，网也会逐渐变大。

加拿大的科学家也采取了相似的调查研究，虽然北美地区的森林多是天然形成的，而不是人工种植的，且能使之保持健康的物种也不一样。加拿大人更重视小型哺乳动物，它们在昆虫防治方面作用十分突出，尤其是对于那些生活在林地松软土层里的昆虫。其中有种昆虫叫锯蜂，之所以得名是因为雌锯蜂长着一个锯齿状的产卵管，它会先用锯齿状的产卵管把常青树木的针叶割开，然后把卵注入针叶内。孵化的幼虫最终会掉落在腐殖土上或者云杉和松树下的土层上，形成蛹。在地面之下就是小型动物的各种隧道，它们形成了蜂巢状的世界，这些动物包括白足鼠、鼷鼠以及各种鼩鼱。贪吃的鼩鼱总能找到并吃掉最多的锯蜂蛹。它们会把一只前足搭在蛹上，从底部开始咀嚼，它们感觉灵敏，能准确判断蛹是空心还是实心的。

**鼩（qú）鼱（jīng）**

鼩鼱是一种体型细小的哺乳纲动物。虽然与老鼠的外貌相似，但它与老鼠其实并没有任何关系，反而与鼹鼠、刺猬关系更近。鼩鼱是一种高度活跃的食虫动物，其日进食量是其体重的3倍。它可以用有毒的唾液麻痹较大猎物，让其保持昏睡并将其带回去当储备粮。《疯狂动物城》中的大先生就是一只鼩鼱。

它们拥有无与伦比的胃口，一只鼹鼠一天可以吃掉200只蜂蛹，而一只鼩鼱可以吞食800只！根据实验结果看，这可能会使75%~98%的蜂蛹被吃掉。

不难理解，纽芬兰岛由于没有鼩鼱，饱受锯蜂的困扰，当地对这些精悍高效的小动物翘首以盼，所以他们在1958年尝试引进了最有效的锯蜂捕食者——假面鼩鼱。1962年，加拿大官方宣布，这一尝试获得了成功。假面鼩鼱在岛上繁殖并扩散开来，人们在离投放点10英里的地方发现了一些标记过的鼩鼱。

对于想维持和加强森林自然生态的林业人员来说，全套武器已经准备妥当。化学防治顶多就是权宜之计，没有任何实际效果，却杀死了河中的鱼儿，毁灭了益虫，破坏了自然生态和即将进行的生物控制。鲁佩兹舍芬博士说："森林中相互依存的关系被打破了，出现寄生虫灾害的间隔时间也越来越短……所以我们必须在最重要也可能是最后的自然之地上停止人为控制。"

我们与其他生物共享地球的问题，这些问题必须通过全新的、富有想象力和创造力的方法来解决。一个主题变得日渐清晰——我们如何对待其他生命，鲜活的生命：它们的种群、它们面对的压力与对压力的反应、它们的繁荣与衰败。只有充分考虑各种生命的力量，并谨慎地引导它们向有利于人类的方向发展，我们与昆虫才能和谐共存。

目前流行使用的毒药没有考虑这些最基本的因素。就像穴居人挥舞的原始大棒，化学品像子弹一般射向了各种生命。一方面，生命极其脆弱，很容易被破坏；但另一方面，它又有神奇的韧性和恢复能力，能用难以意料的方式进行反击。化学防控人员在执行任务时对这种神奇的能力视而不见，也毫无“高尚的目标”可言，面对自然的强大力量时更没有一丝谦卑。

“控制自然”是尼安德特时期的生物学和哲学思想，它是人类孤傲自负的产物，当时人们认为自然只是为人类提供方便的。应用昆虫学的观念和做法大都可以追溯到石器时代的科学。这样一门原始的科学却被最先进、最可怕的武器武装起来，对付昆虫的同时也在威胁着整个地球，这样的不幸让我们无法承担。

附

# 《寂静的春天》传播简史

## 环保运动的起点

> 在她的新书中，蕾切尔·卡森致力于把我们吓得魂飞魄散，并在很大程度上取得了成功。她的作品充满了愤怒、愤慨和抗议。这是一本 20 世纪的《汤姆叔叔的小屋》。
>
> ——沃尔特·沙利文
>
> 《时代之书》(《纽约时报》1962 年 9 月 27 日）

历史书上说，环保运动始于 1962 年 6 月 16 日，这一天《纽约客》杂志刊登了蕾切尔·卡森的新书《寂静的春天》中三篇节选内容的第一篇，旋即引爆了争议。仅仅五周之后，该书还未出版，《纽

**'Silent Spring' Is Now Noisy Summer**

*Pesticides Industry Up in Arms Over a New Book*

*Rachel Carson Stirs Conflict—Producers Are Crying 'Foul'*

By JOHN M. LEE

The $300,000,000 pesticides industry has been highly irritated by a quiet woman author whose previous works on science have been praised for the beauty and precision of the writing.

The author is Rachel Carson, whose "The Sea Around Us" and "The Edge of the Sea" were best sellers in 1951 and

fending the use of their products. Meetings have been held in Washington and New York. Statements are being drafted and counter-attacks plotted.

A drowsy midsummer has suddenly been enlivened by the greatest uproar in the pesticides industry since the cranberry scare of 1959.

Miss Carson's new book is entitled "Silent Spring." The

——约翰·M. 李

《“寂静的春天”现在是喧闹的夏天》(《纽约时报》1962 年 7 月 22 日）

约时报》7 月 22 日的头条新闻就以标题宣布："寂静的春天"现在是喧闹的夏天。9 月 27 日，霍顿 · 米夫林出版公司出版了《寂静的春天》，这本书卖出了数十万册，在畅销书排行榜上停留了 31 个月。

评论家沃尔特 · 沙利文是第一个将《寂静的春天》与哈丽叶特 · 比切 · 斯托的小说《汤姆叔叔的小屋》相提并论的人，后者是 19 世纪美国最具争议的著作。《寂静的春天》一经上市立即激起了很多化学公司的愤怒和反对。化学公司和农业部门的发言人大肆抨击这本书及其作者。他们指责该书无知、歇斯底里、产生误导，是一种邪教而且是同情共产主义的政治毒瘤。

然而，《寂静的春天》也激发了环境保护主义者、生态学家、生物学家、社会批评家、改革者和有机农夫加入美国的环保运动中来。卡森的这本轰动一时的畅销书帮助改造和拓宽了旧有的环境保护运动，使之成为更全面、更有生态意识的环保主义。此外，通过数十种译本，《寂静的春天》还影响了海外诸多地区，为全球环保和绿色运动的兴起铺平了道路。

不幸的是，卡森只能看到这场由她发起的革命的开端。1960 年她被诊断出患有乳腺癌。她戴着假发，有时行动不便，在电视、国会听证会和许多观众面前为自己的书辩护时，向公众隐瞒了自己的病情。1964 年 4 月 14 日，卡森在马里兰州银泉的家中去世，享年 56 岁。

半个世纪后的今天，《寂静的春天》还在继续惹怒着许多保守派人士，并激励着环保主义者们。

## 一本书的力量

“死神的特效药”“无妄之灾”“鸟儿歌声的消失”“死亡之河”“无法想象的后果”,《寂静的春天》的章节标题似乎表示书中内容将是一系列耸人听闻的狂想。然而，该书的文字虽然慷慨激昂，但也做到了严谨科学。批评者称该书不准确、夸大其词，但他们从未举出具体的例子予以反驳。最有说服力的批评是，该书片面地忽略了化学物质的任何正面益处。蕾切尔·卡森的辩护者则回应说，化学工业的宣传工作已经很好地弥补了这个问题。

其他作家也写过关于过度使用和滥用化学杀虫剂和除草剂的文章，但几乎没有产生任何影响。为什么《寂静的春天》如此与众不同?

最重要的原因在于卡森本人，她是20世纪50年代最受欢迎的自然作家，刚刚出版了三本畅销书。作为卡森的最新著作,《寂静的春天》已经拥有了一批读者，他们对这本书充满了浓厚的兴趣。

其次是作品本身的质量。当然，除了卡森，没有人有能力写出关于氯化碳和氢化合物的国际畅销书。数十年为公众撰写科学著作的经历让她做好了准备，能够以易于理解和吸引读者的方式向公众介绍复杂的科学知识。

最后，当时发生的事件和公众对健康的恐慌，使美国公众做好了聆听和回应《寂静的春天》传达的惊人信息的准备。最引人注目的是，核武器的露天试验导致放射性物质在全球范围内扩散，令人担忧。卡森明确地将杀虫剂与辐射相提并论：两者都是无形的、不可避免的、具有威胁性的物质。她明确地将两者进行类比，使得她更容易解释危险农用化学品带来的相似威胁。

在露天进行的数百次核武器试验将放射性尘埃从地球的一极扩散到另一极，这些看不见的致癌同位素进入了食物和人体。就在《寂静的春天》问世之时，公众对核的恐慌达到了顶峰。

《寂静的春天》特别提到了日本渔船“第五福龙丸号”上一名不幸的无线电员。1954 年，这艘船在太平洋氢弹试验的下风处工作，不料被放射性尘埃覆盖。船员的疾病、无线电员的死亡以及美国政府的否认引发了一场重大的国际事件。令人震惊的是，来自“第五福龙丸号”和下风处其他渔船的放射性鱼类依旧在日本上市，在人们意识到其危险之前就被食用了。

《寂静的春天》中提到的第一种污染物不是杀虫剂，而是锶–90，一种核爆炸的放射性副产品。圣路易斯华盛顿大学的科学家们最近公布了“乳牙调查”的初步结果，他们对数十万颗儿童的乳牙进行了检测。分析表明，这些牙齿（以及儿童的骨骼）吸收了锶–90。牙齿调查的结果说服了肯尼迪总统进行谈判，促成了 1963 年《部分禁止核试验条约》[①] 的签订。

卡森还提到了 1959 年食品污染引起的健康恐慌。就在感恩节前夕，美国卫生、教育和福利部部长亚瑟·弗莱明宣布，一些蔓越莓受到了一种除草剂的污染，这种除草剂已知会导致实验鼠患甲状腺癌。蔓越莓是感恩节的传统美食，但当年却鲜有出售，这令蔓越莓种植者蒙受了巨大损失。

1962 年，就在《寂静的春天》出版之前，媒体报道称，美国食品药品监督管理局的药物检察员弗朗西斯·凯尔西以一己之力阻止了沙利度胺[②] 在美国市场的销售。记者们首次披露了欧洲和加拿大的医生是如何开出这种药来预防孕期晨吐，从而导致了令人震惊的婴儿先天畸形。一个女人阻止了专家出于善意滥用强力化学制剂的行为，这一事件让人们明白了《寂静的春天》传达的信息，这是很少见的绝佳时机。

因此，当畅销书作家蕾切尔·卡森的《寂静的春天》出现在书店的橱窗里时，书中娓娓道来的无形化学毒物弥漫世界、污染食物的故事，引起了全世界公众的强烈反响。

---

① 《部分禁止核试验条约》(*Partial Test Ban Treaty*)，全称《禁止在大气层、外层空间和水下进行核武器试验条约》，英文简称 PTBT。该条约禁止了除在地下外的一切核武器试验。该条约于 1963 年 8 月 5 日由苏维埃社会主义共和国联盟、大不列颠及北爱尔兰联合王国和美利坚合众国在莫斯科签署，同年 10 月 10 日生效。目前已有 113 个国家或政府正式通过该条约。

② 沙利度胺（Thalidomide）曾经被广泛用于治疗孕妇的早孕反应，如恶心、呕吐等。然而经过深入研究，科学家们发现，沙利度胺会干扰胚胎的正常发育，导致胎儿四肢短小，甚至完全缺失，胎儿的手脚直接连在躯干上。此种畸形儿因外形酷似海豹，得名“海豹儿”。

1962 年，美国食品药品监督管理局的药物检察员弗朗西斯·凯尔西在白宫仪式上接受约翰·肯尼迪总统颁发的总统杰出联邦公务员奖。

## 美国政府的反应

蕾切尔·卡森的影响力今天已无法用言语来形容。而在《寂静的春天》刚面世时，整个华盛顿都在谈论这本书。

——比尔·莫耶斯

《比尔·莫耶斯日志》(2007 年 9 月 21 日)

美国联邦政府对《寂静的春天》做出了迅速反应。肯尼迪总统读过《纽约客》上节选文章，要求总统科学顾问委员会(Presidential Scientific Advisory Committee，PSAC)的生命科学小组调查卡森的观点。在 1962 年 8 月 29 日的新闻发布会上，一名记者注意到公众对杀虫剂使用的担忧，并询问肯尼迪是否已指示农业部或公共卫生局对此进行更深入的调查。他回答说："是的，我知道他们已经在这样做了。我想，当然，特别是在卡森小姐的书出版之后，他们正在研究这个问题。" 1963 年 5 月 15 日，在总统的明确批准下，PSAC 发布了报告。蕾切尔·卡森和新闻界将这份报告视为对《寂静的春天》的平反。该报告极大地压制了工业和农业相关机构中批评者的声音，增强了该书的科学可信度。外国的翻译评论经常提到肯尼迪的科学小组证实了《寂静的春天》中的观点。

内政部长斯图尔特·L. 乌达尔邀请卡森参加在总统的弟弟、司法部长罗伯特·肯尼迪在位于弗吉尼亚州的家中举行的"肯尼迪研讨会"，这里她有机会让一小群富有影响力的人听到自己的声音。在肯尼迪政府和约翰逊政府期间，乌达尔都成为政府农药监管的主要倡导者。继《寂静的春天》之后，他于 1963 年出版了自己的环境问

1963 年 6 月 4 日，蕾切尔·卡森在国会发表讲话。合众社国际拍摄。

题专著《寂静的危机》。

国会还为《寂静的春天》举办了一场听证会。1963 年 4 月 4 日，也就是哥伦比亚广播公司播出关于该书纪录片的第二天，康涅狄格州参议员亚伯拉罕·里比科夫便宣布就污染问题举行听证会，其中包括联邦对杀虫剂的监管。听证会于 5 月 16 日开始，恰巧是 PSAC 发布报告的第二天。6 月 4 日，卡森出庭作证。与亚伯拉罕·林肯对哈丽叶特·比切·斯托的著名问候如出一辙，里比科夫欢迎她时说："你就是让这一切开始的那个女人。"[①]

① 由哈丽叶特·比切·斯托创作的小说《汤姆叔叔的小屋》对美国废除奴隶制甚至美国内战的打响都产生了深远影响。1862 年，林肯总统在白宫接见了作者斯托夫人，并戏称她是"写了一本书，酿成了一场大战的小妇人"。

主席先生，我很高兴今天上午有机会与您讨论环境危害和农药控制问题。

有害物质污染环境是现代生活的主要问题之一。空气、水和土壤的世界不仅养育着数十万种动植物，也养育着人类本身。过去我们常常选择忽视这个事实。现在我们收到尖锐的提醒，我们的粗心和破坏性行为进入了地球的巨大循环，并最终给我们自己带来危险。你选择探索的问题是我们这个时代必须解决的问题。我强烈地感到，现在就必须开始——在国会本届会议上。因此，主席先生，当我听说您计划就整个环境污染问题举行听证会时，我感到很高兴。现在，各种污染已经侵入了我们赖以生存的所有物理环境——水、土壤、空气和植被。它甚至已经渗透到动物和人类体内的内部环境。它有多种来源：核反应堆、实验室和医院的放射性废物、核爆炸的放射性尘埃、城镇的生活垃圾、工厂的化学废物、家庭和工业的洗涤剂。

当我们回顾人类与地球的历史时，我们不禁感到有些沮丧，因为那段历史大部分是盲目或短视地掠夺土壤、森林、水域和地球上所有其他土地——资源的历史。我们已经获得了上一代人无法想象的规模的技术技能。我们可以做一些戏剧性的事情，而且可以做得很快。当破坏性副作用显现出来时，要扭转我们的行为往往为时已晚或已不可能。这些都是令人不快的事实，它们引起了本委员会现在着手审查的令人不安的情况。

我之前已经指出过，现在我要重复一遍，只有在现实情况中才能正确理解杀虫剂问题，将其作为有害物质进入环境的一般情况的一部分。在水、土壤以及我们自己的身体中，这些化学物质与其他化学物质或放射性物质混合。人们对相互作用和效果总结知之甚少。例如，没有人完全了解当我们体内储存的农药残留物与反复服用的药物相互作用时会发生什么。有一些迹象表明，我们的饮用水中经常存在的清洁剂可能会影响消化道内壁，使其更容易吸收致癌化学物质。在试图评估农药的作用时，人们常常假设这些化学物质被引入一个简单、易于控制的环境中，如实验室环境。当然，这远非事实。

《寂静的春天》出版后，美国国会修订了化学品法规。1962 年以前，政府对杀虫剂的监管主要是为了确保化学制剂的真实有效，没有虚假宣传制定。1910 年的《联邦杀虫剂法》和 1947 年的《联邦杀虫剂、杀菌剂和灭鼠剂法案》都是为了实现这一目标。1952 年对《联邦食品、药品和化妆品法》的一项修正案为食品、饲料和纤维中的化学品残留设定了容许量，但并未对化学品的使用本身进行监管。现在，国会修订了《联邦食品、药品和化妆品法》，在农药品类中增加了关于安全因素的考量。

20 世纪 60 年代，环境危机一再发生，加利福尼亚州圣巴巴拉油井井喷和俄亥俄州克利夫兰市库亚霍加河大火等重大事件，使环境问题经常成为头条新闻。1970 年 4 月，第一个地球日取得了惊人的成功，这给政治家们施加了巨大的压力，迫使他们采取行动。尼克松政府于 1970 年成立了美国国家环境保护局（EPA，简称“环保局”），并授权其设定化学品残留容许量。美国国会于 1972 年修订了《联邦环境农药控制法案》，将农药管理权移交给环保局，并授权其保护公众和环境的健康。美国环保局于 1972 年开始全面禁用 DDT。

1976 年的《有毒物质控制法》是对《寂静的春天》最大的法律平反。该法案表明环保局有保护公众免受“对健康或环境造成伤害的不合理风险”的职责。根据该法案的授权，环保局采取行动禁止或严格限制了《寂静的春天》中提到的所有六种化合物——DDT、氯丹、七氯、狄氏剂、艾氏剂和异狄氏剂，并承担起了检测新化学品的责任。

## 工农业利益集团的反击

如果人类遵循卡森女士的教导，我们将回到黑暗时代，昆虫、疾病和寄生虫将再次占据地球。

——罗伯特 · H. 怀特 · 史蒂文斯，采访，

哥伦比亚广播公司报道，1963 年 4 月 3 日

农业和工业的相关机构并没有被动地坐以待毙。当他们得知《寂静的春天》即将出版的消息后，化学工业的领导者对这一威胁其商业利益的行为发起了反击。氯丹生产商威尔斯酷公司致函霍顿 · 米夫林出版公司，威胁说如果他们出版这本书，就以诽谤罪发起诉讼。国家农用化学品协会（NACA）出资 2.5 万美元开展了一场公关活动，这在 1962 年是一笔不小的数目。全国农用化学品协会刊登广告、致信编辑、出版小册子并在报纸上刊登插页，所有这些都是为了宣传农用化学品的安全性和必要性。卡森在农用化学品行业、农业学校和政府部门都有朋友，他们中的许多人都向她提供了信息，

但他们的老板却并不急于将这些信息公之于众。然而，科学家和研究人员相信，他们的发现有利于农民，有助于养活日益发展的世界。

《寂静的春天》将这些机构的工作置于公司受利益驱动和政府及教育机构与其同流合污的险恶背景下。这令他们对作者卡森和这本书都充满敌意。

1963 年 10 月的《农场化学品》杂志封面上有一幅漫画，漫画中的人物代表了在国会作证的三个行业发言人，他们向山姆大叔有力地陈述了自己的观点，其中一个用拳头猛击桌子，另一个用手指着指控，第三个则比画着大拇指。在他们身后，一个女巫骑着扫帚飞过。(《农场化学品》的出版商美斯特国际传媒拒绝了在本文中刊登此封面的请求。)

农药支持者声称，没有化学品，农业就会崩溃。1963 年，孟山都公司[①]出版了模仿《寂静的春天》开篇“明日寓言”而写成的文章《荒芜之年》，描述了一个因没有化学方法控制虫害而造成大饥荒的世界。美国 DDT 的主要生产商蒙特罗斯化学公司宣传了 1970 年诺贝尔奖获得者诺曼・勃劳格[②]的预言：如果没有 DDT 和杀虫剂，现代农业就会覆灭，大规模的饥荒将接踵而至。勃劳格对反对 DDT 的全国奥杜邦协会和环境保护基金同样大加抨击。

---

① 孟山都公司（Monsanto Company）是美国的一家跨国农业公司，其生产的旗舰产品农达（Roundup）是全球知名的草甘膦除草剂。

② 诺曼・E. 勃劳格（Norman E.Borlaug，1914—2009）美国农业科学家，1970 年诺贝尔和平奖得主。其创建的穿梭育种法已被世界各国作物育种家广泛采用和认定，他成功地育成了一种优质半矮秆小麦，其产量可达 5~7 吨 / 公顷，对解决第三世界国家的粮食危机起了很大作用。

为了诋毁《寂静的春天》和反DDT运动，NACA和农药制造商开始了一场长期的误导行动。美国氰胺公司的两名化学家托马斯·H.朱克斯（后任加州大学伯克利分校医学物理学教授）和罗伯特·H.怀特·史蒂文斯（后任罗格斯大学保护与环境科学学院教授）带头攻击卡森，矛头直指她对DDT的批评。朱克斯和怀特·史蒂文斯利用奥杜邦协会自1900年以来每年举行并发表在《美国鸟类》上的圣诞节鸟类计数，断言自DDT和化学杀虫剂问世以来，鸟类数量实际上有所增加。"所以说知更鸟，"怀特·史蒂文斯发言道，"这种卡森小姐声称濒临灭绝，并绝望地为其歌唱'安魂曲'的鸟儿，在过去二十年里增加了近1200%。"圣诞节鸟类计数的相关证据被农业通信和报纸专栏广泛采用，但直到1964年才在科学杂志上发表，科学家们很快对其进行了反驳。

1971年，朱克斯在《环境事务》上发表了《DDT、人类健康和环境》一文，指控禁用DDT会造成全球对这种化学物质的偏见，导致抗疟疾运动的失败，并使人类付出生命的代价。世界卫生组织多年来一直坚持认为，DDT是控制携带疟疾的蚊子的唯一经济有效的方法。然而，到了20世纪70年代初，由于DDT在农业中的过度使用，蚊子对它产生了抗药性。世界卫生组织也只好无奈地停止使用DDT防治疟疾，这并不是因为《寂静的春天》这本书的缘故。

尽管如此，美国保守派和自由主义者还是相当成功地散布了"卡森煽动了对DDT的禁令，导致了数百万人的死亡"这样的观点。在迈克尔·克莱顿2004年出版的小说《恐惧状态》中有一个角色称，禁用DDT造成的死亡人数超过了希特勒发动的战争，这一说法在互联网上广为流传。《福布斯》《资本主义杂志》《华盛顿时报》

《国家评论》和《理性》等保守派刊物都发表文章攻击卡森。自由主义团体“企业竞争力研究所”甚至创建了一个网址拼写为“蕾切尔·卡森大错特错”的网站。

2007 年，卡森一百年诞辰之际，关于《寂静的春天》间接杀害了数百万非洲人的指控充斥互联网。自由主义智库的美国企业研究所和卡托研究所赞扬 DDT，攻击卡森恶意诽谤一种极其有用且无害的化学物质。美国主流媒体在短时间内连篇累牍地报道了这一指控，由此可见这场运动的成功。卡托研究所在《寂静的春天》发表 50 周年之际，出版了一本由罗杰·迈纳斯、皮埃尔·德斯罗切斯和安德鲁·莫里斯撰写的书《寂静的春天 50 周年：蕾切尔·卡森的虚构危机》。

这些说法很容易被推翻，但这并不重要。这场运动的目的并不是恢复 DDT 的使用，因为 DDT 实际上只在美国被禁用。其目的是通过让人们相信对 DDT 的监管是灾难性的，来削弱人们对政府监管的信心。正如纳奥米·奥雷斯克斯和埃里克·康威在其著作《怀疑商人：少数科学家如何在从烟草到全球变暖等问题上掩盖真相》一书中指出的，企业利用那种为了反驳吸烟有害健康的科学结论而发展出的方法，散布对 DDT、酸雨、臭氧消耗和全球变暖等问题的科学真相和科学监管的怀疑。

## 对蕾切尔·卡森的人身攻击

> 蕾切尔·卡森小姐指责杀虫剂制造商自私自利，这可能反映了她的共产主义同情心，我们现在的许多作家都是

这样。我们可以没有飞鸟走兽，但现在的市场不景气，我们可不能没有商业。至于昆虫，一个女人被几只小虫子吓得魂飞魄散，这不是很正常的事情吗？只要我们有氢弹，一切都会好起来的。

——致《纽约客》编辑的信

《寂静的春天》的反对者对蕾切尔·卡森进行人身攻击。他们指责她激进、不爱国、不科学、歇斯底里。1962年，正值与苏联的冷战高峰期，许多人认为对美国的批评是不爱国或同情共产主义。农业部前部长埃兹拉·塔夫脱·本森曾私下写信给前总统德怀特·艾森豪威尔，称卡森“很可能是共产主义者”。杀虫剂制造商威尔斯库在写给霍顿·米夫林的恐吓信中称，如果公众要求停止使用杀虫剂，“我们的粮食供应效率将减低到与‘铁幕’以东的共产主义国家一样的水平”。

他们认为即使卡森不是彻头彻尾的共产主义者，也肯定与“食疗信徒”有联系，或者像范德比尔特大学医学院的威廉·达比描述的那样，是“有机园艺家、反氟联盟、‘天然食品’崇拜者、坚持生命原则哲学的人，以及伪科学家和狂热分子”。要再过一二十年，大多数美国人才不会认为有机园艺或天然食品只适合怪人和不合群的人。

关于卡森只是一个歇斯底里的女人的说法出现在化学和农业贸易期刊及大众媒体上。在人们的想象中，女性比男性更缺乏理性、更情绪化、更多愁善感，而男性则可以冷静地研究问题并提出合理的解决方案。一名农业专家在鲁比科夫的听证会上对记者说：“你永远无法满足有机农夫或园艺俱乐部中情绪化的女人。”在给艾森豪威尔的信中，本森不明白为什么一个“老处女如此担心遗传学”。

由于卡森与任何机构都没有关系，所以她被认为是业余爱好者，不能像专业科学家那样理解这一主题，或者歪曲、误读了科学。在批评她的人看来，卡森经常使用“自然”“自然的”和“自然平衡”等词汇，这让人觉得她只是一个多愁善感的自然爱好者，或是像拉尔夫·瓦尔多·爱默生或亨利·戴维·梭罗那样的泛神论者。《时代》《美国新闻与世界报道》，甚至《体育画报》的评论都对她大加指责。例如，《时代》杂志的评论家批评她使用“煽动情绪的文字”，并将她的论点描述为“不公平、片面和歇斯底里的过度情绪化”。他将她的“情绪化和不准确的爆发”归咎于她“对自然平衡的神秘依恋”。

即使是卡森毫无观点输出的公开照片，也更多地展示她在家庭而非科学环境中的形象。《生活》杂志刊登了一篇关于她的报道，并附有她与孩子们在大自然散步或与一些奥杜邦协会会员一起观鸟时交谈的照片。尽管文章第一页的照片显示她在显微镜前，但这些照片里卡森穿得像个普通的家庭主妇，身边围绕着孩子和“鸟类爱好者”，让她给人一种教师或太太的形象。报道称，卡森“未婚，但不是女权主义者（她曾表示：‘我对女人或男人做的事情不感兴趣，我感兴趣的是人做的事情’）”。

## 国际畅销书

《寂静的春天》很快在欧洲和世界各地发行。1962 年出版了德文译本，1963 年出版了法文、瑞典文、丹麦文、荷兰文、芬兰文和意大利文译本，1964 年出版了西班牙文、葡萄牙文和日文译本，1965 年出版了冰岛文译本，1966 年出版了挪威文译本，1972 年出版了斯洛文尼亚文译本，1979 年出版了中文译本，1982 年出版了泰文译本，1995 年出版了韩文译本，2004 年出版了土耳其文译本。

这本书的节选文摘还会出现在大众期刊的版面上。成千上万从未拿起过这本书的人都能在法国流行杂志《巴黎竞赛》和地区报纸《南方快报》、意大利杂志《欧洲人》、荷兰周报《艾尔赛维周报》、瑞典杂志《我们》或芬兰最大的报纸《赫尔辛基日报》上读到卡森的文字。关于此书的数十篇评论出现在西欧各主要国家及中欧的匈牙利和南斯拉夫。

## 瑞典和芬兰：鸟儿去哪儿了？

在瑞典，《寂静的春天》引发了比美国更大的争议。它甚至改变了语言。卡森认为，由于农业化学品会进入土壤和水中，毒害从蠕虫到人类的所有生物，因此“杀虫剂”更应该被称为“杀生剂”。这本书在瑞典一问世，“biocid”（杀生剂）就取代了“pesticid”（杀虫剂）成为通用语，这一现象在其他任何地方都没有出现过。

瑞典人对《寂静的春天》做出如此强烈的反应，部分原因是最近报纸和鸟类学会发表的一系列文章引起了轩然大波，这些文章和出版物都提到鸟类死于经过处理的谷物种子。著名鸟类学家埃里克·罗森伯格是《瑞典鸟类》一书的作者，也是几代瑞典人中观鸟活动的主要倡导者，他一直在为鸟类数量的减少敲响警钟。他的文章《红隼去哪儿了？》于 1963 年发表在《瑞典自然》杂志上，当时《寂静的春天》的瑞典语译本刚刚出版几个月。瑞典鸟类的消失令人不安，“寂静的春天”很容易让人浮想联翩。

也是在这个时候，环保活动家尼尔斯·达尔贝克在其颇具影响力的广播节目《自然与我们》中报道了汞污染问题，汞是一种工业和造纸厂的副产品，会毒害鱼类、鸟类和人类。尽管卡森从未提到过汞，但这两个问题的结合却引起了公众的强烈不满。甚至在 1963 年《寂静的春天》瑞典文版发布之前，有关杀虫剂的会议就已经召开。全国媒体，包括达尔贝克都在广播中，对《寂静的春天》进行

NÄR FÅGELSÅNGEN TYSTNAR

KEMISK BEKÄMPNING av skadedjur och ogräs har länge bedrivits, men i verkligt stor skala endast sedan 1940-talets mitt. Ökningen betingades av de nya medel som den kemiska industrin vid denna tidpunkt gjorde disponibla. De har satts in i väldig skala och med växlande framgång, dock torde man ha lov att säga att de under de senaste femton åren tillfört framför allt jordbruket mycket betydande ekonomiska vinster och att odlingen av vissa grödor inom stora områden är lönsam endast tack vare dem.

När många biologer likväl redan på ett tidigt stadium greps av oro inför utvecklingen hade detta huvudsakligen två orsaker. För det första rubbar man genom massinsatser av blint verkande gifter naturens balans. Ej blott skadeinsekten dör, utan även dess naturliga fiender, och detta leder lätt till allvarliga konsekvenser. För det andra är de flesta av de

瑞典语标题《当鸟鸣归于寂静》，1963 年 2 月 5 日《我们》杂志。

了大量宣传。继卡森的《寂静的春天》之后，瑞典又出版了几部重要的环保著作，尤其是1967年汉斯·帕姆斯特纳的《抢劫饥荒投毒》。

瑞典政府迅速行动，对杀虫剂和汞采取了相应措施。1967年，瑞典成为第一个成立综合性环境监管机构——环境保护委员会的国家。次年，瑞典还率先通过了全面的环保法案——《环境保护法》。1969年的调查显示，风雨中的DDT含量表明农民增大了杀虫剂使用量，甚至最终进入了人类母乳中。瑞典成为第一个对持久性杀虫剂采取广泛管理行动的国家。

尼尔斯·达尔贝克（戴帽子的坐着的男子）是瑞典广播电视界著名的先驱。在他广受欢迎的广播节目《自然与我们》中，他宣传了《寂静的春天》。

瑞典著名鸟类学家埃里克·罗森伯格发出了瑞典鸟类消失的警报。

瑞典政府之所以如此迅速地采取行动，是因为《寂静的春天》得益于瑞典现有的关注环境传统，这一传统造就了欧洲一些历史最悠久、最受欢迎的自然保护组织。此外，埃林·韦格纳 1941 年出版的《闹钟》等以环境警示为主题的书籍都为这一传统铺平了道路。此外，瑞典的政治文化对新的社会问题持开放态度，并以务实的管理方式处理问题，这也有助于瑞典政府迅速做出反应。

芬兰注意到了美国和邻国瑞典的热烈讨论。很快，芬兰人也开始讨论《寂静的春天》。在瑞典的影响下，“生物杀灭剂”也进入了芬兰语。尽管如此，芬兰人的反应并不强烈，因为芬兰农民在接受并使用化学品方面进展缓慢。

## 英国：上议院辩论

1963年2月，《寂静的春天》的英国版问世。国家自然保护信托基金的赞助人爱丁堡公爵分发了预印本。农业部长克里斯托弗·索姆斯肯定了卡森的书在激发有益讨论方面的价值。3月20日，在为英国版的《寂静的春天》撰写序言的沙克尔顿勋爵的推动下，英国上议院对该书进行了长达5个多小时的讨论，对于一本书而言，这是前所未有的情况。不过，英国政府10年来一直在处理卡森披露的问题，而且英国农民不像他们的美国同行那样依赖化学品。英国农业部的首席科学顾问写道，在英国，证据并不能“证明卡森小姐的悲观论断是正确的”。

由于英国的杀虫剂问题没有美国那么严重，政府在政策层面很容易就接受了这本书的影响。曾有8名农场工人死于除草剂，英国政府实行杀虫剂管控政策已有10年历史。英国农业部的一个工作组提出了保护工人的法规，英国议会将其写入了1952年的《农业（有毒物质）法》。此外，英国农业部和英国农业化学品制造商协会遵循工作组的建议，由化学品公司自愿向政府通报新农药或旧化学品的新用途，并提供有关化学品特性和安全性的数据。

1957年，用艾氏剂和狄氏剂处理过的谷物种子杀死了数以千计的野鸟，由此引发了一个问题。人们担心的不仅是这些鸟，还有它们带给食用野味的人的风险。尽管化学工业厂商淡化了这一问题，但大自然保护协会还是建立了现在著名的蒙克斯伍德实验站来进行研究。1960年，处理种子的方法从撒粉改为浸泡，这加剧了鸟类的死亡且增加了负面报道。工业界接受了“自愿”规定，将经过处理

爱德华·沙克尔顿勋爵是著名的极地探险家欧内斯特·沙克尔顿之子，因其在环境保护方面的工作而闻名于世，他为英国版《寂静的春天》撰写了序言，并于1963年3月20日参加了上议院就该书举行的长达五个多小时的历史性辩论。

的种子限制在秋季播种，因为此时鸟类有充足的其他食物可以食用，最终鸟类死亡的数量明显下降了。

英国政府有理由认为杀虫剂问题已得到控制。然而，卡森的书和美国总统咨询委员会的报告加剧了英国政府对几种杀虫剂会危害人类健康的担忧。官员们发现壳牌公司销售的几种化学品——艾氏剂、狄氏剂和七氯——尤其如此，尽管英国人体内化学品含量远低于美国，但它们还是出现在了人体脂肪中。测试发现，羊肉脂肪、牛肉和黄油中都有残留。各种政府咨询委员会和官员之间的广泛争论说服了当局采取保守的观点。由于可能受到负面宣传的威胁，壳牌公司和化学品制造商协会于 1964 年勉强同意了政府禁用这些杀虫剂的要求。

整个 20 世纪 60 年代，世界上的猛禽数量在灾难性地减少，这进一步刺激了对农药的限制措施，英国毒理学家大卫·皮考尔的研究首次记录了 DDT 会使猛禽蛋壳变薄。随后，DDT 等有机杀虫剂被逐步淘汰。出于对监管过程保密性的担忧并应对各种法律后果，英国政府通过 1985 年的《食品与环境保护法》和 1986 年的《杀虫剂控制条例》，将这一自愿性制度纳入了法律体系。所有这些都是在比美国少得多的愤怒和行业防卫的情况下完成的，在英国，公众辩论也比美国和瑞典少得多。

## 荷兰：银纱与隐患

在荷兰，相较于《寂静的春天》给公众留下的印象，它给科学家和政府官员留下的印象更深刻，当然，它也激怒了化学工业的相关人员。蕾切尔·卡森在荷兰最大的崇拜者和拥护者是荷兰植物病虫害防治局局长C.J. 布里耶尔。布里耶尔在1957年撰写了一份政府报告，记录了昆虫对常见杀虫剂日益增长的抗药性，政府公布了这份报告，荷兰媒体也进行了转载。这篇报告作为美国法律诉讼的文件引起了卡森的注意，这一诉讼要求停止在长岛空中喷洒DDT。卡森将其翻译并在美国出版。她将其作为《寂静的春天》中重要一章“雪崩轰鸣”的基础。她与布里耶尔的通信一直持续到她去世。

布里耶尔对卡森的帮助给他带来了政治压力，使植物病虫害防治局的许多人对他失去了信心。他告诉卡森，化学界工业界对他施加了巨大压力，而在肯尼迪委员会发表报告后，他们便停止施压了。1965年，他辞职并撰写了自己的著作《银色面纱和隐藏的危险：威胁生命的化学杀虫剂》，在书中，他严厉批评了荷兰政府机构的拖沓。

布里耶尔和其他荷兰科学家发现，荷兰政府监管机构制度繁琐，官僚行事缓慢得令人沮丧。1966—1967年，荷兰科学家观察到，

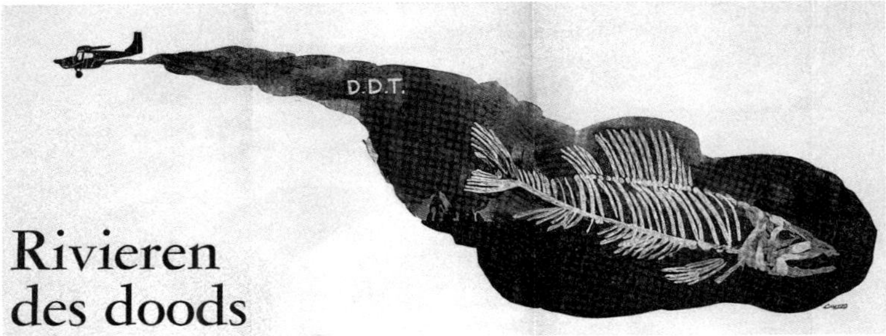


荷兰著名期刊《爱思唯尔》连载了几期《寂静的春天》节选。《爱思唯尔》是唯一一份委托他人绘制插图的期刊，这些插图引人注目，甚至有些夸张。

尽管荷兰版的《寂静的春天》插图与《爱思唯尔》上发表的节选相得益彰，引人关注，但与美国相比，《寂静的春天》在荷兰和欧洲大部分地区的影响要小得多。

DDT 的使用导致猛禽数量出现了灾难性的下降，杀虫剂也导致燕鸥大量死亡。此后，监管变得更加有效，但争论还是主要发生在学术界和政府部门。在荷兰公众中，只有环保主义者真正注意到了《寂静的春天》。

## 德国：繁荣注定失败？

在德国，鸟类保护联盟翻译并宣传了《寂静的春天》。评论和文章广泛出现在报纸、期刊和广播中。环保团体、素食团体和人类哲学（一种精神上的有机农业运动）的成员们对这本书产生了浓厚的

德国期刊以一系列可怕的标题（《我们正在慢慢中毒》《大自然的污染》《蕾切尔·卡森的战斗》《毒药扰乱了自然的秩序》《毒害了上帝的恩赐》《春天尚未寂静：滥用杀虫剂会产生反作用》《比放射性更危险》《我们每天会服用小剂量的毒药吗？》《毒药从天而降》）报道了《寂静的春天》。

兴趣，当然，农业和化学期刊也出于不同的原因对这本书产生了浓厚的兴趣。自然保护和环境友好团体对这本书给予了热情的赞扬。

虽然《寂静的春天》在短期内引发了讨论，但似乎没有给人留下什么长期印象。西德人否认德国农业存在任何重大环境问题。与其他地方一样，农业和化学利益集团淡化或拒绝接受蕾切尔·卡森揭露的危险。直到 1971 年，西德联邦议院通过了一项全面的环境法，到了 20 世纪 80 年代，环保主义在政治上发挥的作用还相对较小。1983 年，德国环境事务专家委员会才开始处理农药问题。此外，直到 1984 年西德发生森林枯死病事件[①]，1986 年巴塞尔桑多斯农用

① 原西德共有森林 740 万公顷，受酸雨影响，到 1983 年为止有 34% 染上枯死病，每年枯死的树木蓄积量超过同年森林生长量的 21% 多，先后有 80 多万公顷森林被毁。

化学品仓库发生大火，上千吨有毒物质泄漏至莱茵河中，导致数百英里范围内的所有生物死亡，1986年切尔诺贝利核电站爆炸之后，绿色运动才真正开始崛起。

《寂静的春天》中的反现代主义暗流也有助于解释该书在这个历来具有环保意识的国家中缺乏影响力的原因。卡森批评了对科学和政府的盲目信任，指责贪婪导致化学公司及其销售人员过度使用其产品，并描述了政府、工业和科学家之间在推广有毒化学物质而非危险性较低的代替品时的勾结。反现代主义者不信任资本家、政府和科学家，他们认为卡森的分析具有吸引力和说服力。

《寂静的春天》在德国的出版在政治上是不合时宜的，它来得太晚，无法吸引右翼；又来得太早，无法吸引左翼。20世纪50年代，反现代主义、反美和支持环保的言论主要属于政治右派。前纳粹分子京特·施瓦布于1958年成立了“保护生命世界联盟”，并于同年出版了畅销书《与魔鬼共舞》，其中提出了一些与卡森相同的观点。

„Noch keine Gefahr — aber gut aufpassen“

Die deutsche Wissenschaft hat Insektizide unter Kontrolle

Zu Rachel Carsons „Stummer Frühling“: Probleme sind da, aber tendenziös geschildert

„Daran ist überhaupt nicht zu denken“, sagte gestern Professor Dr. Zeumer von der Biologischen Bundesanstalt am Braunschweiger Messeweg. Er sagte es, als wir ihn fragten, wie es in der Bundesrepublik im Hinblick auf die düsteren Visionen in Rachel Carsons Buch „Der stumme Frühling“ aussehe. „Die deutsche — aber auch die internationale — Wissenschaft hat die Schädlingsbekämpfungsmittel durchaus unter Kontrolle.“ Die von der Carson aufgeworfenen Probleme seien durchaus vorhanden. Aber man dürfe sie nicht so überspitzt und so schlecht zu Ende gedacht darstellen.

der Bundesrepublik ist zu berücksichtigen, daß sich der Einsatz der Bekämpfungsmittel (‚Pestizide‘) in den USA von dem in der Bundesrepublik in vieler Hinsicht unterscheidet, in der Hauptsache hinsichtlich der ausgebrachten Menge.“ Weiterhin werde aus Kanada und den USA berichtet,

与美国一样，德国的化工公司也试图让公众放心。《德国科学已经控制了杀虫剂》，这是一则安抚人心的报道。

德国大众媒体对卡森这本书最广泛的讨论出现在颇具影响力的保守派周刊《基督与世界》上，该周刊的编辑吉塞尔·维尔辛是前纳粹党卫队成员，也是戈培尔的宣传员。保守派基督教民主党的环保主义者赫伯特·格鲁尔参与了罗马俱乐部《增长的极限》一书的撰写。格鲁尔于 1975 年撰写了畅销书《一个被掠夺的星球》，这是对帕尔姆斯蒂尔纳的《掠夺的星球》和美国费尔菲尔德·奥斯本 1948 年的《我们被掠夺的星球》的呼应。

然而，到了 1962 年，右翼反美主义和反现代主义逐渐减弱。1968 年的革命事件洗去了德国环保主义中残存的纳粹污点。1969 年，社会民主党人威利·勃兰特承诺“鲁尔区[①]的蓝天”，首次将环境问题作为德国全国竞选活动的主要内容。20 世纪 70 年代初，德国和其他国家的环保主义者重新发现了《寂静的春天》，部分原因是该书的社会道德批判与反越战运动以及年轻人的文化和社会批判不谋而合。格鲁尔和佩特拉·凯利于 1979 年成立了德国绿党，但绿党的不断左倾导致格鲁尔于 1981 年退出该党，并发现保守的政治环保主义永远被边缘化了。

即便如此，《寂静的春天》还是在德国播下了环保意识的种子并不断发芽。1969 年莱茵河中大量鱼类死亡，使卡森的观点深入人心，此后《寂静的春天》销量猛增。1973 年 1 月 8 日出版的新闻杂志《明镜》刊登了一篇长达 15 页的特别报道，题为《繁荣注定毁灭？什么

---

① 鲁尔工业区，是德国的重要制造业基地，也是欧洲最大的工业人口聚居区。二战后，鲁尔区成为德国经济复苏的“发动机”，也因此成为德国空气污染重灾区。

区别了人与猪》的文章。从那时起,《寂静的春天》一直畅销不衰，德文版从未绝版。到 2007 年，德文版《寂静的春天》的销量已超过 13 万册。

## 法国：在自然消逝之前

《寂静的春天》在法国大受欢迎，1963 年 5 月出版后仅六周就进行了第三次印刷。法国人注意到这本书有几个原因。出版商普隆很受尊敬。法国国家自然历史博物馆馆长、法国科学院院长罗杰·海姆的序言为该书增添了科学权威性。1952 年，海姆还撰写了自己的环境警示录《自然的破坏与保护》。流行杂志《巴黎竞赛》刊登了该书的大量摘录，使该书及其论点为广大读者熟知。法国广播电台有八个节目讨论了这本书。

法国著名自然学家跟进了《寂静的春天》中的观点。海姆在《费加罗文学报》上发表了一篇关于该书主题的特写文章，题为《因人类行为生病的动物》。让·多斯特是国际自然保护组织的名人，也是美国国家自然历史博物馆的教授和后来的馆长，他于 1965 年出版了《自然消逝之前》一书，获得了巨大成功。多尔斯特的书被翻译成 17 种语言，并促使法国成立了许多自然保护组织。

与美国一样，法国政府、农业和化学工业的领导者也担心《寂静的春天》的影响。与美国同行不同的是，他们有现成的答案。1963 年 5 月 22 日，在法国植物学和植物药剂学协会（农业和农药行业的主要利益集团都属于该协会）的全体会议上，国际知名毒理学

头条新闻（《20世纪的毒药危机》《寂静的春天还是沙漠中的哭声？》《氯化杀虫剂毒害了美国》《这些毒药迅速杀死寄生虫……却缓慢地杀死人类》《拯救大自然的崇高声音》以及《巫师的学徒》）。还记录了《寂静的春天》在法国引起的轩然大波。

家勒内·特吕奥解释说，法国政府将通过农药登记制度来保护公众健康，并声称该制度非常严格。争议暂时平息下来。

然而，随着时间的推移，美国对DDT的争论以及对化学品危及法国食品质量的担忧，激发了法国大众媒体、消费者和医学杂志以及有机食品杂志上越来越多的讨论。注册制度仍然是抵御日益增多的批评的主要防线。然而，该制度是二战维希政府的遗产，其建立的目的是杜绝化学制剂的欺诈行为，而不是保护公众健康。负责监管注册制度的农业部将公众健康置于农业需求之下。对毒理学的关注也只是为了保护农业工人。

最后，法国政府在1972年承认了公众的担忧，并重组了注册系统，在其中赋予非农业政府部门更大的权力。然而，农业方面的压力阻止了对现有化学品的管控与禁止，令更多化学品得到批准。法国官方认为在法国禁止外国竞争者可以使用的化学品是不公平的。

与美国和其他国家的情况类似，登记制度仍然是保护农业利益和化学公司的一种方法，虽然给公众留下了安全可靠的印象，但也遮蔽了一个潜在的巨大政治问题。

## 荧幕上的《寂静的春天》

要想完全理解卡森的遗产，最合适的地方莫过于加利福尼亚南部沿海的卡塔利娜岛，那里是白头海雕的家园。在 DDT 被倾倒进当地水域后，白头海雕几乎销声匿迹，因为 DDT 会导致蛋壳变薄，雏鹰无法存活。但就在本月，几十年来首次出现了留在野外巢中的白头海雕鸟蛋自行孵化的情况。卡塔利娜岛保护协会主席安·穆斯卡特认为，这一切都要归功于蕾切尔·卡森。

——凯特琳·A. 约翰逊

《进步的代价》(哥伦比亚广播公司)

美国两大全国性电视网——哥伦比亚广播公司（Columbia Broadcasting System，CBS）和美国公共广播公司（Public Broadcasting Service，PBS）——都播出过有关蕾切尔·卡森和《寂静的春天》的节目。

第一个节目产生了非常大的影响。1963 年 4 月 3 日，CBS 报道播出了一个小时的调查节目《蕾切尔·卡森的寂静春天》。尽管蕾切尔·卡森担心癌症治疗会耗尽她的体力，但她表现得十分冷静，而且非常通情达理，与农业化学工业的发言人罗伯特·怀特·史蒂文斯形成了鲜明对比。怀特·史蒂文斯身着白大褂，操着生硬的口音，在发表这样夸张的言论时，实际上显得非常极端："蕾切尔·卡森小姐在《寂静的春天》一书中的主要说法是对实际情况的严重歪曲，完全没有科学依据、实验证据和该领域的一般实践经验……如果人类忠实地遵循卡森女士的教导，我们将回到黑暗时代，昆虫、疾病和害虫将再次威胁地球。"这部纪录片是在肯尼迪顾问的报告有效证实了《寂静的春天》主要观点的前六周推出的，它们共同增强了《寂静的春天》的权威性，同时也加深了它的影响。

美国公共广播公司成立于1970年，在《寂静的春天》出版31年后的1993年首次报道了该书。由历史学家大卫·麦卡洛主持的《美国经验》系列节目播出了长达一小时的历史纪录片《蕾切尔·卡森的寂静的春天》，其中包括女演员梅丽尔·斯特里普的朗诵以及哥伦比亚广播公司报道的节选。卡森的许多朋友和同事仍然健在，并接受了节目的采访。

2007年9月19日，在卡森一百年诞辰之际，哥伦比亚广播公司新闻频道以凯特琳·约翰逊撰写、塔莉娅·阿苏拉报道的十分钟新闻《进步的代价》重温了《寂静的春天》。其中包括CBS报道的大量片段和肯尼迪新闻发布会的视频。也许是为了反击当前保守派对《寂静的春天》的诋毁，哥伦比亚广播公司新闻对该书及其传达的信息持同情态度。

两天后，即2007年9月21日，记者比尔·莫耶斯在其长达一小时的《比尔·莫耶斯日志》中专门介绍了卡森及其著作。他在节目中加入了女演员凯乌拉妮·李关于卡森的独角舞台剧的视频节选。莫耶斯的节目旨在反击自由保守派对卡森的攻击。

2019 年 5 月 28 日，美国公共广播公司的《美国经验》节目在一部新的纪录片中重新回顾了蕾切尔·卡森的一生。这部纪录片反映了琳达·李尔等人最近的研究和作品，更多地描绘了卡森的个人形象，并将她的私人生活和公共生活进行了对比。

## 《寂静的春天》与流行文化

《寂静的春天》是美国的畅销书，也是颇具影响力的“每月一书俱乐部”的 10 月精选书目，甚至对那些从未读过这本书的人来说，它也是一部名著。《生活》杂志上的图片报道使蕾切尔·卡森的面孔为更多公众所熟悉。尽管蕾切尔·卡森极力保护自己的隐私，但她还是事与愿违地成了名人。

《寂静的春天》进入了流行文化，其论点也渗入了大众意识。《大众科学》在 1963 年 6 月发表了一篇文章，题为《如何毒死虫子……但不毒死自己》。《大众机械》1963 年 6 月刊上的另一篇文章《〈寂静的春天〉是真的吗？》调查了卡森报告的伊利诺伊州谢尔登多诺万地区的一起杀虫剂中毒事件，并以令人震惊的新细节证实了她的说法。

卡森和《寂静的春天》，出现在众多漫画作品中，也启发了或直接被使用于流行音乐。最著名的关于卡森的音乐作品无疑是创作歌手琼尼·米切尔 1969 年的专辑《峡谷女士》中的热门歌曲《大黄出租车》。米切尔唱道：“嘿，农夫，农夫 / 现在收起 DDT/ 我不介意苹果上的虫眼 / 但请留给我小鸟和蜜蜂 / 拜托了！”2002 年，数乌鸦合唱团的翻唱版本使这首歌成了新一代的热门歌曲。

随着时间的推移，《寂静的春天》激发了越来越多流行歌曲的创作灵感。有些歌曲带有更强烈的摇滚风格。苏格兰摇滚乐队“原始尖叫”的第一张专辑《音速花槽》中就有一首《寂静的春天》，歌词控诉我们在地球母亲消亡时袖手旁观。实验摇滚乐队佩雷·尤布1998年的专辑《宾夕法尼亚》收录了《寂静的春天》，重金属乐队匹罗伯特在其2004年的专辑中发布了一首苦涩的《寂静的春天》。

还有几首赞歌是非声乐的器乐作品。托尼·奥康纳在1991年的专辑《雨林魔力》中将音乐和雨林的声音混合在一起，创作了一首名为《寂静的春天》的歌曲。老鹰乐队的格伦·弗雷于1992年在《奇怪的天气》专辑中发表了一首器乐曲《寂静的春天》，英国摇滚乐队“是”则在1994年的专辑《谈话》中录制了《寂静的春天》一曲。

最近，一些具有政治头脑的词曲作者向卡森和她的著作致敬。2004年，政治激进的二人组合“艾玛的革命”以皮特·西格的传统演唱抗议歌曲，发行了《1×1,000,000=改变》，其中的歌曲《寂静的春天》就是向卡森致敬的作品。来自加利福尼亚州圣克鲁斯的绿色无政府主义乐队黑鸟拉默也创作并演唱了《寂静的春天》。玻利维亚流行摇滚歌手格里洛·比列加斯演唱了《寂静的春天》，哀悼被破坏的生态，并要求“寂静的春天/必须再次唱响”。这首歌收录在2006年的合辑《与你向前》中。

爵士乐手经常致敬《寂静的春天》。在她1963年以问题为导向的专辑《莉娜！现在！》中，爵士乐巨星莉娜·霍恩演唱了由E.Y.哈伯格和哈奥多·阿伦为她创作的歌曲《寂静的春天》。其中有一句歌词是这样写的：“没有一片叶子在低语/没有一只鸟儿在歌唱。”1971年，爵士歌手卡门·麦克雷录制了由阿伦·保罗·沙特金创作的更加愤怒的歌曲《寂静的春天》。1999 年，比利时作曲家娜塔莉·洛瑞尔的爵士三重奏发布了一张名为《寂静的春天》的专辑。90 岁的爵士钢琴家和环保主义者玛丽安·麦克帕特兰在 2007 年与南卡罗来纳大学交响乐团在唐纳德·波特诺伊的指挥下演奏了她的作品《蕾切尔·卡森的肖像》。

《寂静的春天》也激发了古典音乐的创作。1976 年，英国作曲家詹姆斯·布朗为声乐和钢琴创作了《寂静的春天》，歌词由 V.C. 斯台普斯创作。为了纪念《寂静的春天》出版 50 周年，匹兹堡交响乐团委托普利策奖得主史蒂文·斯塔基创作了管弦乐音诗《寂静的春天》。指挥家曼弗雷德·霍内克于 2012 年 2 月 12 日在该作品的世界首演中担任指挥，2 月 26 日在纽约林肯中心的艾弗里·费舍尔音乐厅进行了该作品的纽约首演。

## 为什么欧洲的反应与美国不同

> （许多人认为）卡森小姐谴责的许多行为在我国并不存在，或规模较她所写的美利坚合众国完全更小。我们没有像她描述的那样，在路边和铁路边荒地喷洒农药……也没有像她描述的那样，像防治舞毒蛾和火蚁似的斩草除根。事实上，我们的农业模式，包括相对较小的田地、众多的篱笆和多种多样的作物，并不适合像她描述的那样进行大规模的化学药剂喷洒活动。
>
> ——英国议会议长兼科学大臣海尔森子爵

虽然说《寂静的春天》推动了美国环保运动的形成，但是它在欧洲却没有发挥这样的作用。这是为什么？毕竟，核武器试验产生的尘埃和沙利度胺悲剧也让欧洲人忧心忡忡。例如，这两件事在英国上议院的辩论中都占据了相当的篇幅，欧洲关于辐射的辩论与大西洋彼岸的争论也遥相呼应。

欧洲人根本不愿意相信《寂静的春天》适用于他们。正如巴洛克的道格拉斯勋爵指出的，他们“会说这些事情可能发生在美国，但不可能发生在这里”。法国研究杀虫剂对生物环境（生态系统）影响委员会宣称，“R. 卡森女士提到的事实对美国来说可能是真实的”，但“认为欧洲，尤其是法国的立法不能保护居民免受被过度使用的杀虫剂危害是错误的”。塞维利亚报纸 *ABC* 的一名评论员评论说，西班牙远远落后于美国是件好事，因为西班牙还没有杀虫剂问题，可以从美国的错误中吸取教训。

丹麦如今和德国一样享有非常“绿色”的声誉，该国新闻界注意到美国关于《寂静的春天》的争论，但认为这主要是美国的问题。意大利和西班牙的反应也差不多。人们对《寂静的春天》的反应就像一颗石子掉进了池塘：溅起一朵小水花，荡起几圈涟漪，然后就消失了。除了少数人之外，公众和政府都保持着自满情绪。

在东欧，当时的人们普遍认为这些环境问题是资本主义的产物。

卡森的例子几乎都发生在美国，这当然让人觉得美国人特别容易粗心大意地过度使用杀虫剂。海尔森也说对了，欧洲农业一般没有美国农业那样大农场、大面积的单一种植，因此也不需要杀虫剂。除了东德，飞机不会在欧洲的田地里喷洒化学品。欧洲人对美国针对舞毒蛾和火蚁等害虫的“野蛮喷洒”和“大规模根除运动”持相当怀疑的态度。此外，欧洲人往往比美国人更信任他们的政府，并相信科学家会保护他们免受有害环境化学物质的伤害。

这种“不可能在这里发生”的信念随着环境灾难发生震惊欧洲各国，人们发起运动、发展成为绿党①而被打破。1967年，一艘名为“托雷峡谷”号的油轮触礁，泄漏的石油污染了英国西南部和法国西北部数百英里崎岖、美丽、生态脆弱的海岸线②。一些历史学家将这些国家开始关注环境问题归因于这一事件。在意大利，1976年一家化工厂发生爆炸，有毒化学物质二噁英释放到塞韦索社区③，首次引起了意大利人对环境中化学物质的广泛关注。对核能危险的担忧在整个西欧激起了反核运动。1986年，切尔诺贝利核电站发生事故，辐射波及整个欧洲，令所有欧洲人感到恐惧。反核运动和切尔诺贝利灾难发生在《寂静的春天》出版24年后，为绿党在欧洲大陆迅速

① 绿党（Green Party）是一个以绿色政治为诉求的国际政党。绿色政治有三个基本目标：和平主义、社会公义（许多绿党尤其强调原住民的权利）和环境保护。绿党支持者认为实现绿色政治可以让世界更健康，他们往往为建立生态保护区付诸实际行动，反对建立在对生态破坏上的经济发展策略。

② 1967年3月，利比里亚油轮“托雷峡谷”号在英国锡利群岛附近海域沉没，12万吨原油倾入大海，浮油漂至法国海岸。

③ 1976年7月10日，意大利北部城市塞维索市的伊克梅萨化工厂发生爆炸。爆炸导致包括化学反应原料、生成物以及二噁英杂质等在内约2吨的化学物质泄漏，造成了严重的环境污染。工厂周围8.5公顷范围内的所有居民被迁走，1.5平方公里内的植物均被填埋，在数公顷土地上铲除掉了几厘米厚的表土层。事故发生后当地居民产生热疹、头痛、腹泻和呕吐等症状，许多飞禽和动物被污染致死。二噁英毒性比DDT高出1万倍，有致癌和致畸作用。事隔多年后，当地居民产下畸形儿的数量仍高于平均水平。

“托雷峡谷”号在康沃尔郡附近的礁石上沉没，这是新型超级油轮首次发生重大漏油事件，这使欧洲人震惊地意识到，他们面临着与美国同样的环境问题。

崛起提供了巨大推力。

塞维利亚报纸 *ABC* 的评论员认为，缺乏进步使西班牙没有遇到《寂静的春天》带来的问题，他的观点很有道理。芬兰、爱尔兰和许多其他欧洲国家也是如此。二战后，与美国的巨大经济增长相比，所有这些国家都相对落后。

经济上的落后带来了政治上的后果，进而影响了欧洲人对《寂静的春天》的态度。到 1962 年，美国已经享受了十五年的经济增长和繁荣。美国人现在有足够的安全感来批评经济增长带来的问题。出现越来越多的社会批评，包括大卫·里斯曼的《孤独的人群》（1950年），威廉·怀特的《组织人》（1956年），万斯·帕卡德的三部曲《隐藏的说客》（1957年）、《攀缘社会阶梯》（1959年）和《浪费的制造者》（1960年），以及约翰·肯尼斯·加尔布雷思的《富裕社会》（1958年）。卡森引用了《浪费的制造者》一书的观点，指出过度使用杀虫剂的问题“是我们文明生活方式的伴生物”，从而将《寂静的春天》与这类作品并列到了一起。

由于欧洲仍未从战争的破坏中恢复过来，欧洲人还没有准备好从庆祝经济奇迹转向批评经济带来的环境、社会和文化代价。在美国，环保主义为激进的文化、社会和政治批判铺平了道路，而在欧洲，政治形势正好相反：环保主义的发展得益于政治激进主义。20世纪60年代抗议活动和激进运动的许多领导者和参与者后来都加入了绿色运动：法国绿党布里斯·拉隆德、塞尔日·莫斯科维奇和安托万·韦希特；法国和德国绿党的丹尼尔·科恩·本迪特，他曾因1968年的革命活动而长期被禁止进入法国；德国绿党的佩特拉·凯利和约施卡·菲舍尔。

## 蕾切尔·卡森与《寂静的春天》的遗产

> 对我个人而言，《寂静的春天》影响深远。在我母亲的坚持下，这是我们在家阅读的书籍之一，然后在餐桌上讨论……蕾切尔·卡森是我变得如此关注环境和参与解决环境问题的原因之一。她的榜样作用激励我写下了《平衡

中的地球》……她的照片挂在我办公室的墙上，与政治领导人的照片并列……卡森对我的影响不亚于他们中的任何一位，甚至比他们所有人加在一起的影响还要大。

——副总统戈尔，“导言”，《寂静的春天》

无论从哪个角度来看，《寂静的春天》都取得了超乎想象的成功。到20世纪末，《寂静的春天》在20世纪甚至有史以来的最佳书籍排行榜上占据了一席之地。兰登书屋的《现代图书馆》发布了一份备受关注的20世纪100本最佳非虚构类图书榜单，卡森的书位列其中第5位。2006年，《发现》杂志将《寂静的春天》列入“有史以来最伟大的25本科学书籍”。2010年，英国《卫报》将其列入“改变世界的50本书”。2011年，《时代》杂志将其列入“有史以来100本非虚构类图书”榜单。就连保守的《国家评论》也将《寂静的春天》列入了“20世纪100本最佳非虚构类图书”。

更直接的是，《寂静的春天》影响了政府政策。到1975年，书中提到的每一种有毒化学品在美国都被禁止或严格限制使用。与蕾切尔·卡森出版这本书之前相比，农场化学品、虫害防治化学品和家用化学品受到了更严格的审查、监管和控制，允许使用的化学品的毒性更低，使用量也更小。

从更广泛和更长远的意义上讲，《寂静的春天》帮助人们改变了自己的态度。它让人们对20世纪的一个重要信仰——科学专家的权威——产生了质疑。公众曾经相信这些专家能够更好地控制大自然，甚至是原子。原子的力量似乎是如此神奇，并使社会更幸福、更健康、更富裕。卡森则揭示了专家们是如何过于信任自己的创造物，以及他们是如何被卷入了一个庞大的私人和公共利益的综合体，这个综合体的目的是为化学品制造商和不断增加的农业企业部门创造利润。

最重要的是，《寂静的春天》掀起了全球的现代环保运动。《寂静的春天》描述的自然与人类社会之间的生态联系远远超出了此前人们的环境保护运动中对保护土壤、森林、水和其他自然资源的有限关注。一代美国人发现自己的视野被拓宽了，他们的行动也受到了卡森这部强有力作品的启发。虽然《寂静的春天》从未成为美国以外地区环保运动的重要文献，但它确实在培养人们的环保意识方面发挥了作用。60 多年过去了，这本书仍然以多种语言印刷，激励着全球的读者。

没有比蕾切尔·卡森环境与社会中心更能证明卡森的重要性了。2009 年，人们决定以卡森的名字命名一个国际学术研究中心，这既是对卡森在全世界享有的声望和尊重的肯定，也是对她著作具有感动人心和带来变革力量的认可。

1962 年，天然和有机食品运动规模很小，还受到嘲笑。在随后的几十年里，这一运动不断发展壮大，现在甚至连大型连锁超市都在销售有机食品。卡森对食品中含有危险物质的担忧逐渐成为主流关心的话题。有机食品在当今的农业生产中占了很大的比重，而且还在不断增长。

然而，《寂静的春天》中提出的问题仍然困扰着当代世界。对水中和食物中化学物质的担忧已经超越了农业生产中使用的化学物质。20 世纪 90 年代，人们对内分泌干扰物的担忧与日俱增，这些原本无害的物质会模拟荷尔蒙并干扰健康。2007 年，人们开始质疑双酚 A，这是一种由某些塑料释放到食物中以及由许多经过处理的罐头释放到罐头食品中的化合物。尤其令人担忧的是塑料婴儿奶瓶释放的双酚 A。加拿大、欧盟、日本和美国立即采取行动，限制使用双酚 A，尤其是婴儿奶瓶之类的产品。

食物和水中内分泌干扰物的增加使人们怀疑，它们是造成许多令人困惑的新健康问题的元凶：越来越多的新生男孩生殖器畸形、女孩青春期提前、成年男性精子数量减少、前列腺癌和睾丸癌发病率上升，此外还有性发育和生殖能力的问题。其他可能的健康影响还包括大脑发育异常、肥胖和糖尿病。

此外，双酚 A 等内分泌干扰物还会进入环境，干扰鱼类和野生动物。科学家已经记录了许多影响。研究发现，波托马克河中的雄鱼具有雌性特征，佛罗里达州的短吻鳄生殖器发育不良，两栖动物多了一条腿，这些都是由于水中内分泌干扰物的浓度超标造成的。

当今世界充斥着大自然中前所未有的化学物质。没有人真正知道这些物质是继续独立存在还是以不可预测的方式组合在一起，对人类健康或对我们和所有生命赖以生存的生态系统造成长期的影响。这些化学物质与卡森在《寂静的春天》中控诉的化学物质并不相同，但它们却由同样的利益驱动型公司和政府机构生产、销售并用于毫无戒心的公众。卡森在《明日寓言》中所说的话仍然适用，就像我们生活在她想象的未来一样：“不是魔法，也不是什么天敌，而是人类自己使这个世界在变得伤痕累累。”